挥发性有机物监测技术

孙 也 编著　朱天乐 主审

U0296680

化学工业出版社
·北京·

本书较为系统地介绍了挥发性有机物（VOCs）离线和在线监测技术，并力求反映国内外挥发性有机物环境监测技术最新进展。主要内容包括：绪论、挥发性有机物监测标准方法和监测技术指南分析、挥发性有机物分析技术基础、挥发性有机物离线监测技术、挥发性有机物在线监测技术和挥发性有机物监测未来发展趋势等。

本书可供挥发性有机物监测、管理和监测技术研发人员参考，也可作为环境监测课程的教学参考书。

图书在版编目（CIP）数据

挥发性有机物监测技术/孙也编著. —北京：化学工业出版社，2018.9

ISBN 978-7-122-32195-4

Ⅰ.①挥… Ⅱ.①孙… Ⅲ.①挥发性有机物-监测
Ⅳ.①X513

中国版本图书馆 CIP 数据核字（2018）第 091580 号

责任编辑：满悦芝　郎红旗　　　　　　　　　文字编辑：向　东
责任校对：王素芹　　　　　　　　　　　　　装帧设计：张　辉

出版发行：化学工业出版社（北京市东城区青年湖南街 13 号　邮政编码 100011）
印　　装：三河市延风印装有限公司
710mm×1000mm　1/16　印张 17½　字数 313 千字　2018 年 11 月北京第 1 版第 1 次印刷

购书咨询：010-64518888　售后服务：010-64518899
网　　址：http://www.cip.com.cn
凡购买本书，如有缺损质量问题，本社销售中心负责调换。

定　　价：88.00 元　　　　　　　　　　　　　　　　版权所有　违者必究

前 言

挥发性有机物（VOCs）不仅直接危害人体健康，也是臭氧和灰霾的重要前体物。近年来，臭氧已经成为部分城市夏秋季的首要污染物，这一发展态势已引起政府和公众的高度关注。为满足新的环境保护要求，我国近年来先后发布了《重点行业挥发性有机物削减行动计划》《"十三五"节能减排综合工作方案》和《"十三五"挥发性有机物污染防治工作方案》等政策，挥发性有机物管控进入实质性推进阶段。

挥发性有机物的可靠监测有利于摸清挥发性有机物排放量和排放特征，研究挥发性有机物扩散传输和化学转化是挥发性有机物管控的重要支撑。挥发性有机物组分复杂，监测技术种类繁多，本书力图涵盖现有的污染源和环境空气挥发性有机物监测技术以及未来挥发性有机物监测发展趋势。内容包括采样技术、预处理技术、离线监测技术、在线监测技术以及环境空气挥发性有机物监测网络和园区挥发性有机物监测综合解决方案等。本书由北京航空航天大学孙也编著，朱天乐主审。相信本书的出版不仅可供挥发性有机物监测领域的研发、技术、管理人员借鉴，也会对挥发性有机物相关领域的技术和工程人员有参考价值，本书也可作为环境监测课程的教学参考书。

由于本书涉及内容较多，难免有不足之处，敬请读者批评指正。

本书的出版得到美国能源基金会"创蓝"中国清洁空气政策、技术与市场展望项目的支持。化学工业出版社编辑为本书付出了辛勤劳动，相关专家和研究生在本书的写作过程给予了很大的帮助，在此一并表示感谢。

孙也

2018 年 9 月

目　录

附录

参考文献

第1章 绪 论

　　大气环境保护事关人民群众根本利益，事关经济持续健康发展，事关全面建成小康社会，事关实现中华民族伟大复兴的中国梦。当前，我国大气污染形势严峻，随着城市化工业化进程加快，我国能源消耗量以及工业副产物的产量呈快速增长态势，高强度的工业活动和粗放的生产方式导致了颗粒物、二氧化硫（SO_2）和氮氧化物（NO_x）等各类大气污染物的大量排放。《大气污染防治行动计划》实施以来，全国环境空气质量持续改善，京津冀、长三角、珠三角等重点区域 $PM_{2.5}$ 浓度下降 30% 以上，二氧化硫（SO_2）、二氧化氮（NO_2）、可吸入颗粒物（PM_{10}）浓度也大幅下降。然而，我国大气污染形势近几年出现了新的特征，近地面臭氧浓度和有机气溶胶浓度上升趋势明显，以臭氧为特征的光化学烟雾污染及 $PM_{2.5}$ 引起的雾霾等极端大气复合污染事件在我国部分区域和城市地区时有发生，污染形势不容乐观。目前已有大量的研究表明挥发性有机物（volatile organic compounds，VOCs）是臭氧和有机气溶胶的重要前体物之一，近年来我国 VOCs 排放量仍呈增长趋势，VOCs 对大气环境影响日益突出。要想有效控制大气中臭氧和有机气溶胶污染，降低大气中 VOCs 浓度是关键。

　　近年来，我国为进一步改善环境空气质量，打好蓝天保卫战，已将挥发性有机化合物列为继颗粒物、二氧化硫（SO_2）和氮氧化物（NO_x）之后重点防控的大气污染物，同时鉴于 VOCs 对人体健康、区域空气质量和区域大气复合污染的重要影响，已全面加强 VOCs 污染防治工作，并逐步将 VOCs 纳入大气污染物控制体系。特别是近几年来，重点区域 VOCs 污染防治体系已基本建立，石化等重点行业已开始实施 VOCs 综合整治，国家也通过环保税的征收来激励相关行业的 VOCs 减排。未来对于 VOCs 污染的防控和治理会越来越严格，治理 VOCs 的新征程将全面开启。

　　挥发性有机化合物通常是一类具有挥发性的有机化合物的统称，国际上目前无统一的定义。世界卫生组织（WHO）从挥发性角度将其定义为在气压 101.32kPa 下，沸点在 50～250℃ 的有机化合物的总称。美国国家环境保护局（简称为美国环保局，EPA）从反应性定义为所有参加大气光化学反应的含碳化合物（金属碳化物、金属碳酸盐、CO、CO_2、碳酸和碳酸铵除外）。欧盟 2001/81/EC 指令中将 VOCs 定义为：除甲烷以外，任何能在光照下和氮氧化物发生反应的自然源和人为源排放的有机化合物。大气挥发性有机化合物组成十分复杂，由于分析技术及研究目标不同，出现了很多 VOCs 相关的概念，如非甲烷总烃（NMHC）、非甲烷有机气体（NMOG）、总有机碳（TOC）、活性有机气体（ROG）、含氧有机物（OVOCs）等。

我国之前通常采用世界卫生组织的定义，2017 年 9 月 14 日印发的《"十三五"挥发性有机污染物防治工作方案》中将 VOCs 定义为参与大气光化学反应的有机化合物，包括非甲烷烃类（烷烃、烯烃、炔烃、芳香烃等）、含氧有机物（醛、酮、醇、醚等）、含氯有机物、含氮有机物、含硫有机物等。由于 VOCs 构成和特性千差万别，因此 VOCs 分类方法较多。按照物质化学结构进行分类，可分为八类：烷类、烯类、芳香烃类、卤代烃类、醛类、酮类、酯类和其他物质。按照其挥发性强弱，可分为极易挥发性有机物（VVOCs）、挥发性有机物（VOCs）、半挥发性有机物（SVOCs）；通常 $C_1 \sim C_6$ 为 VVOCs，$C_7 \sim C_{16}$ 为 VOCs，$C_{16} \sim C_{28}$ 为 SVOCs。代表性的挥发性有机物如表 1-1 所示。

表 1-1　代表性的挥发性有机物

分　类	代表性挥发性有机物
烷类	正己烷（n-hexane）、环己烷（cyclohexane）、正戊烷（n-pentane）
烯类	1,3-丁二烯（1,3-butadiene）、丙烯（propylene）、丁烯（butylene）
芳香烃类	苯（benzene）、甲苯（methylbenzene）、二甲苯（dimethylbenzene）
卤代烃类	二氯甲烷（dichloromethane）、四氯化碳（carbon tetrachloride）
醛类（含氧）	甲醛（formaldehyde）、乙醛（acetaldehyde）
酮类（含氧）	丙酮（acetone）、丁酮（2-butanone）、环己酮（cyclohexanone）
酯类（含氧）	乙酸乙酯（ethyl acetate）、乙酸正丁酯（n-butyl acetate）
其他物质	甲硫醇（methyl mercaptan）、二甲二硫（methyl disulfide）、乙醚（ether）

1.1　VOCs 的来源与危害

1.1.1　VOCs 的来源

VOCs 作为主要大气污染成分之一，其来源十分广泛，一般将 VOCs 的来源分为天然源和人为源两类。天然源属于不可控源，包含植被排放、野生动物排放、森林火灾、沼泽的厌氧过程等生态活动。人为源比较复杂，主要来自人类生产生活过程中的不完全燃烧以及有机产品的挥发等情况，包括机动车尾气排放、油气挥发、有机溶剂使用、各种工艺过程、石油冶炼、油气储存和运输等。

就全球范围而言，天然源排放 VOCs 的总量远高于人为源排放量。而我国，通常人为源与自然源的排放量相差不多，在一些工业源丰富的地区，VOCs 人为排放量还会远高于天然源排放量。

（1）VOCs 的天然源

天然源排放主要包括植物释放、森林草原火灾、火山喷发等，其中森林和灌木林是最主要的自然排放源，天然排放源的特点是 VOCs 的排放量会随着季节和地点的不同而不同，基本为不可控源。全球天然源 VOCs 的主要代表物为异戊二烯、甲基丁烯醇、α-蒎烯和 β-蒎烯等，均属植物生态排放。我国植被 VOCs 的排放中，异戊二烯和单萜烯是最主要的排放物，有研究对我国植被 VOCs 的排放量进行了估算，估计出全国植被 VOCs 年排放量约为 13.23Tg（$1Tg=10^{12}g$），其中异戊二烯、单萜烯、其他 VOCs 分别为 7.77Tg、1.86Tg、3.60Tg。

（2）VOCs 的人为源

VOCs 的人为源排放涉及广泛且复杂，大致可以分为固定源、移动源和无组织排放源三大类，不同 VOCs 排放源分类和典型排放过程见表 1-2。

表 1-2　不同 VOCs 排放源分类和典型排放过程

VOCs 排放源	类别	子类别	典型排放过程
人为源	工业源	产品生产	炼油、炼焦、化学品制造、合成制药、食品加工等行业的产品生产过程
		溶剂使用	油漆、表面喷涂、干洗、溶剂脱脂、油墨印刷、人造革生产、胶黏剂使用、冶金铸造等
		废物处理	污水处理、垃圾填埋与焚烧
		存储运输	含 VOCs 原料和产品的储存、运输
		燃料燃烧	煤燃烧、生物质燃烧
	交通源	交通运输	交通工具尾气排放
	农业源	畜禽养殖	养鸡、养猪、养牛等
		农田释放	作物和土壤释放
	生活源	产品使用	室内装修、家具释放、日化用品等
自然源	—	—	植物释放、森林火灾、火山喷发

人为源排放 VOCs 对人类和环境的影响比天然源大得多。一方面由于人为源往往在生活区域，与人的活动息息相关，与人直接接触；另一方面，人为源具有排放强度大、浓度高、污染物种类多、持续时间长、波动大等特点，对人生存的区域

环境影响非常大。

固定源 VOCs 排放所涉及的行业众多，涵盖生产资料的方方面面。基于 VOCs 物质的流动过程，从源头进行追踪，可以将工业源 VOCs 的排放划分为四大产污环节：①VOCs 产品的生产过程环节，如石油炼制、石油化工、煤化工、有机化工等；②含 VOCs 产品的储存、运输和营销环节，包括原油的转运与储存、生产过程油品（溶剂）的储存与转运以及使用过程油品（汽油/柴油）的转运/储存/销售环节；③以含 VOCs 产品为原料的生产过程环节，如涂料生产、油墨生产、高分子合成、胶黏剂生产、食品生产、日用品生产、医药化工、轮胎制造等；④含 VOCs 产品的使用过程环节，如装备制造业涂装、半导体与电子设备制造、包装印刷、医药化工、塑料和橡胶制品生产、人造革生产、人造板生产、造纸行业、纺织行业、钢铁冶炼行业等，其中装备制造业涂装又涵盖所有涉及涂装工艺的行业，如机动车制造与维修、家具、家用电器、钢结构、金属制品、彩钢板、集装箱、造船、电器设备等众多行业；移动源主要包括机动车、轮船和飞机等交通工具产生的废气和工程机械等非道路移动源的排放；无组织源主要包括生物质燃烧、溶剂泄漏或有机溶剂挥发等。据统计，目前全球最大的人为排放源为交通运输，第二大排放源为溶剂使用。

近年来随着我们国家未来经济的高速增长等因素，我国人为源 VOCs 的排放量是逐年增加的，预计未来的较长一段时间内，我国 VOCs 的排放总量仍将以一定的速率增长。早在 2002 年，Klimonteta 运用排放因子法，首次编制了 1990～2020 年的中国省级水平的非甲烷挥发性有机物（NMVOCs）排放清单，排放源包括固定燃烧源、炼油加工、化学工业、溶剂使用源、涂料使用、交通运输、废物处理和混杂源 8 类，估算了 16 种 NMVOCs 的排放量，合计 2000 年的中国排放量为 15.628Tg，并预计中国 2020 年的排放量会增长到 18.2Tg。实际上，我国 VOCs 的排放呈区域性的特点，高排放量与经济发展有密切关联，VOCs 高排放地区主要集中在长江三角洲、珠江三角洲、京津冀和东南沿海等地区，重点地区包括京津冀及周边、长三角、珠三角、成渝、武汉及其周边、辽宁中部、陕西关中、长株潭等区域，涉及北京、天津、河北、辽宁、上海、江苏、浙江、安徽、山东、河南、广东、湖北、湖南、重庆、四川、陕西 16 个省（市），各重点地区的 VOCs 排放由于区域行业状况差异而具有不同的特点。目前研究人员通过源解析模型法等 VOCs 源解析方法来评估城市或重点地区的 VOCs 来源，结果表明，我国 VOCs 排放以石化、化工、包装印刷、工业涂装等重点行业排放以及机动车、油品储运销等交通源 VOCs 排放为主，应作为重点行业重点管控。

除了上述 VOCs 的人为源和自然源以外，区域 VOCs 污染的另一个来源是外界 VOCs 的迁移。由于大气的流动性比较强、空气质量效应等原因，VOCs 分子会随着大气进行地区间的迁移活动，从而为区域 VOCs 的排放特征、时空分布规律及来源增添了一定的不确定性。

1.1.2 VOCs 的危害

VOCs 是大气对流层非常重要痕量组分，也是重要的大气污染物之一，其组分十分复杂，包括成百上千种不同的物质。VOCs 对环境及人类健康会产生直接和间接的危害，主要有以下几个方面：第一，多种 VOCs 具有毒性、致癌性，直接影响人体健康。第二，VOCs 在紫外线照射条件下，与 NO_x 发生光化学反应会生成 O_3，增强了大气的氧化性。第三，VOCs 还是二次有机气溶胶（secondary organic aerosol，SOA）的重要前体物之一，芳香烃类化合物是生成二次气溶胶的主要物质。全球每年大约 70% 的有机气溶胶均为二次气溶胶，总含量约为 150Tg，而其中 VOCs 转化生成的二次有机气溶胶在细颗粒有机物质量浓度中占 30%，甚至更高，从而间接影响人体健康。第四，VOCs 转换生成的 O_3 再次参与大气化学反应，生成硫酸盐及硝酸盐，进一步促进二次有机气溶胶的生成，对大气环境和人体健康造成损害。第五，部分含卤素的 VOCs 在进入大气平流层后，在紫外线的照射下，会引发一系列链式化学反应，消耗大气层中的臭氧，造成臭氧层空洞，进而影响全球环境。

（1）VOCs 的直接危害

VOCs 对人身健康有极大的危害。VOCs 中大多组分具有毒性并且散发出恶臭气味，当其在环境中浓度达到一定值时，短时间内便可以使人头痛、恶心、呕吐，严重时甚至会发生抽搐、昏迷以及记忆力衰退。VOCs 可对眼、鼻、咽喉等部位造成刺激。例如引起眼部干燥且有刺痛感，频繁眨眼并且流泪；鼻咽部位感到鼻塞、干燥且刺痛、嗅觉不灵敏、流鼻血，此外出现咳嗽及声音沙哑等症状；咽喉部位会充血、引发炎症；皮肤感到干燥、瘙痒、刺痛、出现红斑等。

VOCs 含量过高时会导致过敏性肺炎、神经机能失调以及痴呆。长时间在无保护措施的情况下暴露于高浓度 VOCs 中，致癌和白血病概率会大幅升高。有关数据显示：当 VOCs 浓度低于 $0.2mg/m^3$ 时，对人体基本无影响；当 VOCs 浓度在 $0.2\sim3mg/m^3$ 时，短时间内也不会对人体造成危害，但可能会产生刺激和不适；当 VOCs 浓度在 $3\sim25mg/m^3$ 时，人体会感受到刺激和不适，可能会感到头痛；当 VOCs 浓度大于 $25mg/m^3$ 时，对人体产生明显毒性，由于某些 VOCs 具有渗透、脂溶及挥发等物理特性，会导致呼吸道、消化系统、神经系统及造血系统等发生病变。

室内空气中 VOCs 的存在更是危及人身健康，目前已确认的超过 900 种室内化学物质以及生物性物质当中，VOCs 占 350 种以上（$>0.000536\mu g/m^3$，以碳计），其中多种物质具有神经毒性、肝脏毒性以及肾脏毒性，具有致癌性或致突变性的超过 20 种，会对血液成分和心血管系统造成损害。不可忽视的是，当多种 VOCs 共存于同一空间时，其造成的毒性作用往往成倍增大。

同时 VOCs 的存在对植物的危害也很大，VOCs 污染物对植物的危害通常发生在叶片上，常见的毒害植物的 VOCs 有过氧乙酰硝酸酯（PAN）和乙烯。PAN 侵害叶片气孔周围的海绵状薄壁细胞，使叶子背面呈银灰色或古铜色，影响植物的生长，降低植物对病虫害的抵抗力。有报道称，牵牛花在 PAN 浓度为 0.005×10^{-6} 的空气中暴露 8h 就会受到影响，最容易侵害其幼叶。

（2）VOCs 的间接危害

城市地区高浓度的臭氧和二次细颗粒物的形成都与 VOCs 的光化学反应过程有关。在世界上许多城市，大气臭氧的生成都是受 VOCs 控制的大气化学过程。部分 VOCs，如卤代烃类，会与臭氧发生循环链式反应，破坏臭氧层，影响全球环境。同时，VOCs 经过一系列反应生成二次有机物，某些二次有机物会形成二次有机气溶胶（SOA）即为 $PM_{2.5}$ 的重要组成成分。多种 VOCs 会影响对流层的 O_3、CH_4 和 CO_2 等气体，具有一定温室效应，其中氢氟氯碳化物本身即为温室气体，其全球增温系数高达几百甚至几千。

大气中 VOCs 发生光化学反应也会生成臭氧，臭氧对环境和人体会造成多种危害。当空气中的 O_3 浓度较高时，会对人的眼、鼻、咽喉等器官造成刺激，导致哮喘等慢性呼吸道疾病。臭氧也会直接导致农作物减产。此外，臭氧再次参与大气化学反应，导致硫酸盐和硝酸盐的生成，且对 $PM_{2.5}$ 的形成有促进作用。

在对环境和人体健康具有危害的同时，还需要注意到，由于基本上所有的 VOCs 都具有易燃、易爆的特性，在高温、高压的环境中，给工业生产带来较大的安全隐患。

1.2 VOCs 相关标准及控制对策

近年来，随着世界工业经济的持续发展和能源资源的大量消耗，导致全球 VOCs 排放量逐年增长，大气环境质量改善的任务日益紧迫，挥发性有机物的污染和控制问题越来越在全球范围内受到重视。早在 20 世纪 70 年代，世界各国就对毒害性 VOCs 排放限值和治理制定了相关法律法规，而且标准历经修订日趋严格。我国 VOCs 控制尚处于起步阶段，但我国 VOCs 排放量巨大，排放标准和相关管理办法的建立和不断完善具有重要意义。近几年，VOCs 控制政策密集出台，VOCs 控制技术也遍地开花。政策标准的不断完善和控制技术的不断提高是大气 VOCs 监管和控制的有效手段。

1.2.1 VOCs 控制的管理对策

1.2.1.1 美国管理对策

历史上 VOCs 首次引起人们的关注始于 1940 年美国洛杉矶发生的人类历史上首次 VOCs 参与引发的光化学烟雾事件，研究发现该地区汽车尾气排放的 VOCs 和 NO_x 是重要的光化学烟雾前体物。因此，美国成为第一个立法管控 VOCs 排放的国家。美国采取多层次管理手段进行 VOCs 管控，相继颁布了《国家环境政策法》（NEPA）、《清洁空气法》（CAA）、《清洁空气州际法规》（CAIR）、《新污染源排放标准》（NSPS）和《环境空气质量标准》（NAAQS）等。

美国 VOCs 管控体系示意图如图 1-1 所示，主要方案如下：以《清洁空气法》的规定为基本依据，利用 EPA 制定和颁布限制 VOCs 污染排放的一系列标准，指导全国执行 VOCs 排放限值，并颁布相应的法规配合法律的实施。美国对 VOCs 管理奉行整体主义，采取分区管理的原则，其管理手段也是多层次的。第一，以有毒有害空气污染物名录为主线，开展针对 VOCs 的全生命周期污染控制；具体做法为：依托 CAA，发布重点控制名录和主要污染源名单，进行源头削减、过程控制和终端治理等全方位系统控制。第二，奖惩分明，使违法成本大于守法成本；政府对排放 VOCs 的排放源区分对待，依法对排放源进行奖惩，即排放源不守法就造成一定的经济损失，守法就会带来一定的经济收益，由此达到有计划、有步骤地减排 VOCs。第三，在经济惩罚的基础上，追究民事和刑事责任；规定 VOCs 排放

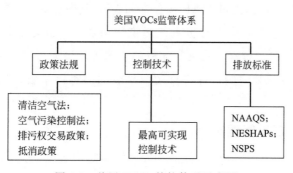

图 1-1　美国 VOCs 管控体系示意图

量必须达标，下一年度才可以申请排放许可权；企业每年必须签署守法证书，遵守许可证中有关规定，否则，追究法人相应的民事和刑事责任。

1990 年 CAA 明确提出对 VOCs 控制，在原有的 VOCs 限值基础上增加了有害大气污染物质的限值，分两步控制大气污染物。首先控制汽车排放的 VOCs，然后控制工业挥发性有机污染物，同时根据大气中的臭氧浓度采取地区臭氧分级控制措施，要求臭氧浓度不合格的地区递交削减计划。此外，为适应各区的环境基准，规定了合理可行控制技术（RACA）、最佳可行控制技术（BACA）和最低可达排放速率（LAER）。针对工业区设备管线组件无组织排放的 VOCs，美国 EPA 颁布了泄漏检测和泄漏排放定量估算标准。1990 年 CAA 规定石化和化工企业必须实施泄漏检测与修复计划（LARD）。

美国大气污染物排放标准将常规污染物与有害大气污染物分开进行控制。其中，常规污染物包括有机物（VOCs）、PM、CO、O_3、SO_2、NO_x、Pb、酸性气体（氟化物、HCl）等。美国对 VOCs 的排放作了详细的规定。首先，涉及这类污染物的行业都制定有行业排放标准，包括炼油、石化、精细化工（杀虫剂、涂料、染料颜料等杂项有机化学品）、油品储运、制药、表面涂装、出版印刷、铸造、服装干洗等，不仅颁布了大家电、船舶制造和汽车等大型涂装行业的 VOCs 排放标准，而且对金属线圈和标签等小型的涂装行业也制定了相应的 VOCs 排放标准。在排放标准中又根据排放源类型的不同，分工艺排气、设备泄漏、废水挥发、储罐、装载操作五类源，分别规定了排放限值、工艺设备和运行维护要求。

有害大气污染物是指能够引起或预测能够引起死亡率增加或能使严重的、无法治愈的、致人伤残的疾病增加的污染物。美国 EPA 针对 187 种有害大气污染物名单制定了有害大气污染物排放标准（National Emission Standards for Hazardous Air Pollutants，NESHAPs），分为两个法规号 CFRPART 61（即通常所说的 NESHAPs）和 CFRPART 63（即通常所说的最大可得控制技术标准），187 种有害大气污染物（HAP），包括无机 HAP 和有机 HAP，其中有 97 种属于挥发性有机物。NESHAPs 对于特定的危险性有害大气污染物均发布了固定源排放标准，包括氢气、铍、汞、氯乙烯、核素、石棉、无机砷、苯等。最大可得控制技术（MACT）标准是以技术为基础制定的，并将排放源排放的多种污染物按有机 HAP 和无机 HAP 统一控制。

1.2.1.2 日本管理对策

日本控制 VOCs 的法规标准包括《大气污染防治法》《恶臭防治法》《工业安全与卫生法》等。2004 年 5 月，日本《大气污染防治法》部分修订，新增《VOCs

排放规则》章节，以 ppmC 为浓度单位进行 VOCs 的管控。根据修订的《大气污染防治法》，2005 年 6 月颁布具体大气污染防治法施行令，相关规定于 2006 年 4 月 1 日开始正式实施。实施 VOCs 总量减排，2010 年 VOCs 在 2000 年基准上固定源减排 30%，在印刷等高 VOCs 挥发的企业，要求当企业规模达到一定程度时必须安装 VOCs 处理或回收再利用装置。重点对 6 个固定源行业进行管制，包括化学品制造业、涂装业、工业清洗业、黏结业、印刷业、含 VOCs 物质储存行业，规定了包括印刷业在内的重点行业排放设施的具体排放标准，涵盖了日本大部分 VOCs 排放源。同时，日本政府确定的空气有毒物质当中，苯、三氯乙烯、四氯乙烯三种物质被列入需要优先控制的 VOCs，通过区分现有源和新源，分别制定了这些污染物的排放限值。

新修订的《大气污染防治法》中规定：VOCs 排放量巨大的工厂和操作间，必须依法安装控制设施，对排放单位监管体系主要包括申报、排放标准和监测记录三个方面。新建固定源时，需要向上级环保部门提出申请；已有的固定源，在法规颁布日起 30 天内，向有关部门登记备案；固定源的排放浓度要符合排放标准；当固定源排放 VOCs 不符合排放标准时，相关部门有权对企业发出整改命令；企业应对固定源排放浓度进行监测和记录，监测值无须定期汇报，但监管时，有义务提供监测数据；对于违反命令的行为，处以一年以下刑期或罚款。

此外，日本的自发团体和协会也在 VOCs 减排中起着很大作用，协调并促进企业自主减排，敦促企业进行 ISO 14000 认定，遵守《化学物质排出管理促进法》。日本按照法律监管与企业自主减排最佳组合的管理原则进行 VOCs 减排控制，并在《大气污染防治法》修正案中将这一原则确定为 VOCs 减排控制的施政方针。法律监管有效保障了减排的稳定性和公平合理性，企业的创新有利于形成更加灵活的措施和显著的减排成效。当减排效果不佳时，重新测评法律监管与自主减排的权重比例，实现两者的最佳组合。

1.2.1.3　欧盟管理对策

欧盟的环境标准是以指令形式发布的，有关 VOCs 排放的指令包括：欧盟综合污染预防与控制（IPPC）指令、关于特定大气有害物质最高排放量的指令（2001/81/EC）、有机溶剂使用指令（1999/13/EC）、涂料指令（2004/42/EC）、油品储运指令（94/63/EC）等。

IPPC 指令（96/61/EC、2008/1/EC）要求成员国对金属加工制造、化学工业、废物管理等 33 个工业行业部门的大气污染物制定排放限值；2001/81/EC 指令对 4 种特定大气污染物（SO_2、NO_x、VOCs、NH_3）规定了成员国到 2010 年的最高排放总限值；1999/13/EC 指令规定了 20 种有机溶剂使用装置和活动的 VOCs 排放限值；2004/42/EC 指令从产品源头规定了建筑涂料、汽车涂料中的 VOCs 含量（g/L）；94/63/EC 指令要求储油库采取措施减少蒸发损失（90％或 95％以上），配送过程进行油气回收等。同时各国对污染物分类更加详细，相应的限制也更加明确。

除大型燃烧装置（2001/80/C）、废物焚烧（2000/76/EC）、VOCs 排放控制（1999/13/EC、94/63/EC）外，欧盟将工业点源的污染物排放纳入综合污染预防与控制（IPPC）指令进行多环境介质的统一管理，如果说前三项是针对通用操作或设备的要求，IPPC 指令则是对典型行业的要求，它将工业生产活动划分为能源工业、金属工业、无机材料工业、化学工业、废物管理以及其他活动 6 大类共 33 个行业，涉及 VOCs 排放的主要行业包括石油精炼、大宗有机化学品、有机精细化工、储存设施、涂装、皮革加工等。

IPPC 指令通过颁发许可证来实现对上述活动的控制，由欧盟各成员国的环境管理部门具体负责。许可证中规定污染排放限值、优选技术的参数或工艺措施。这些排放限值、等效参数或技术措施必须在不妨碍环境质量达标的前提下，基于最佳可行技术（BAT），在运营成本和环境效益之间取得平衡。

1.2.1.4　我国管理对策

我国自 20 世纪 70 年代起开始对大气污染进行控制，基本经历了四个阶段：一是 20 世纪 70 年代起开始关注大气颗粒污染物控制；二是"十一五"期间（2006～2010 年）要求火电厂安装脱硫设施，并逐步向其他工业锅炉推广；三是"十二五"（2011～2015 年）全面推行火电、水泥等行业烟气脱硝；四是 2010 年起，将挥发性有机化合物列为继颗粒物、二氧化硫（SO_2）和氮氧化物（NO_x）之后重点防控的大气污染物。

（1）国家政策与规划要求

2010 年 5 月，国务院转发的《关于推进大气污染联防联控工作改善区域空气质量的指导意见》中将 VOCs 列为重点污染物，首次从国家层面提出对 VOCs 污染进行管理控制。2011 年 12 月，国务院发布的《国家环境保护"十二五"规划》明确提出了加强 VOCs 和有毒废气的控制。2012 年 10 月，《重点区域大气污染防治"十二五"规划》出台，作为我国首部综合性的大气污染防治规划，其中提出要提高 VOCs 排放类项目建设要求，对重点行业开展治理。2013 年 5 月，《挥发性有机物污染防治技术政策》发布，并计划于 2015 年基本建立重点区域 VOCs 污染防治体系，于 2020 年基本实现 VOCs 从原料到消费的全过程减排。2013 年 9 月，国务院发布《大气污染防治行动计划》，将 VOCs 污染控制列为重点内容之一，并且明确了大气污染防治时间表，要求在石化、有机化工、表面涂装、包装印刷等行业实施 VOCs 综合整治，在石化行业开展"泄漏检测与修复"技术改造，在全社会推广使用水性涂料、低挥发性有机溶剂等。2014 年 12 月，《石化行业挥发性有机物综合整治方案》中提出计划 2017 年建成 VOCs 监测监控体系，将作为我国 VOCs 治理进入实质性阶段的标志。2015 年修订通过《大气污染防治法》，从法律层面将 VOCs 纳入了大气污染防治监管范围，对于违规排放 VOCs 的工业企业，处以罚款及关停等处罚，情节严重则承担刑事责任。2015 年 10 月 1 日起，重点行业 VOCs 排污收费开始实施。VOCs 排污收费的颁布和实施大幅推动了其污染防治工作。近年来各省市区也根据各自产业结构和减排方向，均开始制定排污收费实施细则。一系列政策的出台，极大地推动了全国范围内 VOCs 的治理工作。

2016 年 7 月，《重点行业挥发性有机物削减行动计划》由工信部联合财政部共同印发，标志着逐步形成部门联动、联防联控机制，同时 VOCs 控制政策法规体系得到进一步完善，增加了可操作性。2016 年 11 月，《"十三五"生态环境保护规划》专栏 8 中明确提出要进行挥发性有机物综合整治。2017 年 9 月，《"十三五"挥发性有机物污染防治工作方案》的印发，标志着我国全面加强挥发性有机物（VOCs）污染防治工作，强化重点地区、重点行业、重点污染物的减排，提高管理的科学性、针对性和有效性，遏制臭氧上升势头的决心。2018 年 1 月 16 日，财政部、国家发展改革委、环境保护部、国家海洋局联合印发《关于停征排污费等行政事业性收费有关事项的通知》，正式宣告自 2018 年 1 月 1 日起，在全国范围内统一停征 VOCs 排污费，这也意味着替代排污费的环保税已经正式开征。环保税征收，其法律效力更高、征管机制更加严格，可以解决排污费制度存在的执法刚性不足、地方政府干预等问题，有利于提高排污企业环保意识，倒逼其治污减排。2018 年 1 月 17 日，环境保护部发布《排污许可管理办法（试行）》，细化规定了无证排污、违证排污、材料弄虚作假、自行监测违法、未依法公开环境信息等违反规定的情形。近几年关于 VOCs 监测、治理及排污收费的政策相继密集出台，行业排放标准日趋完善，政府工作逐步由突击检查转变为长效监管。以上政策因素将引导 VOCs 的治理及监测行业持续上升。除了国家的一系列政策外，一些重点省在出台的实施方案中，自加压力，扩大了特别排放限值的执行范围。继环境保护部发布了一系列 VOCs 监测标准和治理方案，全面开启治理 VOCs 的新征程。

我国港台地区在 VOCs 排放控制方面的工作卓有成效，均建立了完整有效的

VOCs污染排放管控体系。香港与广东省政府共同制定了《珠三角地区空气质量管理计划》，设定VOCs为减排目标，针对VOCs的工业污染源监控与减排发布了一系列规定及测试方法。台湾的环境空气质量控制标准体系包括空气质量检测、固定污染源管制、能源管制、交通工具管制4大方面。在固定污染源管制中行政管制和经济诱因并行，强化许可登记、年排放量申报和检测与稽查制度，强调从源头管制，管制效果显著。台湾已经制定了完善和严格的关于空气质量控制的法律法规体系，在很多方面的排放标准和控制措施堪称世界上最严格。如柴油车及汽油车第四期排放标准均与欧盟现行标准相同，而机动车第五期标准则较欧盟及日本现行标准严格，为全世界最严格的标准。自2007年1月1日起开征VOCs空气污染防治费，每年约可减少15000t VOCs的排放，促使从业者加装至少744座污染防治设备，并再加征对人体健康危害严重的甲苯、二甲苯等13种VOCs的排污费，首创经济奖惩手段与污染控制相结合政策。

（2）VOCs控制相关标准

由于VOCs管控起步晚，大气污染物排放标准中涉及VOCs标准的数量及项目较少，重点行业VOCs排放标准都是从2000年以后开始出台，随着挥发性有机物（VOCs）污染防治工作的强化，"十二五"期间，环境保护部全面开展了重点行业VOCs排放标准的制定，新标准的侧重点强调从源头至末端实行全过程控制，大幅降低了常规污染物的排放限值，同时拓宽了所涉及VOCs的控制项目，实施原则为排放限值与管理性规定并重，同时明确无组织排放的管理要求。

我国现行的大气污染物排放标准体系由综合排放标准和行业排放标准构成，遵循"行业标准与综合标准不交叉执行，行业排放标准优先"的原则。截至2017年年底，我国共发布了固定源大气污染物排放标准46项，其中涉及VOCs控制的标准15项，如表1-3所示，共有约78种VOCs指标。

表1-3　我国VOCs排放的国家标准摘要

排放标准名称	编　　号
大气污染物综合排放标准	GB 16297—1996
恶臭污染物排放标准	GB 14554—1993
饮食业油烟排放标准	GB 18483—2001
储油库大气污染物排放标准	GB 20950—2007
汽油运输大气污染物排放标准	GB 20951—2007
加油站大气污染物排放标准	GB 20952—2007
合成革与人造革工业污染物排放标准	GB 21902—2008

排放标准名称	编 号
橡胶制品工业污染物排放标准	GB 27632—2011
炼焦化学工业污染物排放标准	GB 16171—2012
轧钢工业大气污染物排放标准	GB 28665—2012
电池工业污染物排放标准	GB 30484—2013
石油炼制工业污染物排放标准	GB 31570—2015
石油化学工业污染物排放标准	GB 31571—2015
合成树脂工业污染物排放标准	GB 31572—2015
烧碱、聚氯乙烯工业污染物排放标准	GB 15581—2016

目前，VOCs 控制的行业标准包括饮食业油烟、储油库、汽油运输、加油站、合成革与人造革工业、橡胶制品工业、炼焦化学工业、轧钢工业、电池工业、石油炼制工业、石油化学工业、合成树脂工业标准。为满足新的环境保护形势要求，环境保护部目前正在抓紧制定 VOCs 相关行业排放标准。石油天然气开采、农药、制药、涂料油墨、皮革制品、人造板、表面涂装、包装印刷等主要 VOCs 排放行业的标准已列入标准计划，将陆续出台。由于排放标准的制定工作十分复杂，VOCs 排放标准更需要科学研究作为支撑，因此总体上进展缓慢。

除了国家的相关标准外，北京、上海、广东、天津、江苏和四川等省市，根据地方 VOCs 污染源众多、重点 VOCs 排放行业排放量大的特点，相应地制订了一些地方 VOCs 排放标准，被视为各地推动 VOCs 排放的主要依据。包括装备制造、电子信息、医药、化工、轻工等重点行业，这些地方标准与国家政策相对应，大多数是配合 2010 年国务院转发的《关于推进大气污染联防联控工作改善区域空气质量的指导意见》后开始逐渐提出的，2010 年是地方发布 VOCs 排放标准的一个小高峰，北京发布的 VOCs 排放标准有 15 项，上海有 8 项，广东有 5 项，我国 VOCs 排放的地方标准见表 1-4。很多地方标准均早于国家总体要求和严于国家的排放标准，对一些 VOCs 典型排放行业，控制 VOCs 意义重大。

表 1-4 我国 VOCs 排放的地方标准摘要

排 放 标 准	来 源
生物制药行业污染排放标准(DB31/373—2010)	上海
半导体行业污染物排放标准(DB31/374—2006)	上海
汽车制造业(涂装)大气污染物排放标准(DB31/859—2014)	上海
印刷业大气污染物排放标准(DB31/872—2015)	上海
涂料、油墨及其类似产品制造工业大气污染物排放标准(DB31/881—2015)	上海

排 放 标 准	来 源
船舶工业大气污染物排放标准(DB31/934—2015)	上海
大气污染物综合排放标准(DB31/933—2015)	上海
家具制造业大气污染物排放标准(DB31/1059—2017)	上海
储油库油气排放控制和限值(DB11/206—2010)	北京
油罐车油气排放控制和限值(DB11/207—2010)	北京
加油站油气排放控制和限值(DB11/208—2010)	北京
炼油与石油化学工业大气污染物排放标准(DB11/447—2015)	北京
铸锻工业大气污染物排放标准(DB11/914—2012)	北京
防水卷材行业污染物排放标准(DB11/1055—2013)	北京
木质家具制造业大气污染物排放标准(DB11/1202—2015)	北京
工业涂装工序大气污染物排放标准(DB11/1226—2015)	北京
印刷业挥发性有机物排放标准(DB11/1201—2015)	北京
汽车维修业大气污染物排放标准(DB11/1228—2015)	北京
大气污染物综合排放标准(DB11/501—2017)	北京
建筑类涂料与胶粘剂挥发性有机化合物含量限值标准(DB11/3005—2017)	北京
家具制造行业挥发性有机化合物排放标准(DB44/814—2010)	广东
印刷行业挥发性有机化合物排放标准(DB44/815—2010)	广东
表面涂装(汽车制造业)挥发性有机化合物排放标准(DB44/816—2010)	广东
制鞋行业挥发性有机化合物排放标准(DB44/817—2010)	广东
集装箱制造业挥发性有机物排放标准(DB44/1837—2016)	广东
电子工业挥发性有机物排放标准(2017年征求意见稿)	广东
工业企业挥发性有机物排放控制标准(DB12/524—2014)	天津
餐饮业油烟排放标准(DB12/644—2016)	天津
化学工业挥发性有机物排放标准(DB32/3151—2016)	江苏
表面涂装(家具制造业)挥发性有机物排放标准(DB32/3152—2016)	江苏
四川省固定污染源大气挥发性有机物排放标准(DB51/2377—2017)	四川

　　上海市是制定地方标准的第一梯队省市,早在 2006 年就发布了半导体行业和生物制药行业的污染物排放标准,2010 年对生物制药标准进行了修订。2014 年发布了《汽车制造业(涂装)大气污染物排放标准》,2015 年集中发布了《印刷业大气污染物排放标准》《涂料、油墨及其类似产品制造工业大气污染物排放标准》《大气污染物综合排放标准》《船舶工业大气污染物排放标准》等一批重点 VOCs 排放行业的地方标准,2015 年 12 月 1 日前实施;2017 年发布了《家具制造业大气污染

挥发性有机物监测技术

14

物排放标准》。之后更多的 VOCs 排放行业的标准已列入标准计划，将陆续出台。

北京市地方标准的控制水平往往排在全国前列，部分标准达到了国际先进水平。自 2010 年起至今，现行固定源 VOCs 排放标准共有 12 项，已形成较为完善的 VOCs 排放标准体系，涉及的都是 VOCs 排放重点行业，包括油品储运（3 项）、炼油与石油化学工业、铸锻工业、防水卷材行业、印刷业、木质家具制造业、工业涂装工序、汽车整车制造业、汽车维修业等。2017 年出台了《大气污染物综合排放标准》《建筑类涂料与胶粘剂挥发性有机化合物含量限值标准》《汽车维修业污染防治技术规范》（DB11/T 1426—2017），更进一步加大限值标准和技术规范。

广东省也属于制定地方标准的第一梯队省市，广东省经济发达，家具制造、包装印刷、汽车涂装、制鞋、电子等行业集中，因此是 VOCs 管控的重点省份。2010 年广东省集中发布了包装印刷、表面涂装（汽车制造业）、家具制造、制鞋四个行业的 VOCs 排放标准，针对 VOCs 的排放，对涂料、油墨、黏合剂等 VOCs 的工业使用环节进行限值控制。2014 年制定《广东省环境保护厅关于重点行业挥发性有机物综合整治的实施方案（2014—2017 年）》，2016 年公布《挥发性有机物重点监管企业名录（2016 年版）》，2016 发布了《集装箱制造业挥发性有机物排放标准》。此外，电子设备制造业挥发性有机化合物排放标准征求意见中，之后重点行业 VOCs 排放标准会陆续制订并出台。

2014 年，天津市发布了《工业企业挥发性有机物排放控制标准》，该综合标准包括炼油与石化、橡胶制品、塑料制品、电子工业、汽车制造与维修、涂料与油墨、印刷与包装印刷、家具制造、医药制造、表面涂装、黑色冶金以及其他行业共 12 类污染源，与国家标准中非甲烷总烃不同，天津地方标准以 VOCs 总量作为控制项目，此外包括苯系物（主要为苯、甲苯、二甲苯）为控制的组分指标。2016 年又公布了《餐饮业油烟排放标准》。

除了上述典型的地市以外，江苏和四川等其他一些省市，也开始了 VOCs 地方排放标准的研究、制定工作。江苏省 2016 年发布了《化学工业挥发性有机物排放标准》和《表面涂装（家具制造业）挥发性有机物排放标准》，而四川省借鉴天津的经验于 2017 年发布了《四川省固定污染源大气挥发性有机物排放标准》。相信在未来，VOCs 地方排放标准越来越成熟，更多的省市会出台地方的排放标准，根据实际情况，严控 VOCs 污染。

1.2.2　VOCs 控制的技术对策

目前 VOCs 的控制目的主要有三方面：一是通过控制 VOCs 的排放来减少

PM$_{2.5}$的形成；二是通过控制 VOCs 的排放来减少臭氧的生成；三是控制有毒有害有机物的排放减少对人体的危害。VOCs 控制技术主要包括了过程控制、产品替代和末端控制三个方面。其中过程控制强调了生产设施的改进、生产过程的管理与监控、泄漏检测，以此来减少和消除生产过程中产生和排出的 VOCs 废气；而产品替代则是主张使用更低 VOCs 的原料来替代原有高 VOCs 的原料，从源头避免和减少 VOCs 的方法；末端控制主要适用于固定源 VOCs 的控制。

固定源具有浓度高、有组织排放、易于收集和处理的排污特点，采用 VOCs 末端控制技术处理效果明显。该技术具体可以分为两大类。一是回收技术：利用物理的方法吸收或富集废气中的 VOCs，后续可进行集中处理或回收再利用，主要包括吸附技术、吸收技术、冷凝技术、膜分离技术、膜基吸收技术等。回收的挥发性有机物可以直接或经过简单纯化后返回工艺过程再利用，以减少原料的消耗，或者用于有机溶剂质量要求较低的生产工艺，或者集中进行分离提纯。二是销毁技术：通过化学或生化反应，用热、光、催化剂或微生物等将有机化合物转变成为二氧化碳和水等无毒害无机小分子化合物的方法，主要包括高温焚烧、催化燃烧、生物氧化、低温等离子体破坏和光催化氧化技术等。表 1-5 列举了国内外常用的 VOCs 回收技术和销毁技术，简单概括了它们的优点、缺点和控制效率。

表 1-5　国内外常用 VOCs 控制技术

技术名称	优　点	缺　点	控制效率
吸收法	可以与多种技术组合使用	易造成二次污染；吸收液活性下降较快	与吸收剂相关
吸附法	能耗低、工艺较成熟、设备简单	吸附剂再生费用较高、设备庞大、运行费用高	与催化剂性质相关
冷凝法	工艺简单、易操作、运行成本低	不适用于低沸点废气的处理，处理费用高	80%～90%
膜分离法	流程简单、投资小、无二次污染、分离效果好	运行成本较高	90%～99%
催化燃烧法	燃烧温度低、能量消耗小	催化剂费用高且寿命有限	与催化剂相关
热力燃烧法	投资低、无二次污染	运行费用高、存在安全隐患	一般高于 95%
光催化法	适用范围广、条件温和、成本较低	需要紫外光源	90%～95%
生物法	投资较少、运行费用低、处理效果好	占地面积广、降解速度较慢、运行条件难控制	一般高于 90%
等离子体法	能耗低、无须预热、装置简单	净化效率较低	一般低于 70%

为指导全国 VOCs 污染防治工作，环境保护部发布了《挥发性有机物（VOCs）污染防治技术政策》（环境保护部公告 2013 年第 31 号），明确了 VOCs

污染控制的技术路线、原则和方法。该技术政策将 VOCs 工业源分为 4 类：①石油炼制与石油化工、煤炭加工与转化等含 VOCs 原料的生产行业；②油类（燃油、溶剂等）储存、运输和销售过程；③涂料、油墨、胶黏剂、农药等以 VOCs 为原料的生产行业；④涂装、印刷、黏合、工业清洗等含 VOCs 产品的使用过程，分别明确了源头和过程控制要求。对于 VOCs 末端治理，则依据废气浓度，给出了可行的控制技术选择：对于含高浓度 VOCs 的废气，有回收价值时宜优先采用冷凝回收、吸附回收技术进行回收利用，并辅助以其他治理技术实现达标排放。对于含中等浓度 VOCs 的废气，可采用吸附技术回收有机溶剂；不宜回收时，可采用吸附浓缩燃烧技术、生物技术、吸收技术、等离子体技术或紫外线高级氧化技术等净化后达标排放。当采用催化燃烧和热力焚烧技术进行净化时，应进行余热回收利用。

吸附技术、催化燃烧技术和热力燃烧技术是传统的有机废气治理技术，也是目前应用最为广泛的 VOCs 治理技术；生物技术较早被应用于有机废气的净化，目前技术上比较成熟，为 VOCs 治理的主流技术之一；吸收技术由于存在二次污染和安全性差等缺点，目前在有机废气治理中已经较少使用；冷凝技术只是在高浓度下直接使用才有意义，通常作为吸附技术或催化燃烧技术等的辅助手段使用；等离子体破坏技术近年来已经相对发展成熟，并在低浓度有机废气治理中得到了大量的应用；光催化技术和膜分离技术在大气量的有机废气治理中实际应用很少。常见的 VOCs 治理技术适用范围见表 1-6。由于 VOCs 的种类繁多，性质各异，排放条件多样，目前在不同的、不同的工艺条件下可以采用不同的 VOCs 废气实用治理技术。

表 1-6　常见的 VOCs 治理技术适用范围

控制技术	浓度范围/(mg/m³)	排气量/(m³/h)	温度/℃
吸附回收技术	$100 \sim 1.5 \times 10^4$	$< 6 \times 10^4$	< 45
吸附浓缩技术	< 1500	$10^4 \sim 1.2 \times 10^5$	< 45
生物处理技术	< 1000	$< 1.2 \times 10^5$	< 45
预热式催化燃烧	$3000 \sim 25\%$ LEL	$< 4 \times 10^4$	< 500
蓄热式催化燃烧	$1000 \sim 25\%$ LEL	$< 4 \times 10^4$	< 500
预热式热力燃烧	$3000 \sim 25\%$ LEL	$< 4 \times 10^4$	< 700
蓄热式热力燃烧	$1000 \sim 25\%$ LEL	$< 4 \times 10^4$	< 700

注：LEL（low explosion-level）：爆炸下限，是指能够引起爆炸的可燃气体的最低含量。

1.2.2.1　VOCs 的末端回收技术

（1）吸收法

适用于处理大风量、常温、低浓度有机废气。吸收剂后处理成本高，对有机成分选择性大。

原理：吸收法利用的是某一 VOCs 易溶于特殊的溶剂的这种特性对其进行处理的一种方法。其吸收过程是根据有机物"相似相溶"原理实现的。实际操作中，以液体溶剂作为吸收剂，使废气中的有害成分被液体吸收，从而达到净化目的。吸收法常采用柴油、煤油等一些沸点较高、蒸气压较低的物质作为溶剂，从而使 VOCs 从气相转移到液相中，然后对吸收液进行解吸处理，回收其中的 VOCs，同时使溶剂得以再生。该法不仅能消除气态污染物，还能回收一些有用的物质。吸收法分离 VOCs 工艺流程如图 1-2 所示。

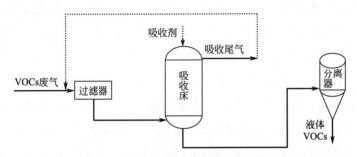

图 1-2　吸收法分离 VOCs 工艺流程图

适用范围：吸收法可用来处理的气体的流量一般为 $3000 \sim 15000 m^3/h$、浓度为 $500 \times 10^{-6} \sim 5000 \times 10^{-6}$ 的 VOCs，去除率可达到 $95\% \sim 98\%$。为了增大 VOCs 与溶剂的吸收率和接触面积，这个过程通常都在装有填料的吸收塔中完成。

优缺点：吸收法工艺流程简单、投资少、运行费用低，适用于废气量较大、浓度较高、温度较低的气象污染物处理；溶剂吸收法的不足之处在于吸收剂后处理的投资大，并且对有机成分选择性大，易出现二次污染。因而在使用吸收法处理 VOCs 时，需要选择多种不同溶剂分别进行吸收，这样就增加了成本与技术的复杂性。另外，有机物在吸收剂中的溶解度、有机废气的浓度、吸收器的结构形式等均为吸收法的影响因素，任何一项发生改变都可能会影响到吸收法的效率。

（2）吸附法

去除效率高、工艺成熟，但设备庞大，流程复杂，投资运行费用较高。

原理：吸附法利用某些具有吸附能力的物质如活性炭、硅胶、沸石分子筛、活性氧化铝等多孔材料吸附有害成分而达到消除污染的目的。目前广泛应用的吸附材料是微孔和介孔材料，用以处理 VOCs 最常用的吸附剂有活性炭和活性碳纤维，所用的装置为阀门切换式两床（或多床）吸附器。精馏塔主要包括吸附净化、脱附再生和精馏三个过程。此吸附多为物理吸附，过程可逆；吸附达到饱和后，用水蒸气脱附，再生的活性炭就可以循环使用。吸附法分离 VOCs 工艺流程如图 1-3 所示。

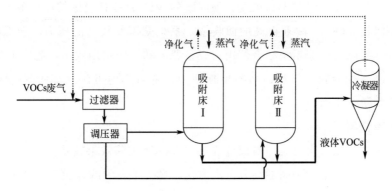

图 1-3　吸附法分离 VOCs 工艺流程图

适用范围：这种方法适用浓度范围宽泛，对于须回收的溶剂类 VOCs 具有显著的经济效益，回收率可达到 90%～95%。由于吸附容量限制，该方法还适用于处理过高浓度的有机废气。

应用分析：吸附法的优点在于去除效率高、能耗低、工艺成熟、脱附后溶剂可回收；缺点在于设备庞大，流程复杂，投资后运行费用较高。此外活性炭吸附中，炭在蒸汽再生过程产生的冷凝液经回收 VOCs 后排放，可能造成二次污染，在使用方法处理 VOCs 时对废液须有处理措施。

（3）冷凝法

适合处理高浓度的 VOCs，但成本高。

原理：利用 VOCs 在不同温度下具有不同饱和蒸气压的性质，对于高浓度 VOCs，使其通过冷凝器，气态的 VOCs 降低到沸点以下，凝结成液滴，再靠重力作用落到凝结区下部的储罐中，从储罐中抽出液态 VOCs，从而回收再利用。冷凝法的冷凝效率与废气中 VOCs 组分的浓度和性质及所选用的制冷剂密切相关。冷凝剂通常采用冷却水和液氮。冷凝器可以分为两类：一类为表面冷凝器；另一类为接触冷凝器。在 VOCs 净化中，一般采用表面冷凝器。表面冷凝器的冷却介质不与 VOCs 直接接触，而是通过间壁进行热量交换，使 VOCs 冷凝下来，如列管式冷凝器、螺旋式冷凝器等。冷却介质一般为水（常温水或冷冻水），也有的采用液氮等。

适用范围：适合处理气体流量一般为 600～120000m³/h、浓度为 5000×10⁻⁶～

12000×10^{-6} 的 VOCs，去除率为 $80\% \sim 90\%$。为了增大 VOCs 与溶剂的吸收率和接触面积，这个过程通常都在装有填料的吸收塔中完成。冷凝法往往作为净化高浓度有机气体的前处理方法，与吸附法、燃烧法或其他净化手段联合使用。

优缺点：这种方法对于高浓度、须回收的 VOCs 具有较好的经济效益。然而，采用该法回收 VOCs，要获得高的回收率，系统就需要较高的压力和较低的温度，故常将冷凝系统与压缩系统结合使用，设备费用和操作费用较高，适用于高沸点和高浓度 VOCs 的回收。该法一般不单独使用，常与其他方法（如吸附、吸收、膜法分离等）联合使用。

（4）膜分离

设备简单，无二次污染。对成分复杂的 VOCs 去除效果较差。

原理：膜分离是一种新的高效分离方法。图 1-4 表示的是膜分离法分离 VOCs 工艺流程示意图，装置的中心部分为膜元件，常用的膜元件有平板膜、中空纤维膜和卷式膜，又可分为气体分离膜和液体分离膜等。以气体膜分离技术为例，其原理是利用有机蒸气与空气透过膜的能力不同，使二者分开。其过程分为两步：首先压缩和冷凝有机废气，而后进行膜蒸气分离，含 VOCs 的有机废气进入压缩机，压缩后进入冷凝器中冷凝，冷凝下来的液态 VOCs 即可回收；剩余未冷凝气体通过分离，分成两路，渗透气含有 VOCs，返回压缩机进口，未透过膜的渗余气体可视情况排放或做进一步处理。

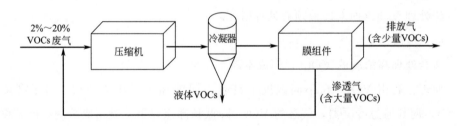

图 1-4　膜分离法分离 VOCs 工艺流程图

适用范围：适用于处理 VOCs 较浓的情况，即 VOCs 浓度大于 1000×10^{-6} 的气体，系统的费用与进口流速成正比，包括石油精炼等领域。膜分离技术可回收常见的一些 VOCs，包括烷烃类和芳烃类的烃类化合物及一些含卤代烃、醛类和酮类。

优缺点：设备简单，运行维护费用低，无二次污染；但有气体预处理成本高、膜元件造价高、使用寿命短、存在堵塞等问题；对成分复杂的废气或难以降解的

VOCs，去除效果较差。膜分离组件的工作原理限制了膜组件在大流量气体处理中的运用，因此不如吸附法等其他方法的处理流量大。

1.2.2.2　VOCs 的燃烧净化技术

（1）直接燃烧技术

设备简单，占地少、操作方便。

原理：直接燃烧法是将废气中可燃的有害组分当成燃料燃烧，属于热破坏法，是利用辅助燃料燃烧所发生热量，把可燃的有害气体的温度提高到反应温度，从而发生氧化分解。直接火焰燃烧对有机废气的热处理效率相对较高，一般情况下可达到 99%。

适用范围：热破坏法适合小风量、高浓度的气体处理以及连续排放气体的场合；废气的有害物质浓度 $\leqslant 2000 \times 10^{-6}$ 时，需依靠辅助燃料提供热量，使废气中可燃物质达到起燃温度而分解；废气反应（燃烧）温度为 $680 \sim 820$℃；有机溶剂蒸气混合气体浓度接近爆炸极限值时进行直接燃烧非常不安全，这时应采取稀释后，补充氧气再进入焚化炉。

优缺点：直接燃烧法的优点是使用设备简单、投资少、操作方便、占地面积少，另外还可以回收利用热能，气体净化彻底。但是也有一些不足，直接法有爆炸的危险且需消耗大量燃料，不能回收溶剂。

（2）蓄热燃烧技术

热效率高、运行成本低、能处理大风量低浓度废气。

原理：通过投加辅助燃料把有机废气加热到 760℃，使废气中的 VOCs 氧化分解为二氧化碳和水。氧化产生的高温气体流经特制的陶瓷蓄热体，使陶瓷升温而蓄热，此蓄热用于预热后续进入的有机废气，从而节省废气升温的燃料消耗。在热交换器的作用下，预热可以置换并二次利用。

适用范围：适用于可燃有机物质含量较低的废气，适合处理气体流量一般为每小时几千至几万立方米、浓度为 $100 \times 10^{-6} \sim 200 \times 10^{-6}$ 的 VOCs 废气，去除率可达 95% 以上。

优缺点：与传统的直燃式热氧化炉相比，蓄热式燃烧具有热效率高、运行成本低、能处理大风量低浓度废气等优势。浓度稍高时，还可进行二次余热回收，大大降低生产运营成本。

（3）催化燃烧技术

无火焰，安全性好，要求的燃烧温度低。

原理：催化燃烧技术是通过加入催化剂，降低发生氧化反应所需的温度，从而降低处理能耗的一种技术。废气通过换向阀被送到加热室，使气体达到燃烧反应起燃温度，再通过催化室的作用，使有机废气彻底分解成二氧化碳和水。燃烧后的废气通过蓄热体，热量被留在蓄热体中，用于预热新进废气。若此热量达不到反应起燃温度，加热系统通过自控系统实现补偿加热。催化剂的作用是降低反应的活化能，同时使反应物分子富集于催化剂表面，以提高反应速率。

适用范围：催化燃烧几乎可以处理所有的烃类有机废气及恶臭气体，适合处理的 VOCs 浓度范围广。对于低浓度、大流量、多组分而无回收价值的 VOCs 废气，采用催化燃烧法处理是经济合理的。

优缺点：虽然催化燃烧所要求的起燃温度较低，大部分有机物和 CO 在 200~400℃即可完成反应，辅助燃料消耗少，但是热催化氧化法中不允许废气中含有影响催化剂寿命和处理效率的尘粒雾滴，也不允许有使催化剂中毒的物质，否则会导致催化剂中毒或者催化效率变得极低，因此在采用催化燃烧技术处理有机废气前，往往需要对废气做前处理。目前常使用贵金属铂、钯浸渍的蜂窝状陶瓷载体作为催化剂，比表面积大，阻力小，净化效率高。催化剂一般两年更换，并且载体可再生。一般不能用于处理含有硫、氯和硅等容易使催化剂中毒而失效的废气。另外催化剂一般具有较强的选择性，如果待处理物中含有多种 VOCs，那么将增大催化剂选择的困难度。

1.2.2.3　VOCs 的生物降解技术

VOCs 的生物降解技术适用于小风量、低浓度或者有异味的 VOCs 治理。生物法相对于其他净化方法而言，具有投资低、去除效率高、能耗低、无二次污染等优点，已成为大气污染控制技术领域的研究热点之一。但该方法对场地、操作条件较为苛刻，设备体积大、净化速度慢、停留时间长，仅适用于低浓度 VOCs 净化，当废气中 VOCs 浓度较高时往往难以达到净化要求。生物法包括生物过滤、生物洗涤和生物滴滤法 3 种主流工艺，此外，一些新型生物净化工艺如膜生物反应器、两相分配生物反应器和转动床生物反应器也为传统的生物反应器进行了补充。

一般情况下，一个完整的生物处理有机废气过程包括 3 个基本步骤：①有机废气中的有机污染物首先与水接触并迅速溶解；②溶解的有机物逐步扩散到生物膜中，进而被附着在生物膜上的微生物吸收；③被微生物吸收的有机废气，在其自身生理代谢过程中会被降解，最终转化为对环境无害的化合物质。

（1）生物过滤工艺

生物过滤工艺是利用吸附性滤料作为生物填料进行废气净化的方法，利用微生物的代谢作用，将 VOCs 转化为二氧化碳和水等无机物。生物过滤法处理 VOCs 废气的工艺流程如图 1-5 所示。VOCs 废气通过增湿塔增湿后进入生物过滤塔，流经约 0.5～1m 厚的生物活性填料层，在这过程中，有机污染物从气相进入生物相，进而被氧化分解。其特点是生物相和液相均不流动，启动运行容易，而且滤料具有比表面积大、吸附性能好的特性，可大大减缓入口负荷变化引起的净化效率的波动。但存在反应条件不易控制、易发生堵塞、气体断流的情况，还有占地面积大，进气负荷适应性慢等缺点。

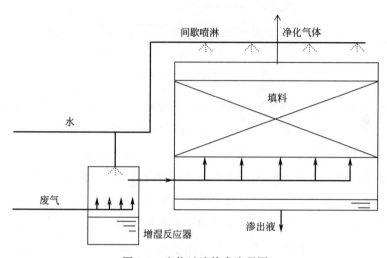

图 1-5　生物过滤技术流程图

（2）生物滴滤工艺

生物滴滤塔填料的选择原则与生物过滤塔基本相同，通常采用粗碎石、塑料、陶瓷等无机材料，比表面积一般为 $100～300m^2/m^3$。采用这类填料，一方面为气流通过提供了大量的空间；另一方面，也可降低填料压实程度，避免由于微生物生长和生物膜脱落引起的填料堵塞。

与生物过滤塔相比，生物滴滤塔的反应条件（pH 值、湿度）易于控制（通过调节循环液的 pH 值、湿度），故在处理卤代烃，含硫、含氮等微生物降解过程中会产生酸性代谢产物的污染物时，生物滴滤塔较生物过滤塔更有效。另外，由于生物滴滤塔的反应条件由人为控制，所以滤塔中的环境更适于微生物的生长和繁殖，单位体积填料的生物量较生物过滤塔多，也更适于净化负荷较高的废气。生物滴滤技术流程如图 1-6 所示。

（3）生物洗涤工艺

生物洗涤工艺类似一个悬浮活性污泥处理系统，由一个吸收塔和一个活性污泥

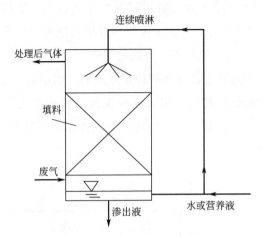

图 1-6　生物滴滤技术流程图

反应器构成，洗涤液（循环液）自吸收室顶部喷淋而下，废气中的 VOCs 和 O_2 在这个过程中转入液相。吸收了 VOCs 的洗涤液再进入活性污泥反应器中，洗涤液中的 VOCs 被再生池中的活性污泥降解，再生后的洗涤液循环使用。目前，常用的洗涤设备为喷淋塔，也可以采用多孔板式塔和鼓泡塔。一般地，若气相传质阻力较大，可用多孔板式塔；反之，液相传质阻力较大时则用鼓泡塔。

　　由于生物洗涤器的循环洗涤液须采用活性污泥法来再生，所以在通常情况下，循环洗涤液主要是水，因此，该方法只适用于水溶性较好的 VOCs，如乙醇、乙醚等，而对于难溶的 VOCs，该方法则不适用。生物洗涤技术流程如图 1-7 所示。

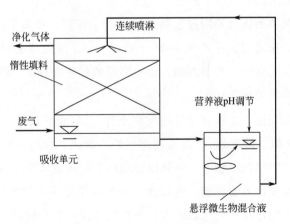

图 1-7　生物洗涤技术流程图

（4）膜生物反应器

膜生物反应器是一种新型废气生物处理工艺，在中空纤维膜生物反应器中，纤维膜外表面生长一层薄薄的生物膜，悬浮液在纤维膜外表面循环，直接与生物膜接触。废气从生物反应器进气口分散进入各根纤维膜膜腔，依靠浓度梯度气体分子通过膜壁传质至外层的活性生物膜后得以降解。其优势在于气流和液流分别在纤维膜的两侧，在液相面的纤维膜上形成生物膜，其比表面积大、生物量高，可清除过量的生物量以防堵塞，可向流动的液相添加 pH 缓冲剂、营养物质、共代谢物及其他促进剂，也可排除有毒或抑制性的产物，保持较高的微生物活性。国外已有一些采用膜生物反应器处理甲苯和 BTEX（苯、乙苯、二甲苯和甲苯）的报道，虽然这些研究都取得了较好的效果，但生物膜反应器的构建和运行成本高，使其在处理 VOCs 废气的实际应用中受到了限制，还未在工程中得到应用。膜生物反应技术示意图如图 1-8 所示。

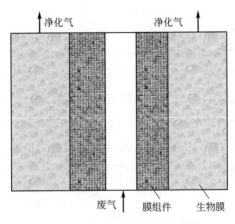

图 1-8　膜生物反应技术示意图

1.2.2.4　VOCs 的高级氧化技术

（1）等离子体法

效率高、费用低，处理量较小，存在二次污染。

原理：目前发展前景比较广阔的等离子体技术是电晕放电技术。其基本原理是通过陡前沿、窄脉宽（ns 级）的高压脉冲电晕放电，在常温常压下获得非平衡等离子体，即产生大量的高能电子和 O·、OH·等活性粒子，对 VOCs 分子进行氧化、降解反应，使 VOCs 最终转化为无害物。除此之外，还包括电子束照射法、介质阻挡放电法、沿面放电法等。

适用范围：电晕放电技术对 VOCs 的处理效率较高，应用范围十分广泛，基本上各类 VOCs 都可以进行处理，特别是对低浓度 VOCs 处理效果显著。低温等离子体技术对于臭味的净化具有良好的效果，低温等离子体使得 C—S 和 S—H

键比较容易打开，因此在橡胶废气、食品加工废气等领域除臭处理上有很好的效果。

优点：①由于等离子体反应器几乎没有阻力，系统的动力消耗非常低；②装置简单，反应器为模块式结构，容易进行易地搬迁和安装，运行管理方便；③不需要预热时间，可以即时开启与关闭；④所占空间较小；⑤抗颗粒物干扰能力强，对于油烟、油雾等通常无须进行过滤预处理；⑥无须考虑催化剂失活问题；⑦工艺流程简单、运行费用低；⑧对 VOCs 的适应性强。但是该技术目前还处于实验室研究阶段，处理量较小；缺点在于该技术对电源的要求很高，能耗高，当处理 $100000m^3/h$ 时，放电功率要 3000kW 左右；有机物矿化率不高，产物多样化，产物可能产生其他种类的有机物；在分解 VOCs 分子的同时，还会产生 NO_x、CO、O_3 等一些有害副产物。

（2）光催化氧化法

光催化氧化法经济实用，安全净化。

原理：光催化氧化法主要是利用光催化剂（如 TiO_2）的光催化性，氧化吸附在催化剂表面的 VOCs。利用特定波长的光（通常为紫外线）照射光催化剂，激发出"电子-空穴"对，这种"电子-空穴"对与水、氧发生化学反应，产生具有极强氧化能力的自由基活性物质，将吸附在催化剂表面上的有机物氧化为二氧化碳和水等无毒无害物质。光催化反应器示意图如图 1-9 所示。

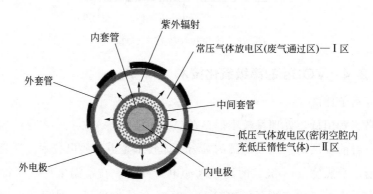

图 1-9　光催化反应器示意图

常用的催化剂包括 TiO_2、ZnO、Fe_2O_3、CdS 和 ZnS 等。以 TiO_2 催化剂为例，TiO_2 的带隙能 $E_g=3.2eV$，在波长小于 380nm 的紫外线照射下，TiO_2 会被激发产生导带电子和价带空穴，导致 VOCs 的氧化分解。光催化降解 VOCs 属于多相催化反应，是气相反应物（VOCs）与固相光催化剂的表面进行接触而发生在两相界面上的一种反应。该过程如下：VOCs 分子向固体催化剂外表面扩散，继而被固体表面吸附，当紫外线照射到固体表面的时候，吸附在催化剂表面的 VOCs 分子就发生了反应，反应结束后产物分子从催化剂表面脱落，从催化剂外表面扩散到气流之中。

适用范围：光催化降解技术主要适用于低浓度（小于 $1000\mu L/L$）、小气量的 VOCs 的处理。

优缺点：光催化氧化具有选择性，反应条件温和（常温、常压），催化剂无毒，能耗低，操作简便，价格相对较低，无副产物生成，使用后的催化剂可用物理和化学方法再生后循环使用，对几乎所有污染物均具净化能力等优点。目前光催化氧化技术存在反应速率慢、矿化不彻底、光子效率低、催化剂失活和难以固定等缺点。

1.2.2.5　VOCs 的协同治理技术

VOCs 在实际工况下，不同的生产环节和不同的工艺都会直接影响 VOCs 的排放特点，在实际情况下 VOCs 排放往往具有一定的波动性。VOCs 治理技术种类繁多，使用条件和范围都不尽相同，单一的治理技术很难满足工业 VOCs 废气成分和性质的复杂性。因此，为了能够实现多种 VOCs 在较大范围内的高效去除，通常采用两种或者多种 VOCs 治理技术联用，发挥各种技术的优点，降低处理成本。

（1）吸附浓缩-冷凝技术

吸附浓缩-冷凝技术是一种应用广泛的联用技术，此方法针对低浓度 VOCs 废气，同时需要对特殊的有机物进行回收。首先采用吸附剂将低浓度的 VOCs 吸附浓缩，然后采用热气流对吸附床进行再生，再生后的高浓度废气进入冷凝器将其中的有机物冷凝回收，冷凝后的尾气再返回吸附器进行吸附净化。常用的吸附剂包括固定床吸附和沸石转轮吸附，并采用两个或多个固定吸附床交替进行吸附和吸附剂的再生，实现废气的连续净化，见图 1-10。

（2）吸附浓缩-催化燃烧或高温焚烧技术

吸附技术主要适用于低浓度 VOCs 的净化，而燃烧技术则适用于高浓度 VOCs 的净化。工业上常见的低浓度、大风量的 VOCs 排放在工业 VOCs 排放中占相当高的比例，当所涉及的挥发性有机物回收价值低，不需要进行溶剂回收时，如果将废气直接进行催化燃烧和高温焚烧需要消耗大量的能量，设备的运行成本非常高。而吸附浓缩-催化燃烧或高温焚烧技术就可以解决这一问题，先将低浓度 VOCs 吸附浓缩后，高浓度 VOCs 经过燃烧技术进行处理，大大降低了运行成本。当废气

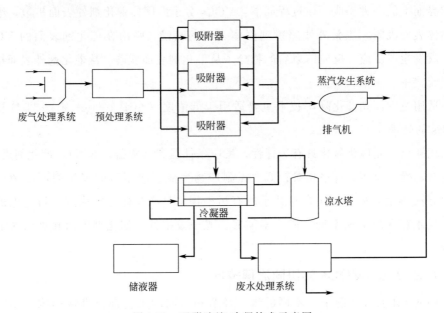

图 1-10　吸附浓缩-冷凝技术示意图

中不含催化剂中毒的物质时，通常采用催化燃烧进行后处理，反之则采用高温焚烧法。吸附浓缩-催化燃烧或高温焚烧技术如图 1-11 所示。

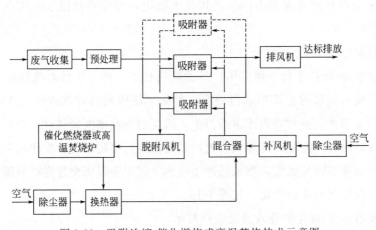

图 1-11　吸附浓缩-催化燃烧或高温焚烧技术示意图

（3）吸附-吸收技术

吸附-吸收技术使用范围较小，通常用于高浓度的有机废气回收中，如在汽油和溶剂转运过程中从油库和溶剂储罐中所排出的低风量、高浓度的气体的净化，采用活性炭进行吸附，然后采用降压（抽真空）对吸附剂进行再生。被真空泵所抽出的极高浓度的废气通常采用低挥发性的有机溶剂进行吸收回收。需要注意的是当有机物浓度高时，要注意爆炸极限下限范围，因此要严格控制工艺操作。吸附-吸收技术示意图如图1-12所示。

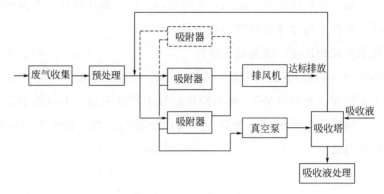

图 1-12　吸附-吸收技术示意图

（4）等离子体-催化技术

利用单一的等离子体技术处理某些VOCs，目前还存在一些有待解决的问题，如能量的利用效率低、最终产物的种类复杂，有些VOCs的降解过程会产生有机副产物，造成二次污染等。等离子体-催化技术是一种先进的空气净化技术，包括等离子体-催化技术和离子体-光催化技术。

催化剂可以降低反应物的活化能，促进反应进行，提高能量效率，同时可以增加产物的选择性，减少副产物的产生。催化剂协同等离子体处理VOCs，可以有效地提高VOCs的降解率，还可有选择性地降解反应中所产生的副产物。目前该技术共有两大类：一是将催化剂直接附着在等离子体发生装置上；二是等离子体产生的电磁波作为光催化剂的激发光源。虽然该技术具有广阔的前景，但是目前实际应用中还处于探索阶段。

1.2.2.6　VOCs的控制技术发展趋势

VOCs的控制技术的应用对象涉及的行业众多，废气具有成分复杂、流量和浓度各异的特点。每种控制技术都有自身的优缺点，不能包治百病，为了更有效地解决VOCs污染，VOCs的控制技术必须不断发展。

（1）技术创新，开发新材料、新工艺

在现有的控制技术基础上，实现技术创新，研究和开发VOCs控制的新技术、新材料、新设备，实现源头、过程和末端治理相结合。例如研发针对VOCs有较高降解率的新型催化剂、研发电子束照射、气体负离子等其他针对官能团的新技术。

（2）改良现有技术，扩展主流技术的应用范围

针对现有主流技术缺点，改良技术，例如开发和采用性能更好的吸附材料，提升吸附性能，如纤维状活性炭、碳纳米管等材料；改变载体材料来改善生物过滤法堵塞的情况；提高生物过滤法的应用范围等。

（3）技术集成和优化，实现提效降耗

单一的 VOCs 的控制技术很难对组分复杂的工业废气进行较好的治理，不存在"包打天下"和"绝对优势"。而不同控制技术联合使用，不仅能够提高 VOCs 的控制效率，同时实现降低成本和减少二次污染物的目的，也是 VOCs 控制技术的主要发展方向之一。

第2章 VOCs监测标准方法和监测技术指南分析

　　准确、可靠的 VOCs 监测是 VOCs 污染管控和大气 VOCs 研究的前提保障，从监测物质来分类，VOCs 监测包括环境空气、各种物料检测、生产空间空气监测、末端排放废气监测和厂界（区界）空气监测；从监测结果来分类，包括组分检测、总量检测和超标检测。近年来，VOCs 监测标准方法和监测技术指南以及 VOCs 监测相关技术一直处于不断发展和完善的过程中，VOCs 监测在整个空气质量管理过程中具有关键性的作用，它为政策和战略的制定、环境空气质量控制目标的设立、监督检查污染物的排放和环境标准的实施情况等提供了必要的科学依据。因此，在严格的管控政策和市场需求下，VOCs 监测越来越引起重视，也将成为下一阶段的监测重点。

　　目前国际上公认的 VOCs 监测标准来源主要包括美国 EPA、欧盟和国际标准化组织（ISO）等发布的 VOCs 监测标准。从 20 世纪 70～80 年代起，美国等一些国家已开始逐步形成 VOCs 监测的标准方法体系，欧盟环保署制定了监测技术指南，国际标准化组织也发布的 VOCs 监测标准，并随着响应的测量分析方法和仪器研究的深入，监测技术不断完善，VOCs 监测标准方法体系也随之全面展开。我国对于 VOCs 管控整体起步较晚，VOCs 的监测发展缓慢，但近年来由于政策导向和市场需求的加大，VOCs 的监测迎来了一个发展快速阶段。目前，我国可以作为标准监测方法的分析方法主要分为 4 类，包括环境保护部发布的环境空气和固定源废气 VOCs 监测方法、《空气和废气监测分析方法》（第四版增补版）、卫生部发布的工作场所空气监测方法以及 US EPA 方法。除此之外，随着我国对 VOCs 污染的关注，监测技术的需求日益增加，TVOCs 监测方法、泄漏检测规范等一批 VOCs 监测技术规范、分析方法标准、监测仪器标准、标准样品规范正在加紧制订中。

2.1 国外 VOCs 监测标准方法和监测技术指南分析

从 20 世纪 70~80 年代起，美国、欧洲等国家和地区相继针对城市大气环境中
VOCs 监测、污染源废气中 VOCs 监测、VOCs 在大气化学过程中的作用、VOCs
浓度和臭氧产生的关系、VOCs 的溯源及其对人体健康危害等方面开展了大量研究
工作，研发出 VOCs 测量的分析方法和仪器，完善各国监测标准方法和监测技术
指南，为控制 VOCs 污染服务。

2.1.1 美国环保局 VOCs 监测标准方法体系

美国 VOCs 的监测技术的发展和监测方法体系的建立一直走在世界的前列，
监测方法体系的监测对象包括环境空气和固定源排放的 VOCs，20 世纪 80 年代以
来，US EPA 陆续发布了 17 个针对空气中不同种类有毒有机物的监测标准方法
（TO-1~TO-17）；针对固定污染源废气中的 VOCs，发布了 30 个废气 VOCs 的监
测标准方法（方法 18~方法 320）。

2.1.1.1 环境空气中 VOCs 监测标准方法

TO 系列 VOCs 标准分析方法包括了 17 个针对空气中不同种类有毒有机物的
监测标准方法（TO-1~TO-17），其中共有 10 个标准与 VOCs 的采样方法和分析
方法有关，TO 系列 VOCs 标准分析方法见表 2-1。TO 系列标准方法中主要涉及
的分析方法包括气相色谱（GC）、气相色谱-质谱（GC-MS）、高效液相色谱
（HPLC）、傅里叶变换红外光谱（FTIR）四种主流方法，其中 TO-15 采用不锈钢
采样罐采样和 GC-MS 的分析方法，该方法主要用于作为臭氧前体物的 VOCs 的测
定，由于其可以采集全空气样品，可以测定 113 种目标化合物，在臭氧溯源研究中
及全空气 VOCs 监测中被广泛使用。TO-16 采用长光路开放式傅里叶变换红外光
谱法测试氨、甲腈和多种 VOCs，该法可保持样品完整性且化学污染少，但适用的
化合物主要取决于标准谱图的数量。

表 2-1　US EPA 监测空气中 VOCs 方法摘要

方法编号	化合物类型	测定样品的采集装置	分析方法
TO-1	VOCs	Tenax 固体吸附剂	GC-MS
TO-2	VOCs	碳分子筛吸附剂	GC-MS
TO-3	VOCs	低温冷阱预浓缩	GC-FID 和 GC-ECD

方法编号	化合物类型	测定样品的采集装置	分析方法
TO-5	醛类和酮类	衍生化采样	HPLC
TO-11A	醛类	吸附管	HPLC
TO-12	NMOC，非甲烷有机物	在线低温捕集/苏玛罐	GC-FID
TO-14A	VOCs（非极性）	苏玛罐	GC-FID、ECD、PID、NPD、MS
TO-15	VOCs（极性/非极性）	苏玛罐	GC-MS
TO-16	VOCs	开放路径监测	FTIR
TO-17	VOCs	单/多床吸附剂	GC-MS

注：FID为氢火焰离子化检测器；ECD为电子捕获检测器；PID为光离子化检测器；NPD为氮磷检测器。

（1）TO-1：Tenax吸附剂GC-MS方法

该方法运用Tenax吸附剂管采样，采样后运回实验室。将采样管置于加热炉内进行加热，用惰性气体将非极性有机化合物吹扫至$-70℃$的冷阱进行提纯和富集，再进行热解吸，载气将目标化合物送入色谱柱，程序升温完成分离后通过检测器定性定量。可用的检测器包括质谱、电子捕获检测器和氢火焰离子化检测器，该方法的目标化合物为沸点约在$80\sim200℃$的部分非极性有机化合物，监测浓度范围为$10^{-11}\sim10^{-7}$。

（2）TO-2：碳分子筛吸附剂GC-MS方法

该方法采用碳分子筛吸附管作为采样工具，采样后运回实验室。首先用$2\sim3L$的干空气吹扫吸附管除湿，之后将采样管置于加热炉内进行加热，用惰性气体将非极性有机化合物吹扫至$-70℃$的冷阱进行提纯和富集，再进行热解吸，载气将目标化合物送入气质联用系统进行定性和定量，目标化合物为沸点约在$-15\sim120℃$的部分非极性和非活性有机化合物，当采样体积达到20L时，监测浓度范围为$10^{-11}\sim10^{-9}$。

（3）TO-3：低温预浓缩技术GC-FID和GC-ECD方法

该方法利用浸入液氧或液氩（考虑到液氧的安全隐患，推荐有条件的实验室利用液氩作为制冷剂）中的捕集阱实现对目标化合物的富集。采样时，采样阀打开，一定体积的环境空气通过捕集阱，目标化合物被富集，同时色谱柱箱的温度被降至室温以下（$-50℃$）；采样过程完成后，采样阀进行切换，载气吹扫冷阱中残余的气体，同时，制冷剂被移除，加热冷阱使目标化合物转移至色谱柱，程序升温进行分离后，目标化合物的峰利用氢火焰离子化检测器（FID）或电子捕获检测器（ECD）进行定性和定量测定。可以依据所测量化合物的性质选择其他检测器进行定量，如光离子化检测器（PID）。该方法目标化合物是沸点约在$-10\sim200℃$的非极性挥发性有机化合物，方法的检测范围为 $10^{-10} \sim 2 \times 10^{-7}$。

（4）TO-5：HPLC 方法

该方法的目标化合物是单官能团的醛类和酮类化合物。采样：环境空气通过装有 10mL 的 2mol/L HCl 或 0.05% 2,4-二硝基苯肼（DNPH）溶液和 10mL 异辛烷的微小撞击器，醛酮类化合物会与 DNPH 形成稳定的衍生物。该微型撞击器的溶液被置于密封的小瓶中运回实验室进行分析。预处理：利用 10mL 体积混合比为 7:3 的乙烷-氯甲烷萃取溶液中的有机层，而去除水溶层。利用高纯氮气吹扫有机层，将剩余部分利用甲醇溶解。分析：醛酮 DNPH 衍生物利用反向 HPLC 进行分离，然后利用紫外吸收检测器在 370nm 下进行测定。该方法的检测范围为 $10^{-9} \sim 5 \times 10^{-8}$。该方法的优点是衍生化效率高，检测限低。缺点是灵敏度受试剂纯度影响，采样时间长，易造成挥发损失。

（5）TO-11A：吸附采样管采样 HPLC 方法

该方法的目标化合物是甲醛和其他醛酮类羰基化合物，利用涂层后的固相吸附剂结合 HPLC 对目标化合物进行采样和测定。采样：利用已经商品化的 DNPH 涂层吸附小柱以 100～2000mL/min 的流量采集一定体积的环境样品，采样流量和采样时间要根据大气中羰基化合物的浓度来确定。采样完成后，将采样吸附柱和空白柱密封，贴上标签，低温（4℃）运回实验室，分析前将采样柱冷藏于冰箱中。预处理：用 5mL 乙腈洗脱采样柱，将洗脱液收集于塑料小瓶中，冷藏。分析：若仅测量甲醛和其他 14 种羰基化合物，HPLC 系统要利用线性梯度洗脱模式。空白管要与采样管按照同样的方式进行运输、预处理和分析，在定量目标化合物的浓度时，要将空白柱的羰基化合物浓度作为背景扣掉。方法的检测范围为 $5 \times 10^{-10} \sim 10^{-7}$。

（6）TO-12：低温冷凝-氢火焰离子化检测方法

该方法用于测定空气中非甲烷有机物，使用丙烷作为标准气。具体过程如下：取一定体积空气样品，缓慢流过经液氩冷却至 $-186℃$ 的玻璃微珠填充的捕集阱，捕集阱在允许氮气、氧气、甲烷等无保留通过的同时，通过冷凝或吸附作用收集及浓缩非甲烷有机物。定量体积样品导出完毕，移去冷却剂，将阱温升至 90℃，氦载气流过阱，将捕集到的样品带至 FID 检测器形成色谱峰。因为分析有低温预浓缩过程，为了保证标气和样品气经历相同过程，标气必须能够被低温捕集。在 $-186℃$ 下，甲烷为气态，所以不能作为方法标气使用。

（7）TO-14A：不锈钢采样罐（canister）采样 GC 法

该方法用于监测 41 种组分类的挥发性有机物，包括烃类、芳香烃、卤代烃等。

采样：利用已经用高纯氮洗净并抽成真空的不锈钢采样罐采集全空气样品。采样方式有两种：一种是直接将真空的采样罐的罐阀打开，环境空气进入罐内至管内压力约等于外界大气压为止；另外一种采样方式需要一个附加的泵，使采样罐内的空气样品压力大于一个大气压，通常是控制采样流量采集一定的时间。采样完成后将罐阀关闭，贴好标签后将样品送回实验室尽快进行分析（最好在一个月内完成）。预浓缩及分析；将采样罐连接至分析系统，利用 Nafion 去除水蒸气，VOCs 通过低温阱捕集，捕集完成后移出制冷剂，加热捕集阱使 VOCs 汽化进入 GC 系统，利用单检测器或多检测器进行定性和定量。检测器可使用 FID、ECD、PID、NPD、MS 等。方法的检测范围为 $2\times10^{-10}\sim2.5\times10^{-8}$。

（8）TO-15：不锈钢采样罐采样 GC-MS 法

该方法用于监测 113 种组分类的挥发性有机物，包括烃类、含氧有机物、芳香烃、卤代烃、胺类等。预浓缩及分析：一定体积的全空气样品直接通入浓缩系统，水汽在多级预浓缩的过程中被脱出；脱水和预浓缩过程完成后，VOCs 被快速加热汽化，被载气带入体积更小、温度更低的冷阱进行聚集，最后 VOCs 再次被加热汽化，进入色谱柱进行分离，利用质谱检测器（MSD）对 VOCs 定量和定性。若MSD 为四极杆系统，则可以在全扫描（SCAN）和单离子（SIM）两种模式下进行操作。若 MSD 为离子阱，推荐用 SCAN 模式。GC-MS 结合化合物质量碎片和化合物在色谱上的保留时间进行定量，与其他气相色谱检测器相比，其定性能力更强。方法的检测范围为 $2\times10^{-10}\sim2.5\times10^{-8}$。

（9）TO-16：长光路开放式傅里叶变换红外光谱法

该方法适用监测氨、甲腈和多种 VOCs，监测的 VOCs 种类取决于仪器标准谱图的数量。以开放式傅里叶变换红外光监测设备扫描空气中挥发性污染物，经光谱分析求得在量测路径内气体样品的平均浓度。该方法易受到大气中水汽、二氧化碳、一氧化碳、颗粒物和一些气相过程的干扰。方法的检测范围为 $2.5\times10^{-8}\sim5\times10^{-7}$。

（10）TO-17：吸附采样管主动式采样热解吸——GC-MS 方法

选择合适的吸附剂或多种吸附剂的组合对环境样品中的 VOCs 进行吸附，然后加热解吸目标化合物进入 GS-MS 系统进行分析。方法的检测范围为 $2\times10^{-10}\sim2.5\times10^{-8}$。

2.1.1.2 固定污染源废气中 VOCs 监测标准方法

针对固定污染源废气中的 VOCs，美国 EPA 发布了 30 个废气 VOCs 的监测标准方法（方法 18～方法 320），包括离线分析技术和在线分析技术，污染源废气中

VOCs 检测方法见表 2-2。

表 2-2　US EPA 监测污染源废气中 VOCs 检测方法摘要

序号	标准编号	标准名称
1	方法 18	气相色谱法测定排放的气态有机物 (measurement of gaseous organic compound emissions by gas chromatography)
2	方法 25	总气态非甲烷有机物排放的测定(以碳计) (determination of total gaseous non-methane organic emissions as carbon)
3	方法 25A	火焰离子化分析仪测定总气态有机物浓度 (determination of total gaseous organic concentration using a flame ionization analyzer)
4	方法 25B	非分散红外分析仪测定总气态有机物浓度 (determination of total gaseous organic concentration using a non-dispersive infrared analyzer)
5	方法 25C	MSW 垃圾气体中非甲烷有机物(NMOC)的测定 [determination of non-methane organic compounds(NMOC)in MSW landfill gases]
6	方法 25D	废物样品中挥发性有机物浓度的测定 (determination of the volatile organic concentration of waste samples)
7	方法 25E	废物样品中蒸气相有机物浓度的测定 (determination of vapor phase organic concentration in waste samples)
8	方法 106	氯乙烯的测定 (determination of vinyl chloride)
9	方法 107A	溶剂中氯乙烯含量的测定 (vinyl choride content of solvents)
10	方法 204A	流动的输入气流中 VOCs 的测定 (VOCs in liquid input stream)
11	方法 204B	捕获气流中的 VOCs (VOCs in captured stream)
12	方法 204C	捕获气流中的 VOCs(稀释技术) [VOCs in captured stream(dilution technique)]
13	方法 204D	临时性全密封室逸散的 VOCs (fugitive VOCs from temporary total enclosure)
14	方法 204E	建筑物室内逸散的 VOCs (fugitive VOCs from building enclosure)
15	方法 204F	流动的输入气流(蒸汽)中的 VOCs [VOCs in liquid input stream(distillation)]
16	方法 305	废物中潜在的 VOC (potential VOC in waste)
17	方法 307	溶剂蒸气洗衣店排放物(1994 年 12 月 2 日) [emissions from solvent vapour cleaners(Dec. 2 1994)]
18	方法 308	甲醇排放物(1997 年 11 月 14 日联邦规则中发布) [methanol emissions(appeared in federal register 11/14/1997)]

序号	标准编号	标准名称
19	方法 310A	残留己烷 (residual hexane)
20	方法 310B	残留溶剂 (residual solvent)
21	方法 310C	EDPM 橡胶中残留的正己烷 (residual *n*-hexane in EDPM rubber)
22	方法 311	油漆和涂料中的 HAPS (HAPS in paints & coatings)
23	方法 312A	GC 法测定 SBR 乳胶中的苯乙烯 [styrene in SBR latex(GC)]
24	方法 312B	毛细管 GC 法测定 SBR 乳胶中的苯乙烯 (styrene in SBR latex by capillary GC)
25	方法 312C	SBR 乳胶中乳状液聚合物产生的苯乙烯 (styrene in SBR latex produced by emulsion polymerisation)
26	方法 313A	橡胶碎屑中残留的烃 (residual hydrocarbon in rubber crumb)
27	方法 313B	毛细管 GC 法测定橡胶碎屑中残留的 HC (residual HC in rubber crumb by capillary GC)
28	方法 315	铝生产设备排放的 PM 和 MCEM(1997 年 10 月 7 日发布) [PM and MCEM from aluminium production facilities(promulgated 10/7/1997)]
29	方法 316	矿石棉和玻璃纤维棉工业排放甲醛的采样和分析 (sample & analysis for formaldehyde emissions in the mineral wool & wool fibreglass industries)
30	方法 320	抽取式 FTIR 法测定气相有机排放物和无机排放物 (vapour phase organic & inorganic emissions by extractive FTIR)

（1）方法 18：气相色谱法测定排放的气态有机物

该法适用于工业污染源废气中 VOCs 的监测，采用气袋或吸附管进行采样，通过气相色谱进行分析。该方法需要根据现场条件进行方法选择，包括样品是否需要稀释、是否需要预处理和除湿，以及合适检测器的选择等。

（2）方法 25：排放物中总气态非甲烷有机物的测定（以碳计）

该方法用于总气态非甲烷有机物排放的测定，使用丙烷作为标准气。具体过程如下：将采样容器中部分样品注入气相色谱仪，以测定有机物含量，通过色谱柱使 NMO（非甲烷有机物）从 CO、CO_2 和 CH_4 中分离出来，然后 NMO 被氧化为 CO_2，再还原为 CH_4，并通过 FID 进行测定。通过该方式，可消除不同类型有机物在 FID 检测器上响应的不同。因为分析有物质转化过程，标气必须和样品气经历相同过程，以保证转化效率不对最终定量结果产生影响，如使用甲烷作标气，则转化效率无法得知，所以不能作为方法标气使用。

（3）方法 25A：火焰离子化分析仪测定总气态有机物浓度

该法利用有机物在氢气-空气火焰中产生离子化反应而生成许多离子对，在加有一定电压的两极间形成离子流，测量离子流的强度就可对该组分进行检测。燃烧用的氢气与柱出口流出物混合经喷嘴一道流出，在喷嘴上燃烧，助燃用的空气（氧气）均匀分布于火焰周围。由于在火焰附近存在着由收集极（正极）和极化极（负极）间所形成的静电场，当被测样品分子进入氢-氧火焰时，燃烧过程中生成的离子，在电场作用下做定向移动而形成离子流，通过高电阻取出，经微电流放大器放大，然后把信号送至记录设备（记录仪、色谱数据处理机或色谱工作站等），进行数据处理、图像显示、打印图谱和打印分析结果等。

（4）方法 25B：非分散红外分析仪测定总气态有机物浓度

该法采用检测器"综合响应值"测得有机物，将试样连同净化空气分别导入高温燃烧管和低温反应管中，经高温燃烧管的试样受高温催化氧化，其中的有机碳和无机碳均转化成为二氧化碳，经低温反应管的试样被酸化后，其中的无机碳分解成二氧化碳，两种反应管中所生成的二氧化碳分别被导入非分散红外检测器。在特定波长下，一定浓度范围内二氧化碳的红外线吸收强度与其浓度成正比，由此可对试样总碳（TC）和无机碳（IC）进行定量测定。总碳与无机碳的差值，即为总有机碳。

（5）方法 320：抽取式 FTIR 法测定气相有机排放物和无机排放物

该法限于双光束红外检测器的傅里叶红外分析仪，方法中规定了污染源废气采样、分析、干扰等内容。采用傅里叶变换红外光谱技术及抽取式多次反射气体吸收池配置，通过对大气痕量气体成分的红外"指纹"特征吸收光谱测量与分析，实现多组分气体的定性和定量自动监测。

固定源废气 VOCs 的监测标准方法监测对象主要分为两种：一是 VOCs 总量监测，如总有机碳（TOC）、总烃（THC）、非甲烷总烃（NMHC）、总挥发性有机物（TVOCs）等；二是 VOCs 组分监测，例如苯系物、有机氯化物、有机酮、胺、醇、醚、酯、酸和石油烃化合物等。测总量的技术主要包括 FID、

PID、FTIR、NDIR（非分散红外），组分监测技术主要运用气相色谱的方法。为了防止有技术不用的情况，美国从 20 世纪 70 年代开始，也开展了污染控制技术规范编制，其中 PS-8、PS-8A、PS-9、PS-15 对固定源 VOCs、总烃连续排放监测系统的技术规范也进行了编制，涉及 FID、NDIR、PID、FTIR 等多种技术。

（1）PS-8：固定污染源 VOCs 连续监测系统性能规范

该规范用于评估固定污染源挥发性有机化合物连续排放监测系统（CEMS），规范规定大气污染源排放的挥发性有机化合物进行浓度和排放总量连续监测应用选型、性能检验、仪器校准、维护操作、信息实时上传等具体要求。同时规范对监测仪器安装标准和监测条件、仪器性能，以及测试和数据程序都有所涉及，并明确了连续排放监测系统用于排污许可和监管的可行性，对于固定污染源挥发性有机化合物连续排放监测系统的实施有指导意义。

（2）PS-8A：固定污染源总烃连续监测系统性能规范

该规范规定了固定污染源总烃连续监测系统（检测器为火焰电离检测器）的监测点位布设、安装、调试、联网、验收、运行维护、数据审核等技术要求、性能指标和实验方法。该标准规定了固定污染源烟气排放连续监测系统的运行管理和质量保证要求，增加了固定污染源烟气排放连续监测系统的调试检测和误差分析、技术要求和相关记录表格。规范还包括了安装和测量位置规范，性能和设备规格，测试和数据减少程序，以及简短的质量保证指南，进行校准漂移、校准误差和响应时间测试，以确定 CEMS 与规范的一致性。

（3）PS-9：GC 连续监测系统性能规范

该规范适用于使用气相色谱（GC）来测量气体有机化合物气体排放的连续排放监测系统。该规范的目的是为气相色谱-VOCs 连续排放监测系统调试、验收、运行维护和数据审核提供规范要求。本规范给出了 GC 技术性能指标要求，包括日常校准和运行维护的精度校准、误差分析、响应时间、准确度和性能测试等。特别是对 GC 的方法选择进行了详细的描述，根据污染物的具体组分选择不同的 GC 监测方法，并要求采样过程所设计的采样探头、采样管线、六通阀、加热炉和检测器都要全程伴热。除上述要求以外，对校准标气、校准周期和校准方法也给出了具体要求。

（4）PS-15：FTIR 连续监测系统性能规范

该规范是针对傅里叶变换红外光谱（FTIR）技术测定系统性能规范。该规范适用于测量在红外区域吸收的所有有害空气污染物（HAPs），将用于评估在

《清洁空气法》修正案第 3 条规定的标准下的 FTIR 连续排放监测系统。同时也适用于使用红外光谱仪来测量其他挥发性有机或无机物质。该规范规定了抽取式 FTIR 连续监测系统用于监测固定源废气中挥发性有机物系统的安装、监测分析范围、主要技术指标、监测条件、误差分析、运行条件、仪器校准和质量保证措施等。对于 FTIR 应用于固定污染源挥发性有机化合物连续排放监测有实用价值。

2.1.2　欧盟环保署 VOCs 监测技术指南

欧盟（EU）为了配合"综合污染预防与控制（IPPC）指令"和"最佳可用技术（BAT）文件"等 VOCs 的控制技术规范，欧洲环境保护署（EEA）出台了一系列 VOCs 监测的技术指南，其中 TGN（technical guidance note）M8 和 TGN M16 分别总结了环境大气和固定源排放 VOCs 的监测技术，同时将 ISO 体系的技术也引入可用的技术里，作为已有技术方法的补充。欧洲标准化委员会（CEN）发布的 VOCs 监测的标准方法也是欧盟环保署适用的标准方法。

2.1.2.1　环境空气 VOCs 监测技术指南

TGN M8 是为政府工作人员、监测承包商、具体行业和其他环境监测单位提供指导的系列之一。TGN M8 的第 1 部分为制定环境大气污染物监测提供指导，确定环境空气质量监测研究的目标，以及制定监测战略以确保实现该目标。文件中总结了现有的英国空气质量监测网络，并讨论了在制定监测战略时需要考虑的因素，并针对具体的研究提出了一些建议的方法，给出了空气质量监测数据的处理、分析、解释和报告指导。第 2 部分以列表形式提供了可用于测定环境大气中不同污染物浓度的监测方法指导。TGN M8 的重点内容不在于最佳可行技术，因为最佳可行技术需取决于具体的监测情况。其旨在提供信息，有助于特定情况下选择合适的监测技术。其中涉及 VOCs 监测部分的主要包括苯、1,3-丁二烯和其他烃类/VOCs 监测方法以及卤代挥发性有机物监测方法。TGN M8 的监测类别包括周期平均监测和实时在线监测。欧盟监测空气 TGN M8 标准分析方法摘要如表 2-3 所示。

表 2-3　欧盟监测空气 TGN M8 标准分析方法摘要

方法编号	化合物类型	测定样品的采集、预处理	分析方法
BS EN 14662	VOCs	Tenax 固体吸附剂-热解吸	GC
BS EN 14662	VOCs	活性炭吸附剂-溶剂脱附	GC

方法编号	化合物类型	测定样品的采集、预处理	分析方法
BS EN 14662	VOCs	自动在线气相色谱法	
BS EN 14662	VOCs	被动式活性炭吸附剂-热解吸	GC
BS EN 14662	VOCs	被动式活性炭吸附-溶剂洗脱	GC
BS EN 16017-1	卤代烃	吸附管-热解吸	GC

（1）苯、1,3-丁二烯及其他烃类/VOCs的国家标准监测方法

对于苯、1,3-丁二烯及其他烃类/VOCs的国家标准监测方法，其主要参数和涉及的国家标准等信息主要的推荐技术围绕气相色谱开展。EN 14662 的第 1 部分为有动力采样-热脱附-气相色谱，第 2 部分为有动力采样-溶剂脱附-气相色谱，指令 2008/50/EC 中规定使用有动力采样法而不是被动采样进行手动测定，因为前者本身具有更好的测量不确定性。非自动烃类监测网络使用第 1 部分（有动力采样/热解吸）监测环境空气的苯浓度，以评估是否符合目标以及相应的 EC 空气质量指令限值。直到 2007 年，1,3-丁二烯也进行了监测以评估是否符合空气质量战略目标。所获得的数据为自动烃类监测网络的半连续监测提供了有用的补充。由于苯的限值与年平均浓度有关，因此无须使用短时间分辨率的监测方法，使用有动力采样器，采样周期为两周。环境空气在泵的作用下通过含有专有吸收剂（Carbopack X），使用特定用途的泵在两个管之间切换，每两周产生两个标称相同的样品。采样管每两周更换一次，换出的采样管被送出用 GC 分析。第 2 部分（有动力采样/溶剂解吸）通常使用装有 100mg 活性炭的采样管以及使用二硫化碳解吸。只要经过验证性能特征相同，可以使用替代的吸附剂和解吸溶液。

EN 14662 的第 3 部分说明了一种自动 GC 方法，可用于证明符合苯的欧盟指令限值。用于此的连续环境监测系统必须通过产品认证或符合以下要求：监测认证计划（MCERTS）认证的 CAMS（连续环境空气质量监测系统）满足 CEN 标准和相关指令数据质量目标（DQO）中的性能标准。MCERTS 仪器标准可扩展用于苯以外包含（但不仅限于）如下物质：（$C_2 \sim C_6$）乙烯、乙烷、丙烷、丙烯、异丁烷、正丁烷、乙炔、反式-2-异丁烯、丁烯、1-丁烯、顺式-2-丁烯、2-甲基丁烷、正戊烷、1,3-丁二烯、反式-2-戊烯、1-戊烯、2-甲基戊烷、正己烷、异戊二烯和（$C_6 \sim C_{12}$）2,2,4-三甲基戊烷、正庚烷、甲苯、正辛烷、乙苯、间二甲苯、对二甲苯、邻二甲苯、1,3,5-三甲基苯、1,2,4-三甲基苯和 1,2,3-三甲基苯。

自动烃类监测网络使用自动 GC 来测定苯和 1,3-丁二烯的年平均浓度是否符合欧盟指令限值和空气质量战略目标。虽然不必使用短时间分辨率的监测技术与年平均极限值和目标进行比较，但这些仪器每时的结果可满足一系列媒体向公众公布近乎实时的监测数据。目前该网络一些站点使用 VOC 71M 分析仪测量苯、1,3-丁二烯、甲苯、乙苯、间二甲苯、对二甲苯和邻二甲苯。其他站点使用自动化的 Perkin Elmer GC 测量更广泛的（至少 27 种）烃。

（2）卤代烃的国家标准监测方法

除了苯、1,3-丁二烯及其他烃类/VOCs 以外，TGN M8 中也明确指出了卤代VOCs 的国家标准监测方法。当需要周期平均监测时，采用有动力采样-热脱附/毛细管气相色谱分析方法，该标准适用于测定每种化合物浓度范围为 $0.5\mu g/m^3\sim$ $100mg/m^3$ 的 VOCs 气体。最低检测限取决于检测器的噪声水平以及分析物和吸附管的空白值。当需要实时在线监测时，技术有三种：一是便携式气相色谱测定卤代烃来实现间歇性、非连续性的测量，采用便携式 GC-FID、GC-PID 系统可分离分析部分卤代烃，此类仪器广泛应用于车间监测中，其较低的检测限可达到 10^{-9} 水平，用于环境空气监测；二是连续采样自动现场气相色谱分析法，通过自动循环GC 系统测定，使用适当预浓缩技术如低温捕集法，以提供浓缩样品进行分析，此类系统适用于自动操作的空气质量监测网络；三是离子迁移谱在线监测技术，其检测限为 5×10^{-6} 以下。

（3）甲醛和其他醛类的国家标准监测方法

TGN M8 中并未将甲醛及其他醛类物质归类于 VOCs 中，但是美国《清洁空气法》修正案列表中的 VOCs 中包含此类物质。因此，将醛类物质监测技术在此作为补充内容。周期平均分析技术包括有动力采样法采集甲醛，使用装水的冲击瓶，光谱分析法。实时监测方法包括离子迁移谱（IMS）的连续直接读数分析仪，用于测量低浓度的醛类化合物，其检测限为 5×10^{-6} 以下。

欧洲标准化委员会发布的 VOCs 监测的标准方法包括 GC 法测环境空气质量中的苯系物（EN 14662：2005）、GC-MS/HPLC 环境空气中有机物的测量（EN 15980：2011）、在线 GC 监测环境空气质量中的苯系物（EN 15483：2008）、红外光谱法 FTIR 测量大气污染物的方法（EN 15483：2008）、差分光学吸收光谱（DOAS）环境空气质量的测量 BTEX（EN 16253：2013）等。标准监测方法不仅包括了离线监测技术，2008 年也开始出台在线监测技术的标准方法。

2.1.2.2 固定污染源 VOCs 监测标准方法和技术指南

TGN M16 提供了工业过程排放 VOCs 至大气的一些基本信息，包括 VOCs

定义、VOCs 管控原因，VOCs 分类以及污染源 VOCs 监测方法概述。TGN M16 是为政府工作人员、监测机构、具体行业提供指导的系列之一，也是监测认证计划（MCERTS）和操作员监控评估（OMA）计划的技术参考。该文件给出了工业排放源废气中 VOCs 的测量技术，并对出于监管目的的监测提供技术指导，注重于需要实际指导的领域。TGN M16 给出了工业排放源废气中 VOCs 的测量技术，欧盟针对工业源废气中 VOCs 的测量包括三种：总有机碳（TOC）、特定物种的加和浓度（如氯代烃）和单个物种的浓度。欧盟最佳可用技术方案中将 VOCs 分为三类：高危险性物种，如苯、氯乙烯等，要求必须进行单物种测量；A 类化合物，即中等危害物种，如乙醛和四氯化碳等，这类化合物对健康影响相对较低，但是对臭氧生成等二次污染影响较大，因此要求尽可能地进行单物种或特定物种的加和浓度测量；B 类化合物，即低危害物种，如乙烷等，这类化合物危害较低，因此不作必须单物种测量的要求，但是建议进行单物种的测量。

TGN M16 涵盖总量测量技术和组分测量技术，其中 BS EN 12619 作为标准参考方法（SRM），用于监测废物焚烧炉和溶剂使用过程中气态和汽化有机物质（表示为 TOC）的质量浓度；BS PD CEN/TS 13649 用于监测溶剂使用过程中的各种 VOC 排放，也适用于烟气排放监测；TGN M16 标准分析方法见表 2-4。除了 TGN M16 已有标准方法说明的技术，TGN M2 也给出了《废气监测连续排放监测技术规范》，推荐使用 FID、NDIR、PID、FTIR、DOAS 等多种技术进行连续监测。

表 2-4　欧盟监测空气 TGN M16 标准分析方法摘要

序号	化合物类型	测定样品的采集、预处理	分析方法
BS EN 12619	低浓度 TOC	采样袋、苏玛罐	FID
BS EN 13526	高浓度 TOC	采样袋、苏玛罐	FID
BS EN 13649	VOCs 组分	活性炭吸附剂-热解吸	GC

TGN M2 分为两部分：监测总体指导和监测技术及方法指标。后者主要目的是帮助用户更加具体地了解目标化合物，以及应当采用哪种特定技术、方法或设备，找到监测问题的解决方案。因此，文件中监测技术和方法先按照物质进行分类。对于每种物质，根据监测方法进行分组。所列举的工业废气监测方法和技术如表 2-5 所示。

表 2-5　工业废气监测方法和技术（TGN M2）

物质	烟气排放连续监测系统（CEMS）种类	监测技术	补充信息
醛类	现场监测	DOAS	可测量乙醛、丙醛和甲醛，范围最大 1000mg/m³，最低检测约 1mg/m³
	抽取式监测	FTIR	
胺类和酰胺类	抽取式监测	连续离子迁移谱仪	可以分离和分析特定的胺类，最低检测限 5×10^{-9}，在英国未广泛使用
		FTIR	可以分离和分析特定的胺类
羧酸类	现场监测	DOAS	系统可以测量甲酸、乙酸、苯甲酸，范围最大 1000mg/m³，最低检测限 1mg/m³
	抽取式监测	FTIR	用于测量羧酸，如甲酸、乙酸、丙酸和丙烯酸
异氰酸酯	抽取式监测	连续离子迁移谱仪	可以分离和分析特定的二异氰酸酯，最低检测限 5×10^{-9}
硫醇类	现场监测	DOAS	可以同时测定硫醇和其他污染物，范围最大 1000mg/m³，最低检测限 1mg/m³
	抽取式监测	连续采样气相色谱分析仪	可以分离和分析硫醇、H_2S、SO_2 和有机硫化物，最低检测限 2×10^{-9}
多环芳烃	抽取式监测	连续自动等速采样器	在 1h 至 30 天的期间内获得综合样品。虽然连续采样，测定结果并不是即时的，过滤器和 PUF 管被送走进行分析
多氯联苯	抽取式监测	连续自动等速采样器	在 1h 至 30 天的期间内获得综合样品。样品来自一个采样线上的多个点。虽然连续采样，测定结果并不是即时的，过滤器和 PUF 管被送走进行分析
酚类和甲酚	现场监测	DOAS	系统可以测量酚类。范围最大 1000mg/m³，最低检测限 1mg/m³
VOCs（总量）	抽取式监测	FID	对 VOCs 有高度特异性。开发用于焚化炉。每种 VOCs 的响应因素不同。适用于低浓度 VOCs（0～20mg/m³）。氧气干扰（通过混合 H_2/He 燃料减少）
		FID	对 VOCs 有高度特异性。每种 VOCs 的响应因素不同。适用于 VOCs 浓度高达 500mg/m³ 的气体

物质	烟气排放连续监测系统(CEMS)种类	监测技术	补充信息
VOCs(组分)	现场监测	DOAS	可以测定某些特定的有机化合物,例如苯、甲苯和二甲苯。苯的检测范围为 0~1000mg/m³,最低检测限 1mg/m³;甲苯的检测范围高达 1000mg/m³,最低检测限 0.5mg/m³;二甲苯的检测范围高达 1000mg/m³,最低检测限 1mg/m³
	抽取式监测	连续循环 GC-FID、ECD	可以同时测定一些有机化合物。在约 30min 的周期内连续测量。最低检测限通常为 $1×10^{-6}$
		FTIR	可以同时测定许多种有机化合物,特异性较好,有比 NDIR 更优的最低检测限和响应
		NDIR	可以测定许多种有机化合物,但一次仅测定一种。仪器须设定为作用于特定的预测物。H_2O 和其他物质会造成重叠光谱的干扰

2.1.3 国际标准化组织 VOCs 监测技术指南

国际标准化组织监测技术是公认的标准监测方法,在欧盟等其他地区作为本国际标准监测方法的补充。标准化组织关于环境空气中挥发性有机物分析测定的方法有:ISO 16017 吸附管/热解吸/气相色谱法测定室内空气、环境空气和工作场所空气中挥发性有机物,ISO 16200 溶剂解吸/毛细管气相色谱法测定工作场所空气中挥发性有机物,目前还没有罐采样的标准方法。ISO 13199 运用 NDIR 测定非燃烧过程中产生的总挥发性有机化合物(TVOCs)。国际标准化组织监测方法见表 2-6。

表 2-6 国际标准化组织监测方法摘要

序 号	化合物类型	分析方法
ISO 16017	VOCs 组分	吸附管/热解吸/气相色谱法
ISO 16200	VOCs 组分	溶剂解吸/毛细管气相色谱法
ISO 13199	TVOCs	非分散的红外分析器和催化转换器
ISO 11890	VOCs 组分	气相色谱法

ISO 更注重各行业的测定方法，例如针对溶剂行业，推出 ISO 11890-1：2000 溶剂行业 VOCs 的测定方法；针对汽车行业，制定了整车、零部件及材料的各部分的 VOCs 检测标准，2012 年发布了《道路车辆的内部空气 第 1 部分：整车试验室——测定车厢内部挥发性有机化合物的规范与方法》（ISO 12219-1）、《道路车辆的内部空气 第 2 部分：测定来自车辆内部零件和材料的挥发性有机化合物排放的筛选法——袋法》（ISO 12219-2）、《道路车辆的内部空气 第 3 部分：测定来自车辆内部零件和材料的挥发性有机化合物排放的筛选法——微室法》（ISO 12219-3）等一系列用于汽车 VOCs 检测的标准。除此之外，地板行业、溶剂使用等行业均有专门的 VOCs 测定标准方法。

2.2 我国 VOCs 监测标准方法和监测技术指南分析

2.2.1 国家 VOCs 监测标准方法体系和技术指南

我国 VOCs 监测标准方法体系主要以环境保护部发布的环境空气和废气监测方法为主要参照方法，除此之外，2007 版的《空气和废气监测分析方法》（第四版增补版）通常可也作为标准方法使用；卫生部发布的工作场所空气中 VOCs 的监测方法较全，部分监测站也引用了该标准，目前收集到的共有 40 项；美国 EPA 的标准方法也常被用于 VOCs 检测方法。

监测标准方法体系的建设与国家对 VOCs 的管控政策直接相关，环境空气监测方法中涉及 VOCs 的共有 16 项，如表 2-7 所示。

表 2-7 涉及 VOCs 的环境空气监测方法摘要

序号	环境空气监测方法
1	环境空气 挥发性有机物的测定 吸附管采样-热脱附/气相色谱-质谱法（HJ 644—2013）
2	环境空气 挥发性有机物的测定 罐采样/气相色谱-质谱法（HJ 759—2015）
3	环境空气 苯系物的测定 活性炭吸附/二硫化碳解吸-气相色谱法（HJ 584—2010）
4	环境空气 苯系物的测定 固体吸附/热脱附-气相色谱法（HJ 583—2010）
5	环境空气 挥发性卤代烃的测定 活性炭吸附-二硫化碳解吸/气相色谱法（HJ 645—2013）
6	环境空气 酚类化合物的测定 高效液相色谱法（HJ 638—2012）
7	环境空气 醛、酮类化合物的测定 高效液相色谱法（HJ 683—2014）
8	环境空气 硝基苯类化合物的测定 气相色谱法（HJ 738—2015）
9	环境空气 硝基苯类化合物的测定 气相色谱-质谱法（HJ 739—2015）

序号	环境空气监测方法
10	环境空气 总烃、甲烷和非甲烷总烃的测定 直接进样-气相色谱法(HJ 604—2017)
11	环境空气和废气 酰胺类化合物的测定 液相色谱法(HJ 801—2016)
12	空气质量 二硫化碳的测定 二乙胺分光光度法(GB/T 14680—1993)
13	空气质量 硝基苯类(一硝基和二硝基化合物)的测定 锌还原-盐酸萘乙二胺分光光度法(GB/T 15501—1995)
14	空气质量 苯胺类的测定 盐酸萘乙二胺分光光度法(GB/T 15502—1995)
15	空气质量 甲醛的测定 乙酰丙酮分光光度法(GB/T 15516—1995)
16	环境空气 挥发性有机物的测定 便携式傅里叶红外仪法(HJ 919—2017)

　　环境空气中也分总量和组分的监测方法，总量的指标通常为总烃或非甲烷总烃，其标准监测方法可以采用《环境空气　总烃、甲烷和非甲烷总烃的测定　直接进样-气相色谱法》（HJ 604—2017），组分的测定参照其余 15 项方法，细分的VOCs 标准监测方法也是未来的发展趋势。目前，色谱法的环境空气中 VOCs 标准监测方法几乎都是 2010 年以后发布的，2010 年以后，共发布 12 项标准监测方法，2018 年 1 月公布的《环境空气　挥发性有机物的测定　便携式傅里叶红外仪法》（HJ 919—2017）是便携式和在线 VOCs 首个监测标准方法，这个监测标准不仅是众望所归，也是我国 VOCs 监测标准方法体系中在线和便携式监测方法建设的里程碑。

　　固定污染源废气监测方法中涉及 VOCs 的共有 14 项，我国早在 1999 年就发布了《固定污染源排气中非甲烷总烃的测定　气相色谱法》（HJ/T 38—1999，现为HJ 38—2017）《固定污染源废气　总烃、甲烷和非甲烷总烃的测定　气相色谱法》，作为固定污染源废气总量的考核指标，非甲烷总烃的测定是固定源最常用的VOCs 测定；固定污染源 VOCs 废气监测方法体系也注重固定源特征污染物的测定，包括酰胺类、苯胺类、氯苯类、氯乙烯、丙烯醛、丙烯腈等化合物的测定。涉及 VOCs 的固定污染源废气监测方法如表 2-8 所示。

表 2-8　涉及 VOCs 的固定污染源废气监测方法摘要

序号	固定污染源废气监测方法
1	固定污染源废气 挥发性有机物的测定 固相吸附-热脱附/气相色谱-质谱法(HJ 734—2014)
2	固定污染源废气 挥发性有机物的采样 气袋法(HJ 732—2014)
3	环境空气和废气 酰胺类化合物的测定 液相色谱法(HJ 801—2016)
4	大气固定污染源 苯胺类的测定 气相色谱法(HJ/T 68—2001)

序号	固定污染源废气监测方法
5	大气固定污染源 氯苯类化合物的测定 气相色谱法(HJ/T 66—2001)
6	固定污染源排气中光气的测定 苯胺紫外分光光度法(HJ/T 31—1999)
7	固定污染源排气中酚类化合物的测定 4-氨基安替比林分光光度法(HJ/T 32—1999)
8	固定污染源排气中甲醇的测定 气相色谱法(HJ/T 33—1999)
9	固定污染源排气中氯乙烯的测定 气相色谱法(HJ/T 34—1999)
10	固定污染源排气中乙醛的测定 气相色谱法(HJ/T 35—1999)
11	固定污染源排气中丙烯醛的测定 气相色谱法(HJ/T 36—1999)
12	固定污染源排气中丙烯腈的测定 气相色谱法(HJ/T 37—1999)
13	固定污染源废气 总烃、甲烷和非甲烷总烃的测定 气相色谱法(HJ 38—2017)
14	固定污染源排气中氯苯类的测定 气相色谱法(HJ/T 39—1999)

我国现有环境空气和固定源废气的 VOCs 标准监测方法的技术中，除了 2018 年 1 月最新公布的便携式傅里叶红外仪法测定环境空气挥发性有机物（HJ 919—2017），其余几乎全部是离线技术。离线技术利用采样装置手动收集样品后带回实验室进行分析，这类方法尽管定性与定量较为准确，分析测试灵敏度较高，但相比于已经实现连续排放监测系统（CEMS）的 SO_2、NO_x 等常规污染物，监测频次和监测结果的时效性明显不足，无法及时反映气体浓度变化情况；同时离线技术存在采样、样品储存、运输过程易导致样品损失和交叉污染，测试过程烦琐耗时，测试样品数量有限，测试成本较高，测试人员技术要求高的特点；而连续排放监测系统能够长期地、连续地、系统地和实时地提供污染物排放浓度和总量测试数据，在环境管理中起到了非常重要的作用。国家对 VOCs 在线监测系统的建立持鼓励态度，已在 70 多个超级国控站点中的大部分安装了 VOCs 在线监测系统，2017 年 5 月环境监测总站已完成了性能检测技术文件《环境空气　臭氧前驱体-挥发性有机物（VOCs）GC-FID/MS 法自动监测系统技术要求和检测方法（草案）》的编写工作，草案内容进一步讨论和完善后将公布。2017 年 12 月 26 日，环境保护部印发了《2018 年重点地区环境空气挥发性有机物监测方案》，方案对于 2018 年 VOCs 监测的城市、监测项目、时间频次及操作规程等作了详细规定。2018 年 1～3 月，组织硬件采购，做好测试方法开发及自动站点联网等准备工作，2018 年 4 月起开展监测工作，按时上报监测结果，各省、直辖市每月将监测结果分析报告上报上级部门，这一方案的发布，快速有效地推进了 VOCs 监测的发展，对摸清臭氧生成

的重点 VOCs 种类，掌握 VOCs 的污染浓度特征及变化规律有着重要的现实意义。2018 年 2 月，环境保护部发布《关于加强固定污染源废气挥发性有机物监测工作的通知》，要求强化排污单位自行监测、加强工业园区的监测监控、建立 VOCs 排放单位名录库、加强 VOCs 监测管理能力建设。并计划从 2019 年起，将固定源 VOCs 排放检查工作纳入监测计划中，以抽查时间随机和抽查对象随机的原则全面开展检查工作。明确给出《固定污染源废气挥发性有机物检查监测要点》和《固定污染源废气挥发性有机物监测技术规定（试行）》，明确挥发性有机物测定项目的分析方法，选择次序应优先我国发布的国家标准、行业标准或地方标准方法，其次经证实或确认后，检测机构等应采用由国际标准化组织（简称 ISO）或其他国家环保行业规定或推荐的标准方法。

VOCs 连续排放监测技术的实行与推广，政府标准的具体引导起着至关重要的作用。目前我国已经拥有国家、省、市、县四个层级的 5000 余个监测站点，其中 1436 个国控站点全部由中国环境监测总站直接管理，可以说，我国环境空气质量监测网已经建成，然而目前监测常规项目包括 SO_2、NO_2、CO、O_3、PM_{10}、$PM_{2.5}$ 6 项指标，VOCs 并未列入其中。随着国家 VOCs 监管进一步加深，VOCs 将成为环境空气自动监测网络体系中重要的监测指标。未来我国对 VOCs 在线连续监测的需求越来越大，因此国家出台 VOCs 在线连续排放监测的标准监测方法，技术规范的需求也越来越迫切。

2.2.2 地方 VOCs 监测标准方法体系和技术指南

地方 VOCs 监测标准方法体系的建设，主要是用于配套地方 VOCs 管控的排放标准，近几年，各地明显加大了与 VOCs 排放相关的地方标准的制订工作。特别是北京、上海、广东、天津等经济发达省市，VOCs 污染源众多，重点 VOCs 排放行业排放量大，有区域性的 VOCs 排放特征，因此在国家政策及 VOCs 排放标准基础上，根据本地区特征制定了一些更严格或更具体的地方 VOCs 排放标准。

为了更好地控制 VOCs，为环境监管执法提供重要依据，部分排放标准要求安装自动监测设备，例如天津、上海和江苏省已经明确要求符合条件的固定源安装连续 VOCs 自动监测设备。上海和江苏省规定：单一排气筒中非甲烷总烃排放速率≥2.0kg/h 或者初始非甲烷总烃排放量≥10kg/h 时，应安装连续自动监测设备，并满足国家或地方固定源非甲烷总烃在线监测系统技术规范；天津规定，排气筒 VOCs 排放速率（包括等效排气筒等效排放速率）大于 2.5kg/h 或排气量大于

60000m³/h时须配套建设VOCs在线监测设备。配套建设VOCs在线监测设备对于重点区域和重点行业已是必然趋势，其他省市也在酝酿过程中，相关的技术规范会陆续出台。

由于国家VOCs监测标准方法多是离线技术，地方为了配合配套建设VOCs在线监测设备的要求，目前一些发达的地市已出台了VOCs在线监测设备标准方法和规范，走在了VOCs监测发展的前列。例如对于便携式和连续自动的监测仪器的技术要求，北京市《固定污染源废气 甲烷/总烃/非甲烷总烃的测定 便携式氢火焰离子化检测器法》（DB11/T 1367—2016）针对便携式FID出台；广东省《固定污染源 挥发性有机物排放连续自动监测系统 光离子化检测器（PID）法技术要求》（DB44/T 1947—2016）针对PID出台；上海市《上海市固定污染源非甲烷总烃在线监测系统安装及联网技术要求（试行）》《上海市固定污染源非甲烷总烃在线监测系统验收及运行技术要求（试行）》针对非甲烷总烃的监测技术出台。目前，技术的地标出台刚刚起步阶段，会有一大批政策文件密集出台。

我国首个《大气VOCs在线监测系统评估工作指南》2017年11月发布，该指南由中国清洁空气联盟、上海市环境监测中心、深圳环境科学研究院等单位联合推出，是VOCs在线监测领域首份框架性和指导性文件。基于目前上海、深圳等城市开展VOCs在线监测评估工作中的经验，形成了大气VOCs在线监测系统的评估框架和基础方法，以支持省市开展大气VOCs在线监测管理，完善城市大气VOCs监测的技术体系，同时促进该行业的规范化发展。该指南的发布有助于提高我国VOCs在线监测和管理水平。

2.3　VOCs监测的市场需求

VOCs污染引发的$PM_{2.5}$和O_3为特征污染物的大气复合污染形势越来越严峻，国家层面对VOCs的管控政策越来越严格。为满足新的环境保护形势要求，VOCs的管控必然越来越严格，越来越重视。国家和地方正在抓紧制定VOCs相关行业排放标准，石油天然气开采、农药、制药、涂料油墨、皮革制品、人造板、表面涂装、印刷包装等主要VOCs排放行业的标准已列入标准计划，将陆续出台。近两年《重点行业挥发性有机物削减行动计划》《"十三五"节能减排综合工作方案》《"十三五"挥发性有机物污染防治工作方案》等政策接踵而至，这意味着我国挥发性有机物治理再迎拐点。

VOCs 监测作为监管的眼睛，准确、可靠地掌握 VOCs 的主要排放源及其排放特征，了解 VOCs 所带来的臭氧生成、传输和化学转化过程等环境效应，是有效地管控 VOCs 污染的根本前提，因此在严格的控制政策和排放标准的要求下，高效能、高选择性、灵敏度合适的 VOCs 监测技术显得尤为重要，同时出台合理的、配套的监测方法标准也被迫切需求。特别是 2016 年 11 月以后，国家环境空气质量自动监测事权由过去地方环境监测机构负责，全部上收至国家，1436 个国控站点全部由中国环境监测总站直接管理，并委托社会监测机构运行维护。国家的统一部署、监测体系的改革和统一管理，更有利于实现 VOCs 作为常规监测物质在国控站点监测。"十三五"期间，VOCs 作为新增的大气污染控制指标之一，未来在政策的引导下市场前景明朗，其市场发展可能超过传统大气污染物。

VOCs 监测主要包括空气质量监测和重点领域污染源监测两个方面，空气和重点污染源废气及厂界空气中 VOCs 监测的需求主要体现在以下几个方面。

（1）VOCs 监测可能成为未来空气质量监测站的常规监测指标之一

空气质量 VOCs 监测方面，自 2012 年新《环境空气质量标准》（GB 3095—2012）颁布实施以来，全国 338 个地级及以上城市已建成 1436 个国家城市环境空气自动监测站，实现了环境监测数据一点多发（城市、省、国家）、实时传输、实时向社会公开发布。监测项目包括 SO_2、NO_2、CO、O_3、PM_{10}、$PM_{2.5}$ 6 项指标。"十二五"国家环境监测方案已经要求"国控点"安装 VOCs 监测设备，大气质量监测将向更广泛的区域监测发展，未来 VOCs 将成为全国各个空气质量监测站的常规监测指标之一，监测设备市场巨大。

（2）VOCs 监测为环境空气 VOCs 长期基础数据收集的有效办法

目前我国 VOCs 环境管理体系还没有完全建立，存在排放总量不清晰，排放源清单、行业排放特征不明确等问题，已成为管理控制和科学决策的主要障碍，缺乏区域和全国环境空气 VOCs 污染特征等基础数据，现有数据并不能完全反映污染真实情况。因此完善 VOCs 监测体系的建设，对检测设备进行改造，增加相应 VOCs 的检测设备，是环境空气 VOCs 长期基础数据收集的有效办法。

（3）VOCs 监测成为污染源 VOCs 环保税收定量的有力工具

污染源 VOCs 监测方面将向超低排放监测发展，"十三五"重点推进石化行业和印刷行业的 VOCs 监测，包括全国 381 个石化工业园区，以及全国 4142 家规模以上印刷企业。VOCs 监测已被纳入"十三五"规划，在政策推动下潜在需求将爆发。鉴于政府对 VOCs 实行排污收费政策、排污许可证制度，环保逐步转入定量时代，由于工业源 VOCs 的排放涉及众多的行业和几百种有机化合物，排放量的计量存在非常大的困难，通过监测明确 VOCs 的排放基数和特征，也可以协助确定排放量计量不同系数，VOCs 监测作为监管治理的基础必定成为 VOCs 监管的有力抓手。

（4）VOCs 监测帮助建立重点行业 VOCs 源成分谱库

我国目前缺乏国家不同行业的 VOCs 源成分谱库，没有成分谱测试规范和国家源成分谱数据平台，行业管控和减排有一定的困难。源成分谱库不仅有利于 VOCs 控制技术评估体系的建立，也可以为国家制定 VOCs 优化减排方案、环境空气质量达标规划和重污染天气应急预案提供重要基础和科学依据。

（5）VOCs 监测满足污染源常规监测的需求

根据现行排放标准，不仅重点行业要安装 VOCs 治理设施，未来更多的 VOCs 排放源都将进入严格管控范围。对于污染源不仅要求监控污染源排出的有害物质种类和浓度的情况，同时要求逐步安装实时在线监测设备，用于掌握 VOCs 治理设施的脱除效率和正常运行情况。目前上海市通过补贴方式，促进企业采购污染源监测设备，未来在政策的引导下，更多的污染源对 VOCs 监测设备存在需求。

（6）VOCs 监测适应排放标准中管控项目的增加

随着 VOCs 排放标准的不断完善，新的标准推陈出新。新的标准必定越来越严格，管控的 VOCs 项目越来越全面，从 2015 年至今，涉及 VOCs 排放标准的管控项目已从 67 项增加到了 120 项，增幅达 79%。因此，VOCs 监测技术不断提升和发展，才能更全面地扩展监测项目，符合 VOCs 污染管控需求。

（7）VOCs 监测为工业园区 VOCs 污染管控、溯源服务

我国目前建设了很多的工业园区，园区包含众多不同的行业或企业，不同行业或企业由于产品特性所排放的 VOCs 成分不同。工业园区 VOCs 监测需求包括重点源排口监测、重点企业厂界监测、区域大气质量监测、环境移动监测车、区域大气遥测等部分。一方面，通过监测，可以明确不同企业污染源 VOCs 排放特征，形成 VOCs 排放特征谱库；另一方面，在 VOCs 管控的过程中，当园区发生污染事件时，根据 VOCs 排放特征谱库指纹比对，可以实现 VOCs 污染物的追溯，帮助最快地判断出污染源，进行科学的、实时的排污管控。

（8）VOCs 监测快速预警 VOCs 环境突发事件的发生

由于工业过程和溶剂使用等挥发性有机物主要贡献源经常出现无组织排放情况，且泄漏的成分可能存在毒性，因此在环境突发事件发生时，快速响应和污染预

警是减少人员伤害和物质损失的最有效的方式。便携式和实时的 VOCs 监测设备不仅有效地提高环境监管能力，同时可以对大气中的污染物浓度水平和变化趋势进行实时追踪，为环境风险预警和环境污染事故防控提供可靠依据。环境监测和执法部门都应配备便携式的监测设备，保证执法的及时性。

近年来，VOCs 监测已经成为环保行业内的一个新兴热点。不仅越来越多的资本开始关注 VOCs 监测行业，越来越多的企业也纷纷在技术研发和推广上做了大量的工作，未来也有越来越多的 VOCs 监测需求。巨大的需求背景下，全面了解 VOCs 监测技术的发展现状和发展趋势，对于 VOCs 监测机构选择监测技术、政府管理部门出台 VOCs 管控政策、科研单位和 VOCs 监测仪器制造商研发适宜的技术都有着非常重要的意义。

第3章　VOCs分析技术基础

准确、可靠的采样、预处理及测定技术是大气 VOCs 监测结果准确性的前提保障。近年来，VOCs 监测技术一直不断发展和逐渐完善，新技术也层出不穷，但是由于 VOCs 具有浓度低、浓度范围变化大、高活性、成分复杂、易受污染等特点，技术的选择需根据监测对象的不同而确定。VOCs 分析技术基础技术包括色谱技术、光学分析技术和质谱分析技术等几大方面，不同的分析技术直接影响整个大气 VOCs 监测系统构成，例如光学分析技术往往采用直接测量的方式即可完成分析任务，但是色谱法和质谱法要求对样品进行准确的采样和预处理才能实现准确的分析。VOCs 的监测分析技术的色谱分析技术主要有气相色谱及不同的检测器、高效液相色谱等，光谱法主要有红外吸收检测仪、激光检测仪、差分光学吸收光谱仪等，质谱法主要包括四极杆质谱、质子转移反应质谱（PTR-MS）、飞行时间质谱（TOFMS）等。作为 VOCs 监测技术的核心构成，本章重点介绍挥发性有机化合物的分析技术。

3.1　色谱分析技术

色谱分析技术是一种重要的分离分析技术，该技术由于高分离效能、高检测性能、分析时间快速而成为现代仪器分析方法中应用最广泛的一种方法。用于 VOCs 监测的色谱分析技术主要包括气相色谱法和高效液相色谱法，国内外的 VOCs 监测标准方法中涉及的色谱分析方法主要包括这两种技术，其中高效液相色谱法对含氧有机物有较好的分析效果。

3.1.1 气相色谱

气相色谱的原理是利用样品中各组分在色谱柱中的气相和固定相间的分配系数不同实现分离的,当汽化后的试样被载气带入色谱柱中运行时,组分就在其中的两相间进行反复多次的分配-吸附-脱附-放出。由于固定相对各种组分的吸附能力不同,即保存作用不同。因此各组分在色谱柱中的运行速度就不同,经过一定的柱长后,便彼此分离,顺序离开色谱柱进入检测器,产生的离子流信号经放大后,在记录器上描绘出各组分的色谱峰。

气相色谱法具有高效能、高选择性、高灵敏度、分析速度快和应用范围广等特点,特别是对于 VOCs 中异构体和多组分混合物的定性、定量分析更有优势,因而得到了广泛应用,US EPA 对于空气环境中 VOCs 的 12 种监测方法中,有 TO-1、TO-2、TO-3、TO-12、TO-14A、TO-15、TO-17 7 种方法采用了气相色谱法;我国空气环境 16 种 VOCs 的监测标准中,有 8 种方法采用了气相色谱法。

气相色谱法分析 VOCs 有两个缺陷:一是只能分析已知的化合物,对未知物不能定性;二是气相色谱的检测器都是选择性检测器,都有检测盲区,不能对各类VOCs 进行全分析。

3.1.1.1 气相色谱流程和结构

气相色谱是以惰性气体(载气)为流动相,以固定液或固体吸附剂作为固定相的一种色谱法。载气载着欲分离的样品通过色谱柱中的固定相,使得样品中各组分实现分离,并分别检测。

气相色谱仪的基本构成和工作流程如图 3-1 所示。包括五个基本部分:气路系统、进样系统、色谱柱、检测系统、数据处理系统。流程:载气由高压钢瓶供给,

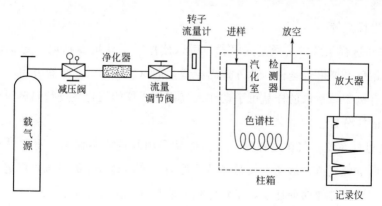

图 3-1　气相色谱仪基本构成和工作流程

经减压阀减压后进入载气净化干燥管以除去载气中的水分，系统由针形阀控制载气的压力和流量，再经过进样器注入，由不断流动的载气携带试样进入色谱柱，将各组分分离，之后依次进入检测器后放空。载气与试样流动的趋向，简称气路；其组分能否分开，关键在于色谱柱；分离后组分能否鉴定出来则在于检测器，所以分离系统和检测系统是仪器的核心。

气相色谱仪的组成结构如下。

（1）气路系统

包括必须精确控制流速的载气气路、气体净化装备、气体流速控制和测量设备、毛细管柱流路中的分流和尾吹气路以及检测器所需的燃气和助燃气气路，气路系统由接头、管线、压力表、稳压阀、稳流阀、电子流量阀等配件组成。

气相色谱仪的气路系统可以分为单气路和双气路两类。单气路系统包括1个进样口，一路载气。一般来说这种气路（仪器）只能安装1根填充柱，只能用于一些较简单的样品分析。双气路系统是指2个进样口（填充柱和分流/不分流毛细管柱进样口）的气路系统，可以安装1根填充柱和1根毛细管柱。可同时安装2个检测器，如热导检测器（TCD）和FID或者ECD和FID。

载气流量控制是通过两级压力调节，无论在分流或者无分流的状态都能保证色谱柱前的压力稳定不变，从而保证色谱柱流速不变。一个气源供填充柱和毛细管柱两路载气外，还提供第三路气体作为隔垫吹扫，该路气流用针形阀调节，流量2~3mL/min。同一气路提供的第四路气是作检测器的辅助气，流量由针阀调节。另有一类色谱仪是采用恒流控制模式来控制载气的流量。这种控制方式可以克服色谱柱在程序升温时，由于阻力改变而产生的载气流速的变化。保持柱流速在升温过程不变，但当调节分流流量的同时必须同时调节柱前压至原来的压力，否则使柱载气流速改变。

（2）进样系统

① 手动进样系统——微量注射器。可以使用微量注射器抽取一定量的气体样品注入气相色谱仪进行分析。此外，固相微萃取（SPME）进样器可用于萃取气体基质中的有机物，萃取的样品可手动注入气相色谱仪的汽化室进行热解吸汽化，然后进行色谱柱分析。

② 阀进样系统、气体进样阀。气体样品采用阀进样不仅定量重复性好，而且可以与环境空气隔离，避免空气对样品的污染。采用阀进样的系统可以进行多柱多阀的组合。气体进样阀的样品定量管体积一般在0.25mL以上。

③ 热解吸系统。用于气体样品中挥发性有机化合物的捕集，然后热解吸进气

相色谱仪进行分析。

（3）色谱柱和柱箱

气相色谱柱有多种类型，按照色谱柱内径的大小和长度，可分为填充柱和毛细管柱：填充柱的内径在2~4mm，长度为1~10m；毛细管柱内径在0.2~0.5mm，长度一般在25~100m。色谱柱目前已有商业化的非极性聚二甲基硅烷柱（如AT-1、EC-1、DB-1等），也有专门根据US EPA关于挥发性有机化合物标准方法设计的产品（如VOCOL、RTX-VGC、DB-VRX等）。

色谱仪柱箱一般为一个前面开门的保温空箱，采用强制风循环及内部加热，一般控制在40~400℃，精度为±0.1%或±1%，可多阶程序升温或恒温操作，内体积一般在50L以上。

（4）检测系统

包括检测器，控温装置。气相色谱的检测器已有几十种，但已商品化的约10多种（不包括质谱、傅里叶红外、微波等离子体发射光谱等大型仪器）。检测器的功能是将色谱柱流出的化学信号转换成电信号输出。按照检测原理，可分为质量型和浓度型两种，按照监测组分分，可分为通用型和专用型检测器。

（5）数据处理系统

包括放大器、记录仪或数据处理装置、工作站等。

3.1.1.2 气相色谱分析的理论基础

（1）塔板理论

塔板理论是Martin和Synger首先提出的色谱热力学平衡理论。它把色谱分离过程比作蒸馏过程，直接引用了处理蒸馏过程的概念、理论和方法，将色谱柱看作分馏塔，把组分在色谱柱内的分离过程看成在分馏塔中的分馏过程，即组分在塔板间隔内的分配平衡过程，一根色谱柱的塔板数越多，则其分离效果就越好。塔板理论的基本假设为：

① 色谱柱内存在许多塔板，组分在塔板间隔（即塔板高度）内完全服从分配定律，并很快达到分配平衡。

② 样品加在第0号塔板上，样品沿色谱柱轴方向的扩散可以忽略。

③ 流动相在色谱柱内间歇式流动，每次进入一个塔板体积。

④ 在所有塔板上分配系数相等，分配系数在各塔板上是常数，与组分的量无关。

根据塔板理论，待分离组分流出色谱柱时的浓度沿时间呈现二项式分布，当色谱柱的塔板数很高的时候，二项式分布趋于正态分布。则流出曲线上组分浓度与时间的关系可以表示为：

$$c = \frac{c_0}{\sigma\sqrt{2\pi}}e^{-\frac{(t-t_R)^2}{2\sigma^2}}$$

这一方程称作流出曲线方程，式中，c 为 t 时刻的组分浓度；c_0 为组分总浓度，即峰面积；σ 为半峰宽，即正态分布的标准差；t_R 为组分的保留时间。

根据流出曲线方程人们定义色谱柱的理论塔板高度为单位柱长度的色谱峰方差：

$$H = \frac{L}{16\left(\dfrac{t_R}{Y}\right)^2}$$

式中，L 为色谱柱的长度；Y 为峰底宽度；H 为理论塔板高度；t_R 为组分的保留时间。理论塔板高度越低，在单位长度色谱柱中就有越多的塔板数，则分离效果就越好。决定理论塔板高度的因素有：固定相的材质、色谱柱的均匀程度、流动相的理化性质以及流动相的流速等。

塔板理论是基于热力学近似的理论，在真实的色谱柱中并不存在一片片相互隔离的塔板，也不能完全满足塔板理论的前提假设。如塔板理论认为物质组分能够迅速在流动相和固定相之间建立平衡，还认为物质组分在沿色谱柱前进时没有径向扩散，这些都是不符合色谱柱实际情况的，因此塔板理论虽然能很好地解释色谱峰的峰型、峰高，客观地评价色谱柱的柱效，却不能很好地解释与动力学过程相关的一些现象，如色谱峰峰形的变形、理论塔板数与流动相流速的关系等。

虽然以上假设与实际色谱过程不符，如色谱过程是一个动态过程，很难达到分配平衡，组分沿色谱柱轴方向的扩散是不可避免的，但是塔板理论导出了色谱流出曲线方程，成功地解释了流出曲线的形状、浓度极大点的位置，能够评价色谱柱柱效。

（2）速率理论

荷兰学者范第姆特（van Deemter）等基于吸收塔板理论中的一些概念，并进一步把色谱分配过程与分子扩散和气液两相中的传质过程联系起来，建立了色谱过程的动力学理论，即速率理论。速率理论认为，单个组分分子在色谱柱内固定相和流动相间要发生千万次转移，加上分子扩散和运动途径等因素，它在柱内的运动是高度不规则的，是随机的，在柱中随流动相前进的速率是不均一的。与偶然误差造成的无限多次测定的结果呈正态分布相类似，无限多个随机运动的组分粒子流经色谱柱所用的时间也是正态分布的。

速率理论更重要的贡献是提出了范第姆特方程式。它是在塔板理论的基础上，引入影响板高的动力学因素而导出的。它表明了塔板高度（H）与载气线速（u）以及影响 H 的三项因素之间的关系，其简化式为：

$$H = A + \frac{B}{u} + Cu$$

式中，A、B、C 为常数：A 项称为涡流扩散项，B/u 项称为分子扩散项，Cu 项称为传质项；u 为载气线速率，即一定时间里载气在色谱柱中的流动距离，cm/s。由式中关系可见，当 u 一定时，只有当 A、B、C 较小时，H 才能有较小值，才能获得较高的柱效能；反之，色谱峰扩张，柱效能较低，所以 A、B、C 为影响峰扩张的三项因素。

下面分别讨论各项的意义。

（1）涡流扩散项 A

在填充色谱柱中，气流碰到填充物颗粒时，不断改变方向，使试样组分在气相中形成紊乱的类似涡流的流动，从而导致同一组分分子所通行路途的长短不同，因此它们在柱中停留的时间也不相同，它们是分别在一个时间间隔内到达柱尾，故因扩散而引起色谱峰的扩张。A 称为涡流扩散项，它与填充物的平均颗粒直径大小和填充物的均匀性有关。其公式为 $A = 2\lambda d_p$。式中，λ 为填充不规则因子；d_p 为颗粒的平均直径。可见，A 与载气性质、线速度和组分无关。装柱时应尽量填充均匀，并且使用适当大小的粒度和颗粒均匀的载体，这是提高柱效能的有效途径。对于空心毛细管柱，由于无填充物，故 A 等于零。

（2）分子扩散项 B/u

分子扩散又称为纵向扩散，由于组分在色谱柱中的分布存在浓度梯度，浓的部分有向两侧较稀的区域扩散的倾向，因此运动着的分子形成纵向扩散。分子扩散项与载气的线速率（u）成反比，载气流速越小，组分在气相中停留时间越长，分子扩散越严重，由于分子扩散引起的峰扩张也越大。为了减小峰扩张，可以采用较高的载气流速，通常为 $0.01 \sim 1.0$ cm/s。

B 称为分子扩散系数，与组分在载气中的扩散系数有关，其公式为 $B = 2\gamma D_g$。式中，γ 称为弯曲因子，是因柱内填充物而引起的气体扩散路径弯曲的因数；D_g 为组分在气相中的扩散系数。D_g 与载气分子量的平方根成反比，所以对于既定的组分采用分子量较大的载气，可以减小分子扩散，对于选定的载气，则分子量较大的组分会有较小的分子扩散。D_g 随柱温的升高而加大，随柱压的增大而减小。弯曲因子是与填充物有关的因素，在填充柱内，由于填充物的阻碍，不能自由扩散，使扩散路径弯曲，扩散程度降低，故 $\gamma < 1$。对于空心毛细管柱，由于没有填充物的存在，扩散程度最大，故 $\gamma = 1$。可见，在色谱操作时，应选用分子量大的载气、较高的载气流速、较低的柱温，这样才能减小 B/u 的值，提高柱效率。

（3）传质项 Cu

在气液填充柱中，试样被载气带入色谱柱后，组分在气液两相中分配而达平衡，由于载气流动，破坏了平衡，当纯净载气或含有组分的载气（浓度低于平均浓度）来到后，则固定液中组分的部分分子又回到气液界面，并逸出而被载气带走，这种溶解、扩散、平衡及转移的过程称为传质过程。影响此过程进行速率的阻力，称为传质阻力。传质阻力包括气相传质阻力和液相传质阻力。C 为传质阻力系数，该系数实际上为气相传质阻力系数（C_g）和液相传质阻力系数（C_L）之和，即 $C = C_g + C_L$。

① 气相传质过程。指试样组分从气相移动到固定相表面的过程。在这一过程中，试样组分将在气液两相间进行质量交换，即进行浓度分配。若在这个过程中进行的速率较缓慢，就会引起谱峰的扩张。气相传质阻力系数为：

$$C_g = \frac{0.01 k^2}{(1+k)^2} \frac{d_p^2}{D_g}$$

式中，k 为容量因子。由上式可见，气相传质阻力系数与固定相的平衡颗粒直径平方成正比，与组分在其中的扩散系数成反比。在实际色谱操作过程中，应采用细颗粒固定相和分子量小的气体（如 H_2、He）作载气，可降低气相传质阻力，提高柱效率。

② 液相传质过程。指试样组分从固定相的气液界面移到液相内部，并发生质量交换，达到分配平衡，然后又返回到气液界面的传质过程。若这过程需要的时间长，表明液相传质阻力就越大，就会引起色谱峰的扩张。液相传质阻力系数为：

$$C_L = \frac{2}{3} \times \frac{0.01 k}{(1+k)^2} \frac{d_f^2}{D_L}$$

式中，d_f 为固定相的液膜厚度；D_L 为组分在液相中的扩散系数。从上式可见，C_L 与固定相的液膜厚度（d_f）的平方成正比，与组分在液相中的扩散系数（D_L）成反比。在实际工作中减小 C_L 的主要方法为：①降低液膜厚度，在能完全均匀覆盖载体表面的前提下，适当减少固定液的用量，使液膜薄而均匀；②通过提高柱温的方法，增大组分在液相中的扩散系数（D_L）。这样就可降低液相传质阻力，提高柱效。

当固定液含量较大，液膜较厚，中等线性流速（u）时，塔板高（H）主要受液相传质阻力的影响，而气相传质阻力的影响较小，可忽略不计。但用低含量固定液的色谱柱，高载气流速进行快速分析时，气相传质阻力就会成为影响塔板高度的重要因素。

将 A、B、C 的关系式代入简式，得

$$H = 2\lambda d_p + \frac{2\gamma D_g}{\mu} + \left[\frac{0.01k^2}{(1+k)^2}\frac{d_p^2}{D_g} + \frac{2}{3} \times \frac{0.01k}{(1+k)^2}\frac{d_f^2}{D_L}\right] \times u$$

由以上讨论可以看出，范第姆特方程是色谱工作者选择色谱分离条件的主要理论依据，它说明了色谱柱填充的均匀程度、载体粒度的大小、载气种类和流速、柱温、固定相的液膜厚度等因素对柱效能及色谱峰扩张的影响，从而对于气相色谱分离条件的选择具有指导意义。

以上速率理论主要是针对气相色谱法来讨论的，速率理论对于液相色谱法、高效液相色谱法也均适用，但因流动相是液体而不是气体，也有一些与气相色谱法不同之处。

3.1.1.3 气相色谱分离条件的选择

（1）分离度

一个混合物能否为色谱柱所分离，取决于固定相与混合物中各组分分子间的相互作用的大小是否有区别。但是色谱分离过程中各种操作因素的选择是否合适，对于实现分离的可能性也有很大的影响。因此不但需要根据分离对象选择适当的固定相，还需创造一定条件，达到最佳的分离效果。

两个组分完全分离的前提为，首先两组分的色谱峰之间的距离必须相差足够大，若两峰间仅有一定的距离，两峰重叠，则无法完全分离。因此在判断分离情况时，可用分离度 R 作为分离效能的指标，其定义为相邻两组分色谱峰保留值之差与两组分色谱峰峰底宽度总和一半的比值：

$$R = \frac{t_{R(2)} - t_{R(1)}}{\frac{1}{2}(Y_1 + Y_2)}$$

式中，$t_{R(2)}$ 和 $t_{R(1)}$ 分别为两组分的保留时间；Y_1 和 Y_2 分别为相应组分的色谱峰的峰底宽度，与保留值单位相同。R 越大，则分离得越好；两组分保留值的差别，主要决定于固定液的热力学性质；色谱峰的宽窄则反映了色谱过程动力学因素，柱效能高低。因此，分离度是柱效能、选择性影响因素的总和，可作为色谱柱总分离效能指标。

（2）分离操作条件的选择

① 载气及流速的选择　对一定的色谱柱和试样，有一个最佳的载气流速，此时柱效最高。在实际工作中，为缩短分析时间，往往使流速稍高于最佳流速。当流速小时，分子扩散项为色谱峰扩张的主要因素，此时应采用相对分子质量较大的载气（N_2，Ar），使组分在载气中有较小的扩散系数。而当流速较大时，传质项为控制因素，宜采用分子量较小的载气（H_2，He），此时组分在载气中有较大的扩散系数，可减小气相传质阻力，提高柱效。选择载气时还应考虑对不同检测器的适应性。

对于填充柱，N_2 的最佳实用线速为 $10\sim12\mathrm{cm/s}$；H_2 的最佳实用线速为 $10\sim12\mathrm{cm/s}$。通常载气的流速习惯上用柱前体积流速（mL/min）来表示，也可通过皂膜流量计在柱后进行测定。若色谱柱内径为 3mm，N_2 的流速一般为 $40\sim60\mathrm{mL/min}$，H_2 为 $60\sim90\mathrm{mL/min}$。

② 柱温的选择　柱温是一个重要的操作变数，直接影响分离效能和分析速度。首先要考虑到每种固定液都有一定的使用温度。柱温不能高于固定液的最高使用温度，否则固定液挥发流失。

柱温对组分分离的影响较大，提高柱温使各组分的挥发靠拢，不利于分离，所以，从分离的角度考虑，宜采用较低的柱温。但柱温太低，被测组分在两相中的扩散速率大为减小，分配不能迅速达到平衡，峰形变宽，柱效下降，并延长了分析时间。选择的原则为：使最难分离的组分在尽可能好的分离前提下，尽可能采取较低的柱温，但以保留时间适宜、峰形不拖尾为宜，具体操作条件的选择应根据不同的实际情况而定。

对于高沸点混合物（$300\sim400℃$），希望在较低的柱温下（低于其沸点 $100\sim200℃$）分析。为了改善液相传递速率，可用低固定液含量（质量分数 $1\%\sim3\%$）的色谱柱，使液膜薄一些，但允许最大进样量减小，因此应采用高灵敏度检测器；对于沸点不太高的混合物（$200\sim300℃$），可在中等柱温下操作，固定液质量分数 $5\%\sim10\%$，柱温比其平均沸点低 $100℃$；对于沸点在 $100\sim200℃$ 的混合物，柱温可选在其平均沸点 2/3 左右，固定液质量分数 $10\%\sim15\%$；对于气体、气态烃等低沸点混合物，柱温选在其沸点或沸点以上，以便能在室温或者 $50℃$ 以下分析。固定液质量分数一般在 $15\%\sim25\%$；对于沸点范围较宽的试样，宜采取程序升温（programmed temperature），即柱温按预定的加热温度，随时间作线性或非线性的增加。升温的速度一般常是呈线性的，即单位时间内温度上升的速度是恒定的，例如每分钟 $2℃$、$4℃$、$6℃$ 等。在较低的初始温度，沸点较低的组分，即最早流出的峰可以得到良好的分离。随着柱温增加，较高沸点的组分也能较快地流出，并和低沸点组分一样也能得到分离良好的尖峰。如采用恒温时，箱温至少应比柱最高使用温度低 70～80℃；如采用程序升温，箱温比柱最高温度低 20～30℃即可。

3.1.1.4 气相色谱柱类型的选择

气相色谱柱是决定色谱分离的核心，色谱柱有多种类型，应根据 VOCs 的分析对象，选择合适的色谱柱。气相色谱柱的分离效果主要取决于其固定相、柱长度、柱内径、液膜厚度等因素。从原理上讲，这几个因素相同的柱子，其分离效果是完全一样的。因此根据检测对象的特性选择气相色谱柱时，选择等效色谱柱即可，而不必一定去购买昂贵的标准指定气相色谱柱。在气相色谱分析柱那里，某一多组分的混合物中各组分的分离主要取决于色谱柱的效能和选择性。其中色谱柱的选择性很大程度上取决于固定相选择的是否适当，因此色谱柱的固定相是色谱分析中的关键因素。

（1）色谱柱的类型

① 按柱粗细可分为一般填充柱和毛细管柱两类。

填充色谱柱：多用内径 4～6mm 的不锈钢管制成螺旋形柱管，常用柱长 2～4m。填充液体固定相（气-液色谱）或固体固定相（气-固色谱）。

毛细管色谱柱：柱管为毛细管，常用内径 0.1～0.5mm 的玻璃或弹性石英毛细管，柱长几十米至上百米。毛细管色谱柱按填充方式可分为开管毛细柱及填充毛细柱。常用的毛细管柱根据极性和固定液来选择，如表 3-1 所示。

表 3-1　常用的毛细管柱特性

型号	极性	固定液
DB-1	非极性	100％聚二甲基硅氧烷
DB-5	弱极性	聚(5％二苯基/95％二甲基)硅氧烷
OV-35	中等极性	聚(35％二苯基/65％二甲基)硅氧烷
KB-50	中等极性	聚(50％氰丙基苯基/50％二甲基)硅氧烷
DB-1301	中等极性	聚(6％二苯基/94％二甲基)硅氧烷
DB-1701	中等极性	聚(14％氰丙基苯基/86％二甲基)硅氧烷
DB-225MS	强极性	聚(50％氰丙基苯基/50％二甲基)硅氧烷
KB-Awax	强极性	聚乙二醇 20M

② 按分离机制可分为分配柱和吸附柱等，它们的区别主要在于固定相。

分配柱：一般是将固定液（高沸点液体）涂渍在载体上，构成液体固定相，利用组分的分配系数差别而实现分离。将固定液的官能团通过化学键结合在载体表面，称为化学键合相（chemically bonded phase），不流失是其优点。

吸附柱：将吸附剂装入色谱柱而构成，利用组分的吸附系数的差别而实现分离。除吸附剂外，固体固定相还包括分子筛与高分子多孔小球等。

（2）固定相的选择

不同的固定相对不同的分析物的影响不同，根据"相似相溶"原理，性质越相近，固定相对其流动阻力越大，其保留时间越长。色谱柱就是通过这个原理将不同性质的混合物相互分开的。固定相的选择如图 3-2 所示。

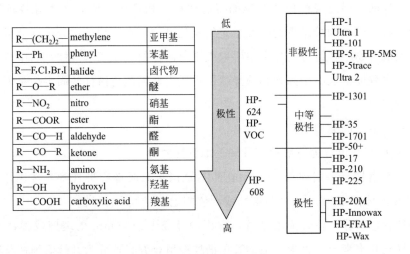

图 3-2　固定相的选择示意图

① 气-固色谱固定相　常温下分离气体及气态烃类时，有些气体在一般固定液中溶解度小，分离效果不理想，就采用吸附剂作为固定相。常用的有非极性的活性炭，弱极性的氧化铝，强极性的硅胶等。对于各种气体的吸附能力强弱不同，需根据分析对象进行选用，近年来，对吸附剂表面进行物理化学改性，研制出表面结构均匀的吸附剂，例如石墨化炭黑、碳分子筛等，不但使极性化合物的色谱峰不拖尾，而且可以分离一些顺、反式空间异构体。气-固色谱法常用的吸附剂及其性能见表 3-2。

表 3-2　气-固色谱法常用的吸附剂及其性能

吸附剂	主要化学组成	性质	温度上限/℃	分析对象
活性炭	C	非极性	300	分离惰性气体、低沸点烃类
石墨化炭黑	C	非极性	400	分离气体和烃类、高沸点有机化合物
硅胶	$SiO_2 \cdot xH_2O$	氢键类	400	永久性气体及低沸点烃类
氧化铝	Al_2O_3	弱极性	400	分离烃类及有机异构体

吸附剂	主要化学组成	性质	温度上限/℃	分析对象
分子筛	沸石	极性	400	分离甲烷等惰性气体
GDX-101	二乙烯苯交联共聚	非极性	270	气体及低沸点化合物
GDX-201	二乙烯苯交联共聚	非极性	270	高沸点化合物
GDX-301	二乙烯苯、三氯乙烯共聚	弱极性	250	乙炔、氯化氢
GDX-501	二乙烯苯、含氮极性有机物共聚	中强极性	270	C_4 烯烃异构体
GDX-601	含强极性基团的二乙烯苯共聚	强极性	200	分析环己烷和苯
Porapak-P	苯乙烯、乙基苯乙烯、二乙烯苯共聚	最小极性	250	乙烯与乙炔
Porapak-Q	苯乙烯、乙基苯乙烯、二乙烯苯共聚	最小极性	250	正丁醇和叔丁醇
Porapak-R	苯乙烯、乙基苯乙烯、二乙烯苯共聚	中极性	250	正丁醇和叔丁醇

② 气-液色谱固定相 气-液色谱固定液的选择中，遵循"相似相溶"原理具有一定的实际意义。其选择的基本原则如下：

a. 分离非极性物质，一般选用非极性固定液。选用非极性固定液，如角鲨烷、甲基硅油、阿批松。被分离组分和固定液之间的作用力是色散力。各组分按沸点顺序先后流出色谱柱。沸点低的组分先流出，沸点高的组分后流出。如果被分离组分是同系物，由于色散力与分子量成正比，各组分按碳顺序分离。

b. 分离强极性样品，选用极性固定液。选用强极性固定液，如 β,β-氧二丙腈、聚丙二醇己二酸酯等。被分离组分和固定液之间的作用力主要是取向力（定向力），这时试样中的各组分主要按极性顺序分离，极性小的物质先流出色谱柱，极性大的后流出。

c. 分离极性和非极性混合物时，可选用非极性固定液也可选用极性固定液。一般选用极性固定液，应视组分的性质而定。如果沸点为主要矛盾，则应选用非极性固定液；若极性差别为主，应选极性固定液。

d. 分离中等极性样品，选用中等极性固定液。选择中等极性固定液，例如邻苯二甲酸二壬酯、聚乙二醇己二酸酯、甲基硅油等。被分离组分和固定液分子之间的作用力是色散力和诱导力，组分按沸点顺序分离。

e. 对于能形成氢键的组分，选用多元醇固定液。一般选用强极性和氢键型固定液，多元醇固定液。此时样品中各组分按和固定液之间形成氢键能力大小的顺序分离，不易形成氢键的先流出，最易形成氢键的后流出。

f. 对于复杂的难分离的物质，可以选用两种或两种以上的混合物固定液。表3-3列出了一些常用的固定液的极性和使用温度情况，固定液总极性越大，则极性越强，总极性越接近，表明其极性基本相同。

表3-3　常用的固定液的极性和使用温度

序号	固定液	型号	平均极性	总极性	温度上限/℃
1	角鲨烷	SQ	0	0	100
2	甲基硅橡胶	SE-30	43	217	300
3	苯基(10%)甲基聚硅氧烷	OV-3	85	423	350
4	苯基(20%)甲基聚硅氧烷	OV-7	118	592	350
5	苯基(50%)甲基聚硅氧烷	DC-710	165	827	225
6	苯基(60%)甲基聚硅氧烷	OV-22	219	1075	350
7	三氟丙基(50%)甲基聚硅氧烷	QF-1	300	1500	250
8	氰乙基(25%)甲基硅橡胶	XE-60	357	1785	250
9	聚乙二醇20000	PEG-20M	462	2308	225
10	己二酸二乙二醇聚酯	DEGA	533	2764	200
11	丁二酸二乙二醇聚酯	DEGS	686	3504	200
12	三(2-氰乙氧基)丙烷	TCEP	829	4145	175

对于VOCs气体分析，一般选择填固体吸附剂的气固色谱柱和毛细气液色谱柱，根据"相似相溶"原理确定所选色谱柱的类型。目前16项环境空气VOCs监测方法中，有8项使用了色谱法；14项固定污染源废气VOCs监测方法中，共有10项使用了色谱法。VOCs监测方法根据目标对象的不同可以选择填充色谱柱或毛细管柱。其中HJ 734—2014的色谱柱可以根据需要选择内径0.18mm、0.25mm、0.32mm，1.0μm膜厚，20～60m长的100%甲基聚硅氧烷毛细柱或等效柱。HJ 644—2013色谱柱选用毛细管柱，内径0.25mm、30m长、1.4μm膜厚(6%氰丙基苯、94%二甲基聚硅氧烷固定液)或等效柱。HJ 584—2010的色谱柱可以根据需要选择填充柱，材质为硬质玻璃或不锈钢，长2m、内径3～4mm，内填充涂覆2.5%邻苯二甲酸二壬酯和2.5%有机皂土-34的Chromsorb G DMCS(80～100目)；或者选择毛细管柱，固定液为聚乙二醇，0.32mm内径、30m长、1.0μm膜厚的毛细管柱或等效柱。

气液色谱固定相中，载体(也叫担体)通常选用化学惰性、多孔性的固体颗粒，其作用是提供一个大的惰性表面，用以承担固定液，使得固定液以薄膜状态分布在表面上。通常选用的载体分为硅藻土型和非硅藻土型两大类。硅藻土型可分为白色载体和红色载体两种，都是由天然硅藻土煅烧而成，不同点在于白色载体在煅烧前，在硅藻土原料中加入少量碳酸钠等助熔剂。红色载体表面孔穴密集，孔径较大，表面积大，一般用于分析非极性或弱极性物质；白色载体机械强度不如红色载体，表面孔径较大，吸附性小，一般用于分析极性物质。

（3）色谱柱的柱长和柱内径

① 柱长度的选择　色谱柱长时，应考虑分离度、分析时间和色谱柱的成本，分离度与柱长的平方根成正比，而分析时间直接与柱长成正比，即如果通过增加色谱柱长，提高分离度，分离度增大 1 倍，柱长必须增加 3 倍，也就是说，在其他条件不变的情况下，为取得加倍的分辨率需有 4 倍的柱长。一般填充柱的柱长在 0.5～5m，对于毛细管色谱柱，一般柱长在 10～30m，可满足大多数分析的需求，对于复杂的混合物可采用 50m、60m 或 100m 的色谱柱。柱长增加可以分离复杂的混合物，但同时其分析时间也随之增加。一般来说：

a. 15m 的短柱用于快速分离较简单的样品，也适于扫描分析；

b. 30m 的色谱柱是最常用的柱长，大多数分析在此长度的柱子上完成；

c. 50m、60m 或更长的色谱柱用于分离比较复杂的样品。

② 柱内径的选择　柱内径的选择受多种因素制约。内径增大，意味着有更多的固定相，即使液膜厚度不增加，也有较大的样品容量，随着内径的减小，单位时间内的柱效率迅速增加，分离度增大，但样品的容量以内径的平方（r^2）的关系减小；柱压降以 $1/r^4$ 关系增加，对仪器的综合性能有较高的要求。一般毛细柱选用 0.2mm、0.25mm、0.32mm 内径的色谱柱；填充柱选择 3～4mm。对于毛细柱，当样品容量是主要的考虑因素时，或分析强挥发性样品采用吹扫捕集或顶空进样，且分辨率的降低可接受时，可考虑采用 0.53mm 的大口径色谱柱。如与质谱检测器相连时，需用小口径色谱柱。柱径直接影响柱子的效率、保留特性和样品容量。小口径柱比大口径柱有更高柱效，但柱容量更小。一般来说：

a. 0.25mm　具有较高的柱效，柱容量较低。分离复杂样品较好。

b. 0.32mm　柱效稍低于 0.25mm 的色谱柱，但柱容量约高 60%。

c. 0.53mm　具有类似于填充柱的柱容量，可用于分流进样，也可用于不分流进样；当柱容量是主要考虑因素时（如痕量分析），选择大口径毛细管柱较为合适。

（4）液膜厚度的选择

液膜厚度既影响色谱柱，又影响分析时间。在一定温度下，分配系数 k 与柱型有关。由于液膜厚度的改变，会导致色谱柱的相比改变。液膜厚度影响柱子的保留特性和柱容量。厚度增加，保留也增加。膜厚为 $0.25\sim0.5\mu m$ 薄液膜色谱柱，相比变大，分配系数 k 变小，有利于实现组分的快速分离，适于高沸点化合物、组分密集化合物的分析；同时液相传质阻力下降，柱效变大，柱容量减小。采用 $1\sim8\mu m$ 的厚液膜柱，柱容量大，可以不经分流直接进 $1\mu L$ 的汽油而不引起超载，有利于痕量组分的分析；对于流出温度在 $100\sim200℃$ 之间的组分，用 $1\sim1.5\mu m$ 的膜效果较好。在实际工作中，液膜厚度的选择，应与柱内径相联系，柱内径与液膜联系，柱内径与液膜厚度的比值在 $4000\sim1000$，如柱直径为 $0.32mm$ 的毛细管柱，以 $0.08\sim0.25\mu m$ 的液膜厚度为宜。但是对不同柱材和柱内壁的不同惰性化程度，所需液膜厚度也不相同，不锈钢柱一般应比同内径的石英柱的液膜大 1 倍左右。一般来说：

① $0.1\sim0.2\mu m$ 薄液膜厚度的毛细管柱比厚液膜的毛细管柱洗脱组分快，所需柱温度低，且高温下柱流失较小，适用于高沸点的化合物的分析。

② $0.25\sim0.5\mu m$ 为常用的液膜厚度。

③ 厚液膜对分析低沸点的化合物较为有利。

3.1.1.5　气相色谱检测器

如果说色谱柱是色谱分离的心脏，那么，检测器就是色谱仪的眼睛。无论色谱分离的效果多么好，若没有好的检测器就"看"不到分离结果。因此，高灵敏度、高选择性的检测器一直是色谱检测的关键技术。检测器通常分为选择型检测器和通用型检测器，或分为浓度型和质量型检测器。

① 选择型检测器是指对某类化合物特别敏感（灵敏），而对另一类化合物又特不敏感（灵敏）的检测器。电子捕获检测器（ECD）对含卤素化合物和电负性化合物灵敏响应；氢火焰光度检测器（FPD）对含硫化合物、含磷化合物灵敏响应；氢火焰热离子检测器（FTD）对含硫化合物、含氮化合物灵敏响应。

② 通用型检测器是指对所有化合物都有响应，且对各类化合物的响应值差别不大（即相对响应信号值小于 10）。如热导检测器（TCD）、离子迁移率检测器（IMD）、氢火焰离子化检测器（FID），其中 FID 除了水和无机气体外，基本所有组分都有响应。

③ 浓度型检测器，峰高的大小与流动相中样品的浓度成正比，与流动相的速度无关，以 mg/mL 计，流动相速度只影响峰宽窄。当用峰面积表示响应信号时，要求流动相速度必须稳定。TCD 和 ECD 属于浓度型检测器，其中 TCD 是典型的浓度型检测器，其柱后尾吹会大大降低载气中组分浓度，所以除用微型热导池或大

口径毛细管柱以外，一般热导检测器不能接毛细管柱使用。

④ 质量型检测器，峰高的大小与单位时间内进入检测器的组分质量成正比。流动相速度大，则单位时间进入检测器的质量增多，峰高增加。质量型检测器的峰面积值与流动相速度无关。FPD 和 FID 都是质量型检测器。

通常与气相色谱联用进行 VOCs 分析的检测器主要有氢火焰离子化检测器（FID）、电子捕获检测器（ECD）、质谱检测器（MSD）、光离子化检测器（PID）、热导检测器（TCD）、火焰光度检测器（FPD）等，为了扩大被检测化合物的范围和降低假阳性的干扰，往往将两种检测器串联使用，可以实现选择性检测芳香族以及含碳有机物。常用气相色谱 VOCs 检测器如表 3-4 所示。

表 3-4　常用气相色谱 VOCs 检测器

检测器	载气	浓度下限	应用	国家标准方法
氢火焰离子化检测器（FID）	氮、氢	每毫克几微克以上	有机化合物	HJ 584—2010、HJ 583—2010、HJ 604—2011、HJ/T 66(68)—2001、HJ/T 33(33～39)—1999
电子捕获检测器（ECD）	氮	每毫克几纳克以上	有机卤素化合物	HJ 645—2013、HJ 738—2015
质谱检测器（MSD）	氦	每毫克几纳克以上	有机化合物等	HJ 644—2013、HJ 759—2015、HJ 739—2015、HJ 734—2014
光离子化检测器（PID）	无	每毫克几纳克以上	有机化合物等	无
热导检测器（TCD）	氦、氢、氩、氮	$50\mu g/mg$ 以上	总烃	无
火焰光度检测器（FPD）	氮、氢、氩、氮	每毫克几纳克以上	含硫或含磷化合物	

（1）氢火焰离子化检测器

氢火焰离子化检测器（FID）是气相色谱检测器中使用最广泛的一种，对含碳有机物有很高的灵敏度，能检测到 $10^{-12}g/s$ 的痕量物质，适用于痕量有机物的分析，是典型的破坏型质量型检测器。

① FID 结构和工作原理　FID 的结构如图 3-3 所示。氢火焰检测器结构简单，响应快，稳定性好，死体积小，线性范围宽。其主要部件是离子室，离子室一般由不锈钢制成，包括气体入口、出口、火焰喷嘴、极化极和收集极以及点火线圈等部件。极化极为铂丝做成的圆环，安装在喷嘴之上。收集极是金属圆筒，位于极化极上方。两极间距可以用螺丝调节（一般不大于 10mm）。在收集极和极化极间加一

定的直流电压（常用150~300V），以收集极作负极、极化极作正极，构成一外加电场。载气一般用氮气，燃气用氢气，分别由入口处通入，调节载气和燃气的流量配比，使它们以一定比例混合后，由喷嘴喷出。助燃空气进入离子室，供给氧气。在喷嘴附近安有点火装置（一般极化极兼点火极），点火后在喷嘴上方即产生氢火焰。

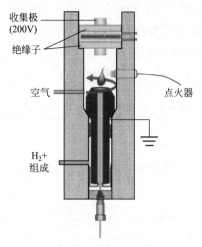

图 3-3　氢火焰离子化检测器结构示意图

FID工作原理：目前认为FID火焰中的电离不是热电离而是化学电离，即有机物在火焰中发生自由基反应而被电离。有机物 C_nH_m 在高温热裂解区发生裂解产生含碳自由基·CH；自由基与外面扩散进来的激发态原子或分子氧发生反应，生成 CHO^+ 及 e^-；形成的 CHO^+ 与火焰中大量水蒸气碰撞发生分子-离子反应，产生 H_3O^+，化学电离产生的正离子（CHO^+、H_3O^+）和电子（e^-）在外加150~300V直流电场作用下向两极移动而产生微电流，经放大后，记录下色谱峰。

当仅有载气从毛细管柱后流出，进入检测器，载气中的有机杂质和流失的固定液在氢火焰（2100℃）中发生化学电离（载气本身不会被电离），生成正、负离子和电子。在电场作用下，正离子移向收集极（负极），负离子和电子移向极化极（正极），形成微电流，流经输入电阻时，在其两端产生电压降。它经微电流放大器放大后，在记录仪上便记录下一信号，称为基流。只要载气流速、柱温等条件不变，该基流也不变。实际过程中基流越小越好。但是，基流总是存在的，因此，通常通道调节上的反方向的补差电压来使流经输入电阻的基流降至"0"，这就是所谓的"基流补偿"。一般在进样前均要使用基线补偿，将记录器上的基线调至零。进样后，载气和分离后的组分一起从柱后流出，氢火焰中增加了组分被电离后产生的正、负离子和电子，在高压电场的定向作用下，形成离子流，微弱的离子流（$10^{-12} \sim 10^{-18}$ A）经过高阻（$106 \sim 1011\Omega$）放大，成为与进入火焰的有机化合物量成正比的电信号。

② 性能特征　FID 的特点是灵敏度高，比 TCD 的灵敏度高约 10^3 倍；检出限低，可达 10^{-12} g/s；线性范围宽，可达 10^7。FID 结构简单，死体积一般小于 1μL，响应时间快，为 1ms，既可以与填充柱联用，也可以直接与毛细管柱联用；FID 对能在火焰中燃烧电离的有机化合物都有响应，可以直接进行定量分析，是目前应用最为广泛的气相色谱检测器之一。FID 的主要缺点是不能检测永久性气体、水、一氧化碳、二氧化碳、氮的氧化物、硫化氢等物质，信号受化合物结构的影响较大，带有杂原子（如 O、S 和卤素）的化合物信号很低。

③ 检测条件的选择　FID 可选择的主要参数有：载气种类和载气流速；氢气和空气的流速；柱、汽化室和检测室的温度；极化电压；电极形状和距离等。

a. 气体种类、流速和纯度：载气将被测组分带入 FID，同时又是氢火焰的稀释剂。高纯 N_2、Ar、H_2、He 均可作 FID 的载气。N_2、Ar 作载气时灵敏度高、线性范围宽。因 N_2 价格较 Ar 低，所以通常用高纯 N_2 作载气。

载气流速通常根据柱分离的要求进行调节。适当增大载气流速会降低检测限，从最佳线性和线性范围考虑，需要找到一个最佳的载气流速，使柱的分离效果最好。

b. 氮氢比：氮稀释氢焰的灵敏度高于纯氢焰。在要求高灵敏度，如痕量分析时，调节氮氢比在 1:1 左右往往能得到响应值的最大值。如果是常量组分的质量检验，增大氢气流速，使氮氢比下降至 $0.43 \sim 0.72$ 范围内，虽然减小了灵敏度，但可使线性和线性范围得到大的改善和提高。

c. 空气流速：空气是氢火焰的助燃气。它为火焰化学反应和电离反应提供必要的氧，同时也起着把 CO_2、H_2O 等燃烧产物带走的吹扫作用。通常空气流速约为氢气流速的 10 倍。流速过小，供氧量不足，响应值低；流速过大，易使火焰不稳，噪声增大。一般情况下空气流速在 $300 \sim 500$ mL/min 范围，氢气和空气流量之比为 1:10。

气体纯度在作常量分析时，载气、氢气和空气纯度在 99.9% 以上即可。但在作痕量分析时，则要求三种气体的纯度相应提高，一般要求达 99.999% 以上，空气中总烃含量应小于 0.1μL/L。钢瓶气源中的杂质，可能造成 FID 噪声、基线漂移、假峰，以及加快色谱柱流失、缩短柱寿命等。

d. 温度：FID 为质量敏感型检测器，它对温度变化不敏感，从 80～200℃，灵敏度几乎相同。但在用填充柱或毛细管柱作程序升温时要特别注意基线漂移，可用双柱进行补偿，或者用仪器配置的自动补偿装置进行"校准"和"补偿"两个步骤。在 FID 中，由于氢气燃烧，产生大量水蒸气。若检测器温度低于 80℃，水蒸气不能以蒸汽状态从检测器排出，冷凝成水，使高阻值的收集极阻值大幅度下降，减小灵敏度，增加噪声。所以，要求 FID 检测器温度必须在 120℃ 以上。在 FID 中，汽化室温度变化时对其性能既无直接影响亦无间接影响，只要能保证试样汽化而不分解就行。

e. 极化电压：极化电压的大小会直接影响检测器的灵敏度。当极化电压较低时，离子化信号随所采用的极化电压的增加而迅速增大。当电压超过一定值时，增加电压对离子化电流的增大没有比较明显的影响。正常操作时，所用极化电压一般为 ±(100～300)V。

f. 电极形状和距离：有机物在氢火焰中的离子化效率很低，因此要求收集极必须具有足够大的表面积，这样可以收集更多的正离子，提高收集效率。收集极的形状多样，有网状、片状、圆筒状等。圆筒状电极的采集效率最高。两极之间距离为 5～7mm 时，可以获得较高的灵敏度。另外喷嘴内径小，气体流速大有利于组分的电离，检测器灵敏度高。圆筒状电极的内径一般为 0.2～0.6mm。

GC-FID 检测技术对大部分 VOCs 成分均有响应，并且是等碳响应，适合用于 VOCs 总量监测，也可通过更换色谱柱等方式实现特征成分的检测。FID 检测器主要用于烃的检测，卤代烃响应很低。

（2）电子捕获检测器

电子捕获检测器（ECD）是一种离子化检测器，它的应用仅次于氢火焰检测器。ECD 是一种具有高选择性、高灵敏度检测器。ECD 仅对那些能捕获电子的化合物，如含有卤素、硫、磷、氧、氮等的物质有响应信号，物质的电负性愈强，检测器的灵敏度愈高，是灵敏度最高的气相色谱检测器。ECD 特别适用于分析多卤化物、多环芳烃、金属离子的有机螯合物，还广泛应用于农药、大气及水质污染的检测，但是 ECD 对无电负性的烃类则不适用。

① ECD 结构和工作原理　电子捕获检测器（ECD）的结构如图 3-4 所示。电子捕获检测器的主体是电离室，目前广泛采用的是圆筒状同轴电极结构，阳极是外径约 2mm 的铜管或不锈钢管，金属池体为阴极，离子室内壁装有 β 射线放射源，常用的放射源是 ^{63}Ni 或 ^{3}H，在阴极和阳极间施加一直流或脉冲极化电压，载气用 N_2 或 Ar。

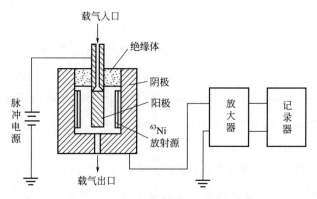

图 3-4　电子捕获检测器的结构示意图

检测原理：当载气（一般是高纯 N_2）从色谱柱流出进入检测器时，放射源放射出的 β 射线，使载气电离，产生正离子及低能量电子：

$$N_2 \Longrightarrow N_2^+ + e^-$$

生成的正离子和慢速低能量的电子在外电场作用下向两电极定向流动，形成了约为 $10^{-8}A$ 的离子流，即为检测器基流。当电负性物质 AB 进入离子室时，因为 AB 有较强的电负性，可以捕获低能量的电子，而形成负离子，并释放出能量。电子捕获反应如下：

$$AB + e^- \longrightarrow AB^- + E$$

式中，E 为反应释放的能量。电子捕获反应中生成的 AB^- 与载气的 N_2^+ 复合生成中性分子。反应式为：

$$AB^- + N_2^+ \longrightarrow N_2 + AB$$

由于电子捕获和正负离子的复合，使电极间电子数和离子数目减少，致使基流降低，产生的电信号是负峰，负峰的大小与样品的浓度成正比，这正是 ECD 的定量基础。负峰不便观察，通过极性改变使负峰变为正峰。

② 性能特征及应用　ECD 是一种灵敏度高、选择性强的检测器。ECD 只对具有电负性的物质，如含 S、P、卤素的化合物，金属有机物及含羰基、硝基、共轭双键的化合物有输出信号，而对电负性很小的化合物，如烃类化合物等，只有很小或没有输出信号。ECD 对那些电子系数大的物质检测限可达 $10^{-14} \sim 10^{-12}g$，所以特别适合于分析痕量电负性化合物。ECD 的线性范围较窄，仅有 10^4 左右。

③ 操作条件的选择

a. 载气和载气流速：ECD 一般采用高纯 N_2 作载气，纯度在 99.99% 以上，载气必须严格纯化，彻底除去水和氧。载气流速增加，基流随之增大，N_2 在

100mL/min 左右基流最大，为了同时获得较好的柱分离效果和较高基流，通常采用在柱与检测器间引入补充的 N_2，以便检测器内 N_2 达到最佳流量。

b. 检测器的使用温度：当电子捕获检测器采用 ^3H 作放射源时，检测器温度不能高于 220℃；当采用 ^{63}Ni 作放射源时，检测器最高使用温度可达 400℃。

c. 极化电压：极化电压对基流和响应值都有影响，选择基流等于饱和基流值的 85% 时的极化电压为最佳极化电压。直流供电时，极化电压为 20～40V；脉冲供电时，极化电压为 30～50V。

d. 固定液的选择：为保证 ECD 正常使用，必须严格防止其放射源被污染。因此色谱柱的固定液必须选择低流失、电负性小的，以防止其流失后污染放射源。当然，实际过程中，色谱柱必须充分老化后才能与 ECD 联用。

e. 安全保障：^{63}Ni 是放射源，必须严格执行放射源使用、存放管理条例，拆卸、清洗应由专业人员进行。尾气必须排放到室外，严禁检测器超温。ECD 利用电负性物质捕获电子的能力，通过测定电子流进行检测。ECD 具有灵敏度高、选择性好的特点，是目前分析痕量电负性有机化合物最有效的检测器。

（3）质谱检测器

质谱检测器（MSD）是质量型、通用型 GC 检测器，其原理与质谱（MS）相同，对所有适合于 GC 检测、能离子化的化合物都能给出响应。

① MSD 结构和工作原理　MSD 是采用高速电子来撞击气态分子或原子，将电离后的正离子加速导入质量分析器中，然后按质荷比（m/z）的大小顺序进行收集和记录，即得到质谱图。质谱不是波谱，而是物质带电粒子的质量谱。

质谱分析是一种测量离子质荷比（质量-电荷比）的分析方法，其基本原理是使试样中各组分在离子源中发生电离，生成不同质荷比的带正电荷的离子，经加速电场的作用，形成离子束，进入质量分析器。在质量分析器中，再利用电场和磁场使发生相反的速度色散，将它们分别聚焦而得到质谱图，从而确定其质量。

② 性能特征及应用　MSD 不仅能够给出一般 GC 检测器所能获得的色谱图（即总离子流色谱图 TIC 或重建离子流色谱图 RIC），而且能够给出每个色谱峰所对应的质谱图。通过计算机对标准谱库的自动检索，可提供化合物分子结构的信息，故是 GC 定性分析的有效工具，常被称为色谱-质谱联用（GC-MS）分析，是将色谱的高分离能力与 MS 的结构鉴定能力结合在了一起。MSD 实际上是一种专用于 GC 的小型 MS 仪器，一般配置电子轰击（EI）和化学电离（CI）源，也有直接 MS 进样功能。MSD 的质量数范围通常为 800～1000，检测灵敏度和线性范围与 FID 接近，采用选择单离子检测（SIM）时灵敏度更高。

GC-MS 分析系统的优势是可以对未知物进行定性，定性具有专属性，MS 可以检测各种有机化合物，基本上没有检测盲区，能够对捕集到的 VOCs 进行全分析，这是气相色谱法无法完成的。GC-MS 分析系统是目前分析有机化合物能力最强的分析系统。MSD 采用高速电子撞击气态分子或原子，将电离后的正离子加速导入质量分析器中，按质荷比（m/z）的大小顺序进行收集和记录，是一种质量型、通用型检测器。

（4）光离子化检测器

光离子化检测器（photoionization detector，PID）是一种通用性兼选择性的检测器，对大多数有机物都有响应信号，美国 EPA 已将 PID 用于环境中数十种有机污染物的检测。PID 具有极高灵敏度，可以检测从极低浓度的 10×10^{-9} 到较高浓度的 10000×10^{-6}（1%）的挥发性有机化合物和其他有毒气体。

① PID 结构和工作原理　光离子化检测器由真空紫外灯光源和电离室组成。PID 的响应机理是电离电位小于光能量的化合物在气相发生电离。气体分子（R）在真空紫外灯的照射下，吸收真空紫外线光子的能量（$h\nu$），产生正离子（R^+）和电子（e^-）：

$$R + h\nu \longrightarrow R^+ + e^-$$

在电场的作用下形成离子电流，测量其大小，就可知道被测物质的含量。检测后，离子重新复合成为原来的气体和蒸汽，因此，光离子化检测器是一种非破坏性检测器。经过检测的化学物质，仍可作进一步的测定与分析。光离子化检测原理如图 3-5 所示。

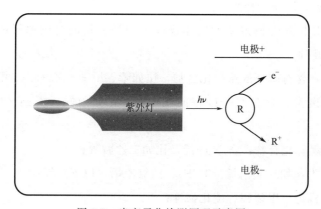

图 3-5　光离子化检测原理示意图

PID 使用紫外灯（UV）光源将有机物分子电离成可被检测器检测到的正负离子（离子化）。检测器捕捉到离子化的气体的正负电荷并将其转化为电流信号实现气体浓度的测量。气体离子在检测器的电极上被检测后，很快会电子结合重新组成原来的气体和蒸汽分子。PID 是一种非破坏性检测器，它不会改变待测气体分子，可以实现连续实时检测。PID 可以非常精确和灵敏地检测出 10^{-6} 级的 VOCs，但是不能用来定性区分不同化合物。

被分析的气体样品经注射口注入后由载气带入色谱柱。被测物质经色谱柱分离后，进入离子化池，离子化池的上盖为真空紫外无极放电灯的窗口，两侧是电极。电极收集在真空紫外灯辐射下产生的离子，并产生离子电流，电离电流经放大后，由色谱工作站进行数据处理、记录、显示和存储。该检测器使用一只具有 10.6eV 能量的真空紫外无极气体放电灯作为光源。这种高能真空紫外辐射可使空气中大多数有机物和部分无机物电离，但仍保持空气中的基本成分如 N_2、O_2、H_2O、CO_2 不被电离（这些物质的电离电位大于 12eV）。被测物质的成分由色谱柱分离后进入离子化室，经过真空紫外无极气体放电灯照射电离，然后测量离子电流的大小，就可知道物质的含量。物质的种类根据色谱柱保留时间定性。

② 性能特征及应用　PID 检测器虽然检测 VOCs 的种类比 FID 多，但电离电位高于 10.6eV 的有机物都不能检测，包括一些常见的重要有机污染物，如乙烷、丙烷、氯甲烷、二氯甲烷、氯仿、二氯乙烷、二氯丙烷、丙烯腈、氟氯烃等。PID 检测器对低碳饱和烃响应较弱，且响应因子不一致，检测器表面易受污染，不适合用于污染源 VOCs 在线监测。依据美国标准"方法 25A"和欧洲标准"EN 12619"的技术要求，规定固定污染源 VOCs 在线监测应采用 GC-FID 检测技术，采样探头、样品输送管路和分析仪中样品管路应采用 120℃以上高温伴热，应选用抗腐蚀和惰性化的材料，以减少样品吸附。

可以被 PID 检测的最主要的气体或挥发物是大量的含碳原子的有机化合物，具体包括以下几种。

　　a. 芳香类：含有苯环的系列化合物，比如苯、甲苯、乙苯、二甲苯等；

　　b. 酮类和醛类：含有 C＝O 键的化合物，比如丙酮、丁酮（MEK）、甲醛、乙醛等；

　　c. 胺类和氨基化合物：含 N 的烃，比如二乙胺等；

　　d. 卤代烃类：如三氯乙烯（TCE）、四氯乙烯（PCE）等；

　　e. 含硫有机物：甲硫醇、硫化物等；

　　f. 不饱和烃类：丁二烯、异丁烯等；

　　g. 饱和烃类：丁烷、辛烷等；

　　h. 醇类：异丙醇（IPA）、乙醇等。

除了上述有机物，PID还可以测量一些不含碳的无机化合物气体，如氨，半导体气体砷化氢（砷烷）、磷化氢（磷烷）等，硫化氢，氮氧化物，溴和碘等。

PID也有不能测量的物质，主要包括放射性物质，空气，常见毒气（CO、HCN、SO_2），天然气（甲烷、乙烷等），酸性气体（HCl、HF、HNO_3），氟利昂气体、臭氧、双氧水等，非挥发性物质如聚合物、油脂等。

国际上常用的光离子化检测器的辐射光源可分为两类：一类为直流气体放电管，由玻璃外壳，金属电极，真空紫外透明的晶体窗口组成，内部充以适当的工作气体。光源的发光是由2个金属电极间的高压直流放电激发工作气体发光。这种类型的放电管设计复杂，主要目的是避免金属电极遭受离子的轰击而损毁。这一过程称为阴极溅射。这种离子轰击溅射出的金属往往沉积在晶体窗口的内表面，减少了窗口的透明度，从而降低了使用寿命。为了避免这一现象的发生，通常把气体放电形成的光子限定于放电管内部中心处的毛细管内，即强制限定了离子流从一个电极到另一个电极的途径。在这种形式的放电管中，毛细管内是很高密度的离子流，但在电极表面是较低的离子流密度。这种设计的真空紫外光源，实际上是一种点光源，它由毛细管横截面向外发光。这就造成了离子化池内，垂直于光辐射方向的横截面上，光强度沿径向分布极不均匀，中间部分光通量密度高，周边部分低，在光离子化池内形成了较大的死体积。这种结构的光离子化池弱点是不能以空气作载气，只要样品中有痕量的氧存在，就显现出强烈的猝灭效应。这是因为氧的电子亲和势较高（2.3eV），光离子化产生的电子附着于氧原子上，形成负氧离子，在相同电场作用下，它的迁移率大大低于电子。与电子相比，在到达电极之前，具有更大的概率与一个带正电的离子重新结合，或者在检测之前已移出离子化辐射区域。因此，这种结构的光源器件，若用空气作载气的话，氧的猝灭效应是一个严重问题，因此只能用高纯氮和惰性气体作载气。相对而言，检测灵敏度低，在相同的噪声下，重现性差，检出限也高。

另一类辐射光源使用的是无极气体放电管。这种真空紫外放电灯，光源内部没有电极，因此不存在溅射问题。工作时，放电管中的工作气体是在整个管子的横截面上激发的。辐射强度，在垂直于辐射光进入样品池的平面上是均匀的，是面光源，其波长为116.5nm和123.6nm。因而样品池中没有死体积，从而增加了检测灵敏度。

在相同的噪声下，信噪比高，重现性好，降低了检出限，也极大地减少了载气中氧的猝灭现象，可以以廉价的空气作载气。当检测空气中痕量化学物质时，因为含有需要检测的化学物质的空气样品直接注射进入以空气而不是其他气体作载气的色谱柱进行分析，不存在其他方法分析中样品浓缩、富集、回收率等问题，样品没有受到沾污和扰动。

使用 PID 时特别要注意校正系数 CF，它们代表了用 PID 测量特定某种 VOCs 气体的灵敏度，它用在当以一种气体校正 PID 后，通过 CF 可以直接得到另一种气体的浓度，从而减少了准备很多种标气的麻烦。

（5）热导检测器

热导检测器（TCD）又称热导池或热丝检热器，是气相色谱法最常用的一种检测器。基于不同组分与载气有不同的热导率的原理而工作的热传导检测器。

① TCD 结构和工作原理　热导检测器结构示意图如图 3-6 所示。热导池的结构主要由热丝元件、池槽和池体三部分组成。热丝元件分热丝和热敏电阻两种，虽然热敏电阻灵敏度比热丝高，但由于它使用温度过低（<100℃）、稳定性较差和加工比较困难，故而现代气相色谱仪已很少采用。对于一个高性能的热导池要求热丝应具有以下特点：高电阻率；高电阻温度系数；绕成螺旋形电阻后，有良好的机械性能；使用温度范围广；对气相色谱分析所接触的组分有化学惰性等。

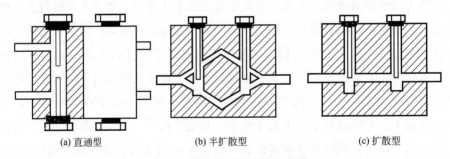

(a) 直通型　　　　　　　(b) 半扩散型　　　　　　　(c) 扩散型

图 3-6　热导检测器结构示意图

通过长期实践比较，钨和铼钨的合金仍是当前使用最广泛的热丝材料。钨丝的优点是具有较大的电阻率、较高的电阻温度系数并且廉价，如可使用 15W 电灯泡的热丝，但主要缺点是在接近 400℃ 下工作时，热丝会缓慢氧化，机械强度和刚度开始显著下降，螺旋松弛使基线的噪声明显增加、漂移加大、信噪比减小，即钨丝不便加大电阻，限制了灵敏度的提高。铼-钨丝出现后，已成为目前最令人满意的一种热丝材料。它和钨丝相比，虽然电阻温度系数略低，但由于它在高温（>400℃）时，检测器性能好，在相同的池容积下，钨-铼丝可装到 100Ω，钨丝仅约 50Ω，由于稳定性得以改善，桥路输出可放大 10~100 倍，致使 TCD 的检测限可达到 10^{-10} g/mL 数量级，最小检测浓度可达 10^{-7} mL/mL。这样 TCD 性能就已接近常用的 FID。

TCD 的工作原理是基于不同的气体具有不同的热导率。热丝具有电阻随温度变化的特性。当有一恒定直流电通过热导池时，热丝被加热。由于载气的热传导作用使热丝的一部分热量被载气带走，一部分传给池体。当热丝产生的热量与散失热量达到平衡时，热丝温度就稳定在一定数值。此时，热丝阻值也稳定在一定数值。由于参比池和测量池通入的都是纯载气，同一种载气有相同的热导率，因此两臂的电阻值相同，电桥平衡，无信号输出，记录系统记录的是一条直线。当有试样进入检测器时，纯载气流经参比池，载气携带着组分气流经测量池，由于载气和待测量组分二元混合气体的热导率和纯载气的热导率不同，测量池中散热情况因而发生变化，使参比池和测量池孔中热丝电阻值之间产生了差异，电桥失去平衡，检测器有电压信号输出，记录仪画出相应组分的色谱峰。载气中待测组分的浓度越大，测量池中气体热导率改变就越显著，温度和电阻值改变也越显著，电压信号就越强。此时输出的电压信号与样品的浓度成正比，这正是热导检测器的定量基础。一些有机物的热导率见表 3-5。

表 3-5　一些有机物的热导率（λ）

气体	λ/[10^{-4}J/(cm·s·℃)]		气体	λ/[10^{-4}J/(cm·s·℃)]	
	0℃	100℃		0℃	100℃
甲烷	3.01	4.56	正己烷	1.26	2.09
乙烷	1.80	3.06	苯	0.92	1.84
丙烷	1.51	2.64	甲醇	1.42	2.30
正丁烷	1.34	2.34	丙酮	1.01	1.76
异丁烷	1.38	2.43	乙醚	1.30	—
四氯化碳	—	0.92	氯仿	0.67	1.05

② 性能特征及应用　TCD 基于不同物质具有不同的热导率，几乎对所有 VOCs 都有响应，可以检测各种 VOCs，且样品不被破坏，但灵敏度相对较低。影响热导池灵敏度的因素主要有桥路电流、载气性质、池体温度和热敏元件材料及性质。对于给定的仪器，热敏元件已固定，因而需要选择的操作条件就只有载气、桥电流和检测器温度。

TCD 通用型强、性能稳定、定量精度高、操作维修简单、廉价易于推广普及；线性范围最高 10^5，适合常量和半微量分析（$>10^{-6}$ mL/mL）；特别适合永久气体或组分少且比较纯净的样品分析；TCD 池容现可以用微升计，从理论上讲完全可以与毛细管柱分析配合使用，特别是大口径（0.53mm）毛细管柱。对于环境监测蒸气类痕量分析，目前不再选用 TCD，主要原因有检测限大（常规 $<10^{-7}$ mL/mL）；

样品选择性差，即对非检测组分抗干扰能力差；虽然可在高灵敏度下运行，但易被污染，基线稳定性变差。

（6）火焰光度检测器

火焰光度检测器（flame photometric detector，FPD）是气相色谱仪用的一种对含磷、含硫化合物有高选择型、高灵敏度的检测器。

① FPD 的结构和原理　FPD 检测器火焰部分的结构与 FID 较类似，其结构示意图如图 3-7 所示。FPD 检测器主要由火焰喷嘴、滤光片和光电倍增管三部分组成。火焰喷嘴为光谱发射的能源。各种气体的入口及各种气体的比例，均从更有利于发光体的形成出发。火焰部分由燃烧器和发光室组成，从柱后流出的气体与空气（或氧气）混合进入中心孔，氢气从中心孔的四周环形孔流出，形成一个扩散富氢焰。硫和磷化合物在火焰上部富氢焰中发光。烃类主要在火焰的底部富氧焰中发光，因此通常在火焰底部要加一个不透明的光罩，挡住烃类发出的光，以提高 FPD 的选择性。火焰上方的石英管是为了减少 FPD 燃烧室空间体积，以降低响应时间。

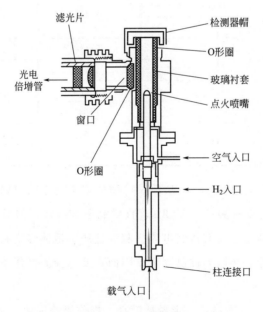

图 3-7　火焰光度检测器结构示意图

FPD 的原理如下：当含有硫或磷的试样进入氢焰离子室，在富氢-空气焰中燃烧时，有机硫化合物首先被氧化成 SO_2，然后被氢还原成 S 原子，S 原子在适当温度下生成激发态的分子，当其跃迁回基态时，发射出 350～430nm 的特征分子光谱。试样在富氢火焰燃烧时，含磷有机化合物主要是以 HPO 碎片的形式发射出波长为 526nm 的光，含硫化合物则以 S_2 分子的形式发射出波长为 394nm 的特征光。光电倍增管将光信号转换成电信号，经微电流放大记录下来。

早期的 FPD 虽然在检测硫中显示出良好的性能，但是在灵敏度和选择性上还存在不少的提升空间。为此，不少研究学者都对其进行研究改进，在光度方面变化不大，主要在氢火焰发光部分，对其结构进行了不少的改变，也就是经历了单火焰型、双火焰型和脉冲火焰型的阶段。

a. 单火焰型火焰光度检测器（SFPD）。最早也是目前比较常用的火焰发光结构，有人称为通用型火焰光度检测器，主要是把氧化型和还原型火焰合二为一。这种结构形式结构简单，操作方便，但是有致命的缺点：易熄火，易猝灭，灵敏度较低以及响应值跟硫化物分子结构有关等。为此，不少厂家对其结构进行了一些改变，如日本岛津公司将空气直接引入火焰中心孔，载气和氢气混合后在外层燃烧，从而提高了灵敏度，也不易熄火；但仍然解决不了猝灭和响应值依赖分子结构的问题。美国 Agilent 公司把遮光板稍稍提高也改善了灵敏度。

b. 双火焰型火焰光度检测器（DFPD）。顾名思义，这种结构因具有上、下两个火焰。下火焰具有富氧焰性质，可将烃类及有机硫全部燃烧成 CO_2、SO_2、H_2O；上火焰具有富氢焰性质，可将下火焰带来的硫氧化物 SO_2 还原成 S 发光分子，产生检测信号，而烃类的燃烧产物 CO_2、H_2O 等在富氢焰中则无信号，因此可消除烃类干扰，其响应值正比于硫分子中的硫原子数而与结构无关。定量时可不加校正因子，只用一种硫化物作标准物即可。因此基本上避免了通用型 SFPD 的一些缺点，但灵敏度稍低于 SFPD。

c. 脉冲火焰光度检测器（PFPD）。PFPD 是 20 世纪末出现的一种新改进型火焰光度检测器。火焰部分由两个室组成，上部为带有热丝点火器的点火室，下部为燃烧室。热丝点火器一直通直流电呈灼热状态。当载气和富氢/空气混合进入燃烧室，与从外层旁路进入的富空气/氢气混合一起进入点火室即被点燃，接着自动引燃燃烧管中的混合气，使被测组分在富氢/空气火焰中燃烧发光。燃烧后由于瞬间缺氧，火焰即熄灭。连续的气流继续进入燃烧室，排掉燃烧产物，重复上述过程进行第二次点火，如此反复进行。1s 内断续燃烧 1～10 次，即为脉冲火焰，其频率为 1～10Hz。由此可见，PFPD 是采用火焰传播技术使火焰在燃烧管的反应腔体内熄灭，在火焰内部产生气相反应导致分子产生波段发射光。产生的发射光，其熄灭时间是不同的，同时与火焰的传播及熄灭特征一起提供不同的时间和光谱信息。

② 性能特征及应用　此类检测器的灵敏度可达每克几十到几百库仑，火焰光

度检测器的检出限可达 $10\sim12g/s$（对 P）或 $10\sim11g/s$（对 S）。同时，这种检测器对有机磷、有机硫的响应值与烃的响应值之比可达 10^4，因此可排除大量溶剂峰及烃类的干扰，非常有利于痕量磷、硫化合物的分析，是检测有机磷农药和含硫污染物的主要工具。

3.1.2　高效液相色谱

高效液相色谱（high performance liquid chromatography，HPLC）又称"高压液相色谱""高速液相色谱""高分离度液相色谱""近代柱色谱"等。高效液相色谱是色谱法的一个重要分支，以液体为流动相，采用高压输液系统，将具有不同极性的单一溶剂或不同比例的混合溶剂、缓冲液等流动相泵入装有固定相的色谱柱，在柱内各成分被分离后，进入检测器进行检测，从而实现对试样的分析。该方法对于 VOCs 的监测已成熟应用，HJ 638—2012 环境空气中酚类化合物的测定，HJ 683—2014 环境空气中醛、酮类化合物的测定和 HJ 801—2016 环境空气和废气中酰胺类化合物的测定都使用了高效液相色谱法。

高效液相色谱分析法在 VOCs 中醛酮类的监测中具有以下优点：分离效率高、选择性好、检测灵敏度高、操作自动化、应用范围广；与气相色谱相比，不受试样的挥发性和热稳定性限制，应用范围广；流动相种类多，可通过流动相的优化达到高的分离效率；一般在室温下分析即可，不需高柱温，是分析空气中醛酮类化合物的较理想方法。

高效液相色谱法主要用于 OVOCs 的分析，利用 DNPH 衍生化试剂采集 OVOCs 后使用有机溶剂洗脱，然后通过 HPLC 系统分离。C_{18} 柱是 HPLC 中经常用到的一种色谱柱，在用于分析醛酮 DNPH 样品中多采用乙腈水溶液作流动相，分离出来的样品在紫外检测器 360nm 波长处进行检测。该方法检测限相对较高，对测量大气中低浓度的醛酮类化合物有一定的局限性，且如果没有标准品就无法确定未知物的结构。

3.1.2.1　高效液相色谱的构成与原理

高效液相色谱法流程与气相色谱法相同，但 HPLC 以液体溶剂为流动相，并选用高压泵送液方式。高效液相色谱仪的构成，如图 3-8 所示，主要有输液系统、进样系统、色谱柱、检测器和数据处理系统。此外还可以根据一些特殊要求，配备一些附属装置，如梯度洗脱、自动进样等。

其工作流程如下：高压泵将储液罐的溶剂经进样系统送入色谱柱，然后从检测器的出口流出，当欲分离的试样从进样器进入时，流经进样器的流动相将其带入色

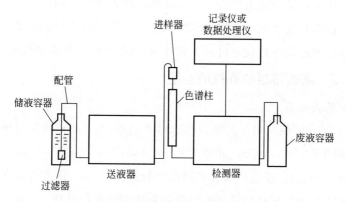

图 3-8　高效液相色谱仪构成图

谱中进行分离，然后依次进入检测器，记录仪将检测器的信号记录下来，得到液相色谱图。

（1）高压输液系统

高压输液系统由储液罐、高压输液泵、过滤器、压力脉动阻力器组成。利用高压输液泵将溶剂连续输入系统。高压输液泵根据工作原理可分为恒流泵和恒压泵，目前常用恒流泵，包括往复泵和注射泵。

（2）进样系统

常用的进样系统包括直接注射进样、停流进样和高压六通阀进样，各种方法优缺点不同。直接注射进样操作简单，但不能承受高压；停流进样是在高压输液泵停止供液时将试样直接加到柱头，其缺点是重现性差；六通阀进样进样量的可变范围大，耐高压，分析型 HPLC 其进样体积通常小于 $100\mu L$，其缺点在于容易造成谱峰柱前扩宽。

（3）色谱柱

色谱柱一般采用优质不锈钢管制成，一般采用管径为 4～5mm、长度为 10～50cm 的色谱柱。吸附色谱装填的固定相为固体吸附剂，如硅胶、氧化铝等。溶质在固定相和流动相间的分配表现为吸附作用。液相色谱柱通常制作成直管形，其柱管材料多为不锈钢。为降低柱壁效应，需要对柱内壁进行抛光。

（4）检测器

HPLC 检测器利用物质的光学性质和电化学特性测量。常用的有紫外-可见光检测器、示差折光检测器、荧光检测器、二极管阵列检测器、蒸发散射光检测器、电导检测器、电化学检测器等。分离后的组分流入检测池，根据其响应信号得到色谱峰。二极管阵列检测器（PDA）是一种多检测探头的分析系统。与传统的紫外-

可见光检测器相比，其分光系统置于样品池的后面，全波段的样品信息可同时被检测，并得到色谱图和光谱图。示差折光检测器和蒸发散射光检测器是一种通用型检测器。它利用物质的光学性质，可对无紫外-可见光吸收的化合物检测。

3.1.2.2 高效液相色谱柱的类型

（1）硅胶基质填料

① 正相色谱　正相色谱用的固定相通常为硅胶（silica）以及其他具有极性官能团，如胺基团（NH₂，APS）和氰基团（CN，CPS）的键合相填料。由于硅胶表面的硅羟基（SiOH）或其他极性基团极性较强，因此，分离的次序是依据样品中各组分的极性大小，即极性较弱的组分最先被冲洗出色谱柱。正相色谱使用的流动相极性相对比固定相低，如正己烷（hexane）、氯仿（chloroform）、二氯甲烷（methylene chloride）等。

② 反向色谱　反向色谱用的填料常是以硅胶为基质，表面键合有极性相对较弱官能团的键合相。反向色谱所使用的流动相极性较强，通常为水、缓冲液与甲醇、乙腈等的混合物。样品流出色谱柱的顺序是极性较强的组分最先被冲洗出，而极性弱的组分会在色谱柱上有更强的保留。常用的反向填料有 C₁₈（ODS）、C₈（MOS）、C₄（butyl）、C₆H₅（phenyl）等。

（2）聚合物填料

聚合物填料多为聚苯乙烯-二乙烯基苯或聚甲基丙烯酸酯等，其重要优点是在pH 值为 1～14 均可使用。相对于硅胶基质的 C₁₈ 填料，这类填料具有更强的疏水性；大孔的聚合物对蛋白质等样品的分离非常有效。现有的聚合物填料的缺点是相对硅胶基质填料，色谱柱柱效较低。

（3）其他无机填料

其他 HPLC 的无机填料色谱柱也已经商品化，由于其特殊的性质，一般仅限于特殊的用途。如石墨化炭黑正逐渐成为反向色谱柱填料。这种填料的分离不同于硅胶基质烷基键合相，石墨化炭黑的表面即是保留的基础，不再需其他的表面改性。该柱填料一般比烷基键合相硅胶或多孔聚合物填料的保留能力更强。石墨化炭黑可用于分离某些几何异构体，由于在 HPLC 流动相中不会被溶解，这类柱可在任何 pH 值与温度下使用。氧化铝也可以用于 HPLC。氧化铝微粒刚性强，可制成稳定的色谱柱柱床，其优点是可以在 pH 值高达 12 的流动相中使用。但由于氧化铝与碱性化合物的作用也很强，应用范围受到一定限制，所以未能广泛应用。新型色谱氧化锆基质填料也可用于 HPLC。商品化的只有聚合物涂层的多孔氧化锆微球色谱柱，应用 pH 值 1～14，温度可达 100℃。由于氧化锆填料是最近几年才开始研究的，加之面临的实验难度，其重要用途与优势尚在进行之中。

HJ 638—2012 中色谱柱使用 C_{18} 柱，$4.60mm \times 250mm$，粒径为 $5.0\mu m$ 或其他等效色谱柱；HJ 683—2014 和 HJ 801—2016 中使用 C_{18} 柱，$4.60mm \times 150mm$，粒径为 $5.0\mu m$ 或其他等效色谱柱。检测器一般配备紫外检测器和二极管阵列检测器。

3.2　光学分析技术

为了适应环境质量监测和工业气体排放控制等领域的迫切需求，研究可以实现高灵敏度、实时在线气体检测的方法显得越来越重要。光谱分析方法是基于与物质结构和组成相关的特征信息，只要能够选择适宜的波段范围和方法，就具有很高的灵敏度和好的选择性，且无须样品准备，具有快速、非破坏、高效、动态等优点，适用于现场快速检测和实时在线分析，可以避免采样方式的烦琐过程以及采样过程带来干扰的可能，使测量结果更为快捷准确，成为大气污染监测的生力军。目前用于大气环境监测的光学和光谱学方法主要有：非分散红外光谱（NDIR）技术、傅里叶变换红外光谱（FTIR）技术、差分吸收激光雷达（DIAL）技术、差分吸收光谱（DOAS）技术、激光诱导荧光（LIF）技术、调谐二极管激光吸收光谱（TD-LAS）技术等。

3.2.1　傅里叶红外光谱

傅里叶红外光谱（Fourier transform infrared spectrometer）技术是基于对干涉后的红外光进行傅里叶变换的原理，对样品进行定性定量分析的红外光谱技术。

红外光谱技术的研制可追溯至 20 世纪初期。1908 年，科布伦茨（Coblents）研制了用氯化钠晶体为棱镜的红外光谱仪；1910 年，伍德（Wood）和特鲁布里奇（Trowbridge）研制出小阶梯光栅红外光谱仪；1918 年，斯利特尔（Sleatpr）和兰德尔（Randall）研制出高分辨仪器。20 世纪 40 年代，光谱工作者研制出双光束红外光谱仪。现代红外光谱仪的发展经历了三个阶段：第一阶段是棱镜式红外分光光度计，基于棱镜对红外辐射的色散而实现分光，缺点是光学材料制造麻烦、分辨本领较低，而且仪器要求严格的恒温恒湿；第二阶段是光栅式红外分光光度计，基于光栅的衍射而实现分光，与第一代相比，分辨能力大大提高，且能量较高、价格便宜，对恒温、恒湿要求不高；第三阶段是基于干涉调频分光的傅里叶红外光谱仪，它的出现为红外光谱的应用开辟了新的领域。傅里叶变换催生了许多新技术，例如步进扫描、时间分辨和红外成像等。这些新技术拓宽了红外线应用领域，使红外技术的发展产生了质的飞跃。20世纪90年代，芬兰、德国和美国等国家陆续推出小型化便携式傅里叶红外光谱仪。

(1) 傅里叶红外光谱仪原理

光源发出的光被分束器分为两束：一束经透射到达动镜；另一束经反射到达定镜。两束光分别经定镜和动镜反射再回到分束器，动镜以一恒定速率做直线运动，而经分束器分束后的两束光形成光程差，产生干涉。干涉光在分束器会合后通过样品池，含有样品信息的干涉光到达检测器，通过傅里叶变换对信号进行处理，最终得到透过率或吸光度随波数或波长变化的红外吸收光谱图。

(2) 傅里叶红外光谱仪的结构

红外光谱法是分子吸收光谱的一种。根据不同物质会有选择性地吸收红外光区的电磁辐射来进行结构分析，对各种吸收红外线的化合物的定量和定性分析的一种方法。红外光学台由红外光源、光阑、干涉仪、样品室、检测器以及各种红外反射镜、氦氖激光器、控制电路和电源组成。图3-9所示为红外光学台基本光路图。

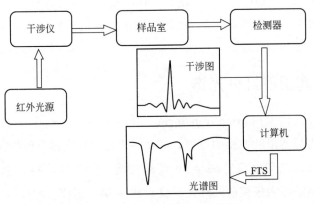

图 3-9　红外光学台基本光路图

① 红外光源　发射出连续的宽频红外线，分为中红外光源、远红外光源和近红外光源。光源类型主要有碳化硅光源、改进型碳化硅光源、陶瓷光源、能斯特灯光源和白炽线圈灯光源。

② 光阑　红外光源发出的红外线经椭圆反射镜反射后，先经过光阑，再到达准直镜。光阑的作用是控制光通量的大小。傅里叶红外光谱仪光阑孔径的设置分为两种：一种是连续可变光阑；另一种是固定孔径光阑。

③ 干涉仪　傅里叶红外光谱仪光学系统中的核心部分，将来自光源的红外线

调制成干涉光。仪器分辨率和其他性能指标主要由干涉仪决定。干涉仪内部主要包含动镜、定镜和分束器三个部件。常用的便携式傅里叶红外光谱仪根据干涉仪中相位变化特征分类，分为迈克尔逊干涉仪便携式傅里叶红外光谱仪和非线性迈克尔逊干涉仪型傅里叶红外光谱仪。

④ 样品室　用于放置测量样品，一部分波长的红外线在此被样品吸收。傅里叶红外光谱仪能分析各种状态（气、液、固）的试样，根据所测样品不同和制样方式不同，样品室也有所不同。

⑤ 检测器　作用是监测红外干涉光通过红外样品后的能量。检测器需要具备灵敏度高、响应速度快和测量范围宽等特点。目前测定中红外光谱使用的检测器可以分为两类：一类是热电检测器（如 DTGS 检测器），将红外的辐射能量转化为电能，从而检测电信号来测量红外线的强弱；另一类是光检测器（如 MCT 检测器），利用红外线的热能使得检测器的温度发生改变，从而使其导电性发生变化，通过测量电阻来衡量红外信号的强弱。

⑥ 计算机　用于安装红外光谱仪专用软件，设定采集参数，处理谱图，运算数据，建立数据库以保存数据。

（3）傅里叶红外光谱仪的特点

① 信噪比高。光谱仪所用的光学组件少，没有光栅或棱镜分光器，降低了光的损耗，而且通过干涉进一步增加了光的信号，因此到达检测器的辐射强度大。

② 重现性好。采用傅里叶变换对光的信号进行处理，避免了电机驱动光栅分光时带来的误差。

③ 扫描速度快。按照全波段进行数据采集，得到的光谱是对多次数据采集求平均后的结果，完成一次完整的数据采集只需 1s 到数秒。

④ 光谱范围广。通过改变分光束器和光源就可以研究整个红外区的光谱。

用红外线照射有机物时，分子吸收红外线会发生振动能级跃迁，不同的化学键或官能团吸收频率不同，每个有机物分子只吸收与其分子振动、转动频率相一致的红外光谱，所得到的吸收光谱通常称为红外吸收光谱。对红外光谱进行分析，可对物质进行定性分析。各个物质的含量也将反映在红外吸收光谱上，可根据峰位置、吸收强度进行定量分析。可以定量和定性分析，测定快速，不破坏试样，试样用量少，操作简便，分析灵敏度较高。

（4）傅里叶红外光谱仪的应用

傅里叶红外光谱仪可对固、液、气三态样品进行分析。在水质监测中，傅里叶红外光谱仪用于测定氯苯、丁醚、水杨醛等有机化合物；测定生产废水中的硝基苯、二氯苯、苯胺；地表水中的石油烃类；如果扫描波数在 $200\sim800cm^{-1}$，也可以用于测定艾氏剂、滴滴涕等有机氯农药；色谱-傅里叶红外光谱仪联用可鉴别溢油污染源。在气体监测中，可用于填埋场总甲烷排放的测定；工业炉窑烟气中一氧化氮、二氧化硫、一氧化碳等测定；应用显微 FTIR（傅里叶变换红外光谱仪）与环炉法相结合，可测定大气飘尘中的铅、车间空气中的三氯乙烯等。随着便携式傅里叶红外光谱仪的产生与发展，它在生产现场、野外作业以及污染事故中污染物的分析和检测中发挥越来越重要的作用，如气态烃类混合物、苯、苯乙烯、二氧化硫、丙烯腈、苯胺、溴甲烷、光气、一氧化碳、甲苯和二甲苯等气体的检测。

（5）傅里叶红外光谱仪的发展趋势

随着科技的发展，傅里叶红外光谱仪在理论及实际应用上都得到了快速的发展，主要发展方向包括稳定性的提高，分辨率的提高，波长精度的提高，灵敏度和分析速度的提高，智能性和方便性的提高等。此外，傅里叶红外光谱仪与其他多种测试手段联用，构成更高级的分析系统，是傅里叶红外光谱仪发展的另一个重要方向。如色谱-傅里叶红外光谱联机，为深化认识复杂的混合物体系中各种组分的化学结构创造了机会；红外光谱仪与显微镜方法结合起来，形成红外成像技术，用于研究非均相体系的形态结构。此外，还有质谱-傅里叶红外光谱联机、傅里叶红外光谱-拉曼光谱联机、热重-傅里叶红外光谱联机等。

仪器通过对大气痕量气体成分的红外辐射"指纹"特征吸收光谱测量与分析，实现对多组分气体的定性和定量在线自动监测。具有测量速度快、精度高、分辨率高、测定波段宽、杂散光低和信号多路传输等优点，同时还不需要采样及样品的预处理，可以同时对多种气体污染物进行在线自动测量，因此非常适合对空气污染物进行定性或定量的动态分析，尤其是大气中的挥发性有机物质，如丙烯醛、苯、甲醇和氯仿等。但是 FTIR 仪器的价格较高，体积较大，一般不适用于现场监测，同时该仪器对使用者的操作技能和基础知识要求也较高，从而限制了 FTIR 在线监测技术的广泛应用。

3.2.2　差分吸收光谱

差分吸收光谱技术，简称 DOAS（differential optical absorption spectros-copy）技术，是一种光谱监测技术。20 世纪 70 年代由 Patt 和 Noxon 等提出，该方法是利用光线在大气传输时，大气中各种气体分子在不同的波段对其有不同的差分吸收的特性来反映这些微量气体在大气中的浓度。到了 20 世纪 80 年代末，DOAS 技术作为一种空气监测系统在欧盟得到了广泛的认可。

（1）DOAS 的原理

DOAS 基本原理是基于朗伯-比尔定律，基于光学原理而设计的开放式光程连续自动监测仪器。当具有一定波长范围的光束通过环境空气时，在光束的接收端，同时得到多种气体在该光束波长范围内的特征光谱，通过分光光度计和计算机结合可实现对特征光谱的识别。经计算机对特征光谱数据的进一步处理，可分辨出光束照射过的环境空气中所含物质的成分及含量，从而实现对环境质量的快速连续自动监测。与其他光谱分析仪器相同，朗伯-比尔定律是 DOAS 分析仪的理论基础。气体物质都具有特征吸收光谱，而不同物质的特征吸收光谱波长范围是不同的。通过对分光光度计中光栅移位的控制，可以准确地对需要测量的谱段进行测量。通过分析特征吸收光谱，不仅可定性确定某些组分的存在，还可以准确定量分析该组分在大气中的含量。

（2）差分吸收光谱仪的构成及工作流程

差分吸收光谱仪是由发射/接收器、分光光度计、放大/控制电路、计算机和电路组成的。其结构示意图如图 3-10 所示。

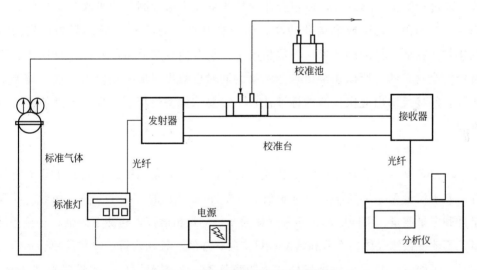

图 3-10　差分吸收光谱仪结构示意图

具体工作流程如下：当使用高压氙灯作为发射光源，经发射器发出包含 190～700nm 波长，即从紫外线光区到可见光光区的一束强平行光到达接收单元，聚焦后通过光纤将光束进入分光光度计内部。光度计中的旋转光栅将接收的 180～600nm 的光束按每 40nm 波长宽度为一段进行连续的逐段分光展开。每次分光展开的光束，经旋转切光轮上的狭缝不断按 0.04nm 的间隔对每个 40nm 波段进行扫描，光电倍增管检测每个通过狭缝的 0.04nm 信号，由于狭缝扫描同光栅的转动相结合，计算机将光电倍增管的每个信号存储在存储器中，最终可以获得 180～600nm 范围内各种气体的吸收光谱。检出光谱的平滑性取决于切光轮的转速和光电倍增管的检测频率，每段扫描结束后，分析仪的计算机系统将对比标准吸收图谱进行分析，并结合本段的检测结果，对旋转光栅从 180nm 波长开始逐段分光展开到 600nm 波长范围的扫描，此为一个扫描周期；在该扫描周期能同时给出气体中多种物质的检测数据，若每个扫描周期连续进行，仪器可给出气体中多种物质的连续检测结果。

在差分吸收光谱仪中测控电路为光学系统中光栅和切光轮转动提供了精确的定位控制，是光谱精确定位的保障，同时该电路对光电倍增管的输出信号进行放大，并对放大输出的模拟信号进行数字转换。在差分吸收光谱仪计算机系统的存储器中，存有大量的标准特征吸收图谱，每当仪器对某种气体物质的特征吸收谱段进行扫描和检测，并得出被测的吸收光谱曲线后，计算机系统就利用其强大的运算功能，将存储器中对应该被测气体物质的标准特征吸收光谱曲线调出，计算出拟合曲线。通过计算机连续运算，使拟合曲线按比例逐步逼近测得的吸收光谱曲线，当拟合曲线与测得的吸收光谱曲线吻合时，这时得到的 C 值计算结果被认定为该气体物质在此次检测的结果。一般情况下，拟合曲线与测得的吸收光谱曲线是不可能完全吻合的。所以在给出检测结果的同时也给出对应的偏差值，这一偏差值实际上间接反映出此次检测的标准性，一般要求偏差值控制在保证精度的合理范围内。

（3）性能特征及应用

DOAS 可以测量的气体组分很多，主要用于测量大气中的甲醛、单环芳香烃等。基于痕量 VOCs 气体成分对光辐射（紫外-可见）的"指纹"特征吸收，实现定性和定量测量，可同时测量多种气体成分。测量精度高，检测下限低；非接触测量，不改变被测气体的性质和浓度；可实时、连续、长期运行，操作简单，运行成本低；可同时监测多种污染气体；远距离遥测、监测范围广，数据具有代表性。DOAS 以其高分辨率和高精度并可同时对多种气体进行测试的优点，广泛应用于城市空气质量监测，排放源气体监测等场合。

差分吸收光谱方法具有一些传统监测方法所无法比拟的优点：

① 一套差分吸收光谱系统的监测范围很广，所测得的气体浓度是沿几百米到几千米长的光路上的气体浓度的均值，即可直接监测方圆几平方千米的范围，因而可以消除某些非常集中的污染排放源对测量的干扰，所以测量结果更具有代表性。

② 由于该方法是非接触性测量，因而可以避免一些误差源的影响，比如检测对象的化学变化、采样器壁的吸收损失等，特别适合于测量一些化学性质比较活泼的检测对象的质量浓度，比如 NO_3^-、BrO^-、OH^- 等，在测量时不会影响被测气体分子的化学特性。

③ 差分吸收光谱方法的测量周期短、响应快，并且仪器设计可实现紫外到可见光谱区的扫描，从而用一台仪器可实时检测多种不同气体的质量浓度。这对研究大气化学变化和污染物之间的相互转化规律有着非常重要的意义。此外，差分吸收光谱技术可对光谱反演算法中剩余光谱成分进行分析，在揭示空气中尚未发现的成分方面有很大的潜力。

国内在这方面也进行了广泛的研究，取得了很多的成果。中国科学院安徽光学精密机械研究所长期以来从事大气环境污染机理的激光光谱研究，其利用可调谐二极管激光吸收光谱和差分吸收光谱原理研制的道边实时监测机动车尾气仪可实现对丁二烯等烃的在线监测；赵玉春等利用一套紫外-可见差分吸收光谱连续监测系统在线监测烟气排放污染物，该系统可同时对多种有机污染物进行自动定性、定量分析，具有快速准确、校正简单等特点，适于在无人值守的工业环境对烟气排放进行长期在线监测；杭州聚光科技有限公司开发的半导体激光现场在线气体分析仪较好地解决了背景气体、粉尘和视窗污染等对测量的干扰问题，已成功应用于钢铁冶金、石油化工和水泥生产等工业领域中甲烷、烯烃、炔烃等气体的在线分析，取得了较好的效果。图 3-11 为差分吸收光谱长光程分析仪图。

图 3-11　差分吸收光谱长光程分析仪图

3.2.3　非分散红外光谱

非分散红外光谱（non-dispersive infrared spectrometer，NDIR）技术，又称不分光红外光谱技术或非色散型红外光谱技术，是基于不同物质对红外波长的电磁波能量具有特殊吸收特性的原理，对环境样品进行定性定量分析的仪器。

（1）NDIR 的原理

利用异原子组成的气体分子在红外区域具有特殊吸收光谱的性质，当红外线通过待测气体时，这些气体分子对特定波长的红外线有吸收，其吸收关系服从朗伯-比尔定律：$E = E_0 e^{-KCL}$；E 为透过光能量；E_0 为入射光能量；K 为气体吸收系数；C 为气体摩尔浓度或质量/体积浓度；L 为气体层厚度。气体对红外辐射的吸收示意图见图 3-12。

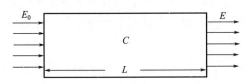

图 3-12　气体对红外辐射的吸收示意图

光束通过气体层后被吸收的能量为 $\Delta E = E_0 - E = E_0(1 - e^{-KCL})$。当 KCL 的数值很小时，$e^{-KCL} \approx 1 - KCL$，$\Delta E = E_0 - E = E_0 KCL$；即气体浓度较小时，红外线吸收的能量 ΔE 与气体浓度呈线性关系。

当直接或间接测得 ΔE 时，便可知气体浓度 C。用人工的方法制造一个包括待测气体特征吸收峰波长在内的连续光谱辐射源，通过固定长度的含有待测气体的混合组分，在混合组分的气体层中，待测气体的浓度不同，吸收固定波长红外线的能量也不同，继而转换成的热量也不同。在一个特制的红外检测器中，将热量转换成温度或压力，测量这个温度和压力，就可以准确测量被分析气体的浓度。

（2）NDIR 的结构

非分散红外光谱仪由光源、切光片、气室、滤光片、检测器和数据处理系统等构成。

① 光源　作用是产生两束能量相等且稳定的平行红外线束。光源要具备以下条件：a. 辐射的光谱成分稳定；b. 辐射的能量大部分集中在待测气体特征吸收波段；c. 辐射光平行于气室中心入射；d. 寿命长；e. 热稳定性好；f. 抗氧化性好；g. 金属蒸发物少；h. 光源灯丝在加热过程中不释放有害气体。按光源的结构分类，可分为单光源和双光源两种；按发光体材质分类，可分为合金光源、陶瓷光源和激光光源。典型的红外线辐射源是由镍铬合金或钨丝绕制成的螺旋丝。

② 切光片　切光片的作用是把辐射光源的红外线变成断续的光，即对红外线进行调制。调制的目的是将检测器产生的信号转变为交流信号，通过放大器放大，同时改善检测器的响应时间。

③ 气室　包括测量气室、参比气室和滤波气室，这三种气室结构基本相同，都是圆筒形，两端用芯片密封。气室要求内壁光洁度高、不吸收红外线、不吸附气体、化学性能稳定，气室的材料一般采用黄铜镀金、玻璃镀金或铝合金。金的化学性能极稳定，内壁不会氧化，所以能保持很高的反射系数。气室常用的窗口材料有氟化锂、氟化钙、蓝宝石、熔凝石英和氟化钠等。参比气室和滤波气室密封且不可拆。

④ 滤光片　一种光学滤波组件，基于各种不同的光学现象（吸收、干涉、选择性反射、偏振等）工作。采用滤光片可以改变测量气室的辐射能量和光谱成分，消除或减少散射和干扰组分吸收辐射的影响，使具有特征吸收波长的红外辐射通过。其中干涉滤光片是一种带通滤光片，根据光线通过薄膜时发生干涉现象而制成。干涉滤光片可以得到较窄的通带，其透过波长可以通过镀层材料的折射率、厚度和层次等加以调整。

⑤ 检测器　红外线分析仪的核心器件，目前主要采用薄膜电容检测器、半导体检测器和微流量检测器等。

a. 薄膜电容检测器　又称薄膜微音器，由金属外壳、薄膜电容、光窗材料和引线等组成的气室，其中薄膜电容的动片（金属薄膜）将气室隔成两个小检测室。当接受气室的气体压力受红外辐射能的影响而变化时，推动电容动片相对于定片移动，把待测组分浓度变化转变成电容量变化。薄膜微音器大多是双室检测电容器，基本构造是由两个检测器和密封在壳体的一个薄膜电容构成。其优点是温度变化影响小、选择性好、灵敏度高；缺点是薄膜易受机械振动的影响，调制频率不能提高，放大器制作比较困难，体积较大等。

b. 半导体检测器　利用半导体光电效应的原理制成。当红外线照射到半导体（如锑化铟）上时，其吸收光子能量使电子状态发生变化，产生自由电子或自由孔穴，引起电导率的变化，即电阻值的变化，所以又称光电导率检测器或光敏电阻。优点是结构简单、制造容易、体积小、寿命长、响应迅速；可采用更高的调制频率，使放大器的制作更为容易；与窄带干涉滤光片配合使用，可以制成通用性强、响应快速的红外检测器；改变测量组分时，只需改换干涉滤光片的通过波长和仪表刻度即可。缺点是受温度变化影响大。

c. 微流量检测器　一种测量微小气体流量的新型检测器件，其传感组件是两个微型热丝电阻和两个辅助电阻构成的惠斯通电桥。热丝电阻通电加热至一定温度，当气体流过时，带走部分热量使热丝冷却，电阻变化通过电桥转变成电压信号。其特点是价格便宜，光学系统体积小，可靠性、耐振性等性能较高。

⑥ 数据处理系统 信号经过测控系统，并经数字滤波、线性插值及温度补偿等软件处理后，得出气体浓度测量值。

（3）NDIR 的应用及发展趋势

非分散红外光谱仪作为一种快速、准确的气体分析仪器在环境监测中应用十分普遍，可测定一氧化碳、二氧化碳、甲烷、二氧化硫、一氧化氮、苯系物和二氧化氮等，主要用于环境空气监测、大气污染源监测（包括连续污染物监测系统）和汽车尾气监测等。

国内生产的非分散红外光谱仪主要采用红外气体分析方法，如采用镍铬丝作为红外光源、电机机械调制红外线、薄膜电容微音器或锑化铟等作为传感器等。薄膜电容微音器作为传感器使得仪器对振动十分敏感，以锑化铟为材料的半导体受温度变化影响大，不适合便携测量。随着红外光源、传感器及电子技术的发展，非分散红外光谱仪得到迅速发展。目前便携式、多组分测定、新型电源及传感器成为非分散红外光谱仪发展及研究的主要趋势。

3.3 质谱分析技术

质谱法（mass spectrometry，MS）是一种古老的仪器分析方法，早期质谱法的最重要贡献是发现非放射性同位素。1919 年，J. J. Thomson 研制了世界上第一台质谱仪，早期的质谱主要用于测量原子量、同位素的相对丰度、电子碰撞过程等领域。20 世纪 60 年代以后，有机化学家提出官能团对分子化学键的断裂有引领作用，质谱法在测定有机物结构方面的重要性才确立起来，实验证明，质谱法是研究有机化合物结构的极为重要的工具之一。质谱法的主要作用是准确地测定物质的分子量；根据碎片特征进行化合物的结构分析。质谱法分析范围广、可测定微小的质量和质量差、分析速度快、灵敏度高且样品用量少，在分析领域作用越来越大，但是由于质谱法测定过程中化合物必须汽化，质谱仪器昂贵、维护复杂，使得质谱技术不容易普及化。

3.3.1 质谱分析原理

质谱法是通过样品离子的质量和强度的测定来进行定性定量及结构分析的一种分析方法，即用电场和磁场将运动的离子（带电荷的原子、分子或分子碎片，有分子离子、同位素离子、碎片离子、重排离子、多电荷离子、亚稳离子、负离子和离子-分子相互作用产生的离子）按它们的质量（m）对电荷（z）比值（m/z，即质荷比）分离后进行定性定量检测的方法。按照离子的质荷比大小依次排列所构成的图谱，称为质谱。从本质上看，质谱不是光谱，质谱是带电粒子的质量谱。

质谱法的仪器种类较多，根据使用范围，可分为无机质谱仪和有机质谱仪。常用的有机质谱仪有单聚焦质谱仪、双聚焦质谱仪和四极矩质谱仪。有机质谱仪主要用于有机化合物的结构鉴定，可以用于VOCs的监测，它能提供化合物的分子量、元素组成以及官能团等结构信息，分为四极杆质谱仪、离子阱质谱仪和飞行时间质谱仪等。

有机质谱仪基本工作原理为：以电子轰击或其他的方式使被测物质离子化，形成各种质荷比（m/z）的离子，然后使离子按不同的质荷比分离并测量各种离子的强度，从而确定被测物质的分子量和结构。

3.3.2 质谱仪的基本结构

质谱仪一般具备下述几个部分：进样系统、离子源、质量分析器、离子检测器以及附加的高真空系统、放大器及记录仪。其中，以离子源和质量分析器为质谱仪的核心部件。

质谱仪分析的一般过程如图3-13所示，其通过合适的进样装置将样品引入并进行汽化；汽化后的样品引入到离子源进行电离；电离后的离子经过适当的加速进入质量分析器，按不同的m/z进行分离；然后到达离子检测器，将生成的离子流变成放大的电信号，并按对应的m/z进行分析记录。

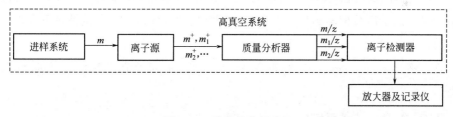

图3-13　质谱仪分析流程

3.3.2.1 真空系统

质谱仪的离子产生及经过系统必须处于高真空状态，离子源的高真空度应达到$10^{-5}\sim10^{-3}$Pa，质量分析器中应达10^{-6}Pa。若真空度过低，则会造成离子源灯丝损坏、本底增高、副反应过多，一般质谱仪都采用机械泵预抽真空后，再用高效率扩散泵连续地运行以保持真空。现代质谱仪采用分子泵可以获得更高的真空度。

真空系统包含以下元件：前级泵（机械真空泵）、高真空泵（分子涡轮泵或扩散泵）、真空腔、真空规。

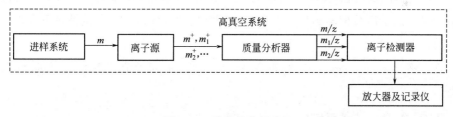

（1）真空腔

真空腔是由铝制成，有出口连接其他的元件或质量分析器。真空腔由密封圈分成四个阶段，每个阶段的压力逐渐降低。第一阶段压力是 1Torr（初级压力大约是 2Torr，1Torr＝133.3Pa），第四阶段压力是 10^{-5} Torr（高真空）。

真空腔表面是一个平的铝板，覆盖了真空腔顶部大的出口。真空腔的"O"形环可提供必要的密封。表面有螺母将其上紧。

（2）前级泵

前级泵降低真空腔的压力，以便高真空泵可以运作，同时泵走从高真空泵来的气体。前级泵与真空腔和大涡轮泵的出口连接。前级泵有一个内在的反倒吸阀，帮助防止在断电时倒流。前级泵装有一个油阱和一个油返流管，这个返流管可以将捕集的油排回泵。一个软管将前级泵的废气放空到外面或者烟囱。

机械泵在系统中降低真空至 $10^{-1} \sim 10^{-2}$ Torr。它也作为高真空的"后备泵"。前级泵通常是灌满油的机械泵。这个泵一段时间就需要维护，需要更换泵油、过滤器。在维护时，需确保出口正确放空。

（3）高真空泵

高真空泵制造低压（高真空），要求正确的分析器操作，它们通常被称为"涡轮"泵。一个控制器调整供应到泵中的电流，监测泵发动机的速度。

高真空泵将系统真空降至 10^{-5} Torr。分子涡轮泵可以提供高真空（"涡轮"泵），分子涡轮泵在进口安装了发动机，可以以 60000r/min 旋转。这种旋转可使在泵中的气体向下压缩偏转到另一个扇叶，最终排到泵的出口，被机械泵带走。

（4）真空规

真空规（vacuum gauge）被用于测量压力。不同的真空规测量不同范围的压力。

3.3.2.2 进样系统

进样系统的作用是高效重复地将样品引入到离子源中，并且不能造成真空度的降低，又不改变化合物的组成和结构。常用的进样装置有三种类型：间歇式进样、直接探针进样、色谱进样系统（GC-MS、HPLC-MS）等。VOCs 监测常用间歇式进样和色谱进样系统。间歇式进样适于气体、沸点低且易挥发的液体、中等蒸气压固体，间歇式进样系统典型的设计如图 3-14 所示。

通过可拆卸式的试样管将少量（10～100μg）固体和液体试样引入试样储存器中，由于进样系统的低压强及储存器的加热装置，使样品保持气态。实际上试样最好在操作温度下具有 1.3～0.13Pa 的蒸气压。由于进样系统的压强比离子源的压

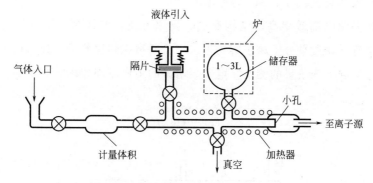

图 3-14　典型的间歇式进样系统原理图

强要大，样品离子可以通过分子漏隙（通常是带有一个小针孔的玻璃或金属膜）以分子流的形式渗透进高真空的离子源中。

色谱进样可以利用气相和液相色谱的分离能力，与质谱仪联用，进行多组分复杂混合物分析。

3.3.2.3　离子源

离子源的功能是将进样系统引入的气态样品分子转化成离子，离子化的化合物才能被移动、控制和质量分析。由于离子化所需要的能量随分子不同差异很大，因此，对于不同的分子应选择不同的离解方法。通常称能给样品较大能量的电离方法为硬电离方法，而给样品较小能量的电离方法为软电离方法，后一种方法适用于易破裂或易电离的样品。常见的离子源包括：电子轰击源、化学电离源、质子转移反应电离源、场电离源、快原子轰击电离源、电喷雾电离源、大气压光致电离源等。

（1）电子轰击源

电子轰击（elextron bomb ionization，EI）源是应用最广泛的一种离子源，简称 EI 源。主要由阴极（灯丝）、离子室、电子接收极、一组静电透镜组成。在高真空条件下，给灯丝加电流，使炽热的灯丝发射的能量约为 70eV 电子束，当样品蒸气进入离子源后，电子从灯丝加速飞向电子接收极，在此过程中与进入离子室中的样品分子发生碰撞（试样分子流为 $10^{-5} \sim 10^{-3}$ Pa 压力），发生 $10 \sim 20$ eV 的能量交换，使样品分子离子化或碎裂成碎片离子，生成正离子 M^+ 及其他各种产物。

也就是说，热阴极发射出能量为 70eV 的高能电子束，在高速向阳极运动时，撞击来自进样系统的样品分子，使样品分子发生电离。

$$M + e^- \Longrightarrow M^+ + 2e^-$$

其中，M 为待测离子；M^+ 为母体离子。

电子轰击源电离效率高，结构简单，操作方便，谱线多，信息量大，再现性好，应用广泛。缺点是分子离子容易被进一步断裂成碎片分子，分子离子峰变弱甚至不出现，不利于分子量的测定。电子轰击源的工作原理如图 3-15 所示。

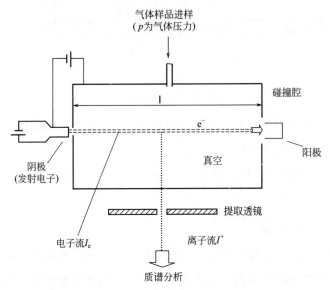

图 3-15　电子轰击源的工作原理

离子源中进行的电离过程是很复杂的过程，有专门的理论对这些过程进行解释和描述。在电子轰击下，样品分子可能有四种不同途径形成离子：①样品分子被打掉一个电子形成分子离子；②分子离子进一步发生化学键断裂形成碎片离子；③分子离子发生结构重排形成重排离子；④通过分子离子反应生成加合离子。

电子轰击源也有一定局限性，对有机化合物中分子量较大或极性大，难汽化或热稳定性差的化合物，在加热和电子轰击下，分子易破碎，难以给出完整的分子离子信息。对于这类有机化合物，电子轰击源电离的方式并不适用。

（2）化学电离源

有些化合物稳定性差，用 EI 方式不易得到分子离子，因而也就得不到分子量。为了得到分子量可以采用化学电离方式等软电离的方式。化学电离（chemical ionization，CI）源和电子轰击源在结构上主体部件是共用的。其主要差别是 CI 源工作过程中要引进一种反应气体，反应气体可以是甲烷、异丁烷、氨等。样品在承受电子轰击之前，被反应气以约 10^4 倍于样品的分子所稀释。灯丝发出的电子首先将反应气电离，然后反应气离子与样品分子进行离子-分子反应，并使样品气电离。现以甲烷作为反应气，说明化学电离的过程。在电子轰击下，甲烷首先被电离：

$$CH_4 + e^- \longrightarrow CH_4^+ + CH_3^+ + CH_2^+ + C^+ + H_2^+ + H^+ + ne^-$$

生成的 CH_4^+ 和 CH_3^+ 约占全部离子的 90%，CH_4^+ 和 CH_3^+ 与 CH_4 分子进行反应，生成加合离子：

$$CH_4^+ + CH_4 == CH_5^+ + CH_3$$

$$CH_3^+ + CH_4 == C_2H_5^+ + H_2$$

加合离子与样品分子反应：

$$CH_5^+ + XH == XH_2^+ + CH_4$$

$$C_2H_5^+ + XH == X^+ + C_2H_6$$

生成的 XH_2^+ 和 X^+ 比样品分子 XH 多一个 H 或少一个 H，可表示为（M1），称为准分子离子。事实上，以甲烷作为反应气，除 $(M+1)^+$ 之外，还可能出现 $(M+17)^+$、$(M+29)^+$ 等，同时还出现大量的碎片离子。化学电离源是一种软电离方式，有些用 EI 方式得不到分子离子的样品，改用 CI 后可以得到准分子离子，因而可以求得分子量。对于含有很强的吸电子基团的化合物，检测负离子的灵敏度远高于正离子的灵敏度，因此，CI 源一般都有正 CI 和负 CI，可以根据样品情况进行选择。由于 CI 得到的质谱不是标准质谱，所以不能进行库检索。

化学电离源适合高分子量及不稳定化合物分析，具有谱图简单、灵敏度高的特点。CI 是一种软电离方式，样品必须先汽化，不能测定热不稳定和难挥发的化合物。CI 的缺点在于和 EI 一样要样品必须能汽化，不适用于难挥发、热不稳定的样品；而且 CI 谱图重现性不如 EI 的，没有标准谱库。另外反应试剂易形成较高本底，影响检测限。反应试剂的压力需要摸索。

（3）质子转移反应电离源

质子转移反应电离（proton transfer reaction ionization，PTRI）源是化学电离源的分支，20 世纪 90 年代，在选择离子流动管质谱的基础上，Innsbruke 大学的 Lindinger 研究组结合化学电离思想和流动漂移管模型技术，首次提出了质子转移反应质谱法（proton transfer reaction-mass spectrometry，PTR-MS）。PTR-MS 自提出后，作为一种快速、无损、高灵敏度的质谱分析技术，迅速成为近年来分析行业颇具发展优势的检测方法。

质子转移反应是一种基于质子转移的化学电离源技术。通常采用 H_3O^+ 作试剂离子（除此之外，还可以选用 NH_4^+，$N_2H_5^+$ 等作试剂离子）。水蒸气经过电离源区域，经放电产生 H_3O^+，然后进入漂移管，在漂移管内与待测物在漂移扩散过程中发生碰撞，H_3O^+（即质子供体）将质子转移给待测物（即质子接受体），并使其离子化。反应如下式所示。

$$H_3O^+ + R \Longrightarrow H_2O + RH^+$$

式中，R 为待测物。

离子转移反应原理来源于分子离子反应，它用 H_3O^+ 等作为试剂离子，通过与有机分子 R 的质子转移反应生成准分子离子 RH^+，并采用质谱检测产物 MH^+ 的浓度定量确定有机物的绝对浓度。大气中的氧气、氮气、二氧化碳等主要成分由于其质子亲和势低于水，不与 H_3O^+ 发生质子转移反应，而不受空气组分的影响。

质子转移反应质谱通过反应离子 H_3O^+ 与被测物质 VOCs 之间的质子转移反应，将 VOCs 转化为（VOCs）H^+，从而实现 VOCs 的离子化和后续的质谱探测的方法。该方法适用于烷烃、芳香烃、醇、醛、酸、胺、氮氧化物、氟代物与氯代物的分析。

（4）场电离源

场电离（field ionization，FI）源是利用强电场诱发样品分子的电离。正负极间施加高达 10kV 的电压差，两极的电压梯度可达 $10^7 \sim 10^8 \, \text{V/cm}$。若具有较大偶极矩或高极化率的样品分子通过两极间时，受到极大的电压梯度的作用而发生电离。场电离源工作原理图如图 3-16 所示。

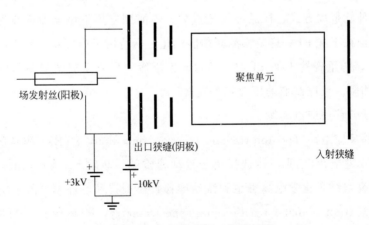

图 3-16 场电离源工作原理图

场电离源的特点是图谱简单，有较强的分子离子峰，碎片离子峰很弱，几乎没有，适用于分子量的测定和混合有机物中各组分的定量分析，场电离源的灵敏度比电子源高 1~3 个数量级。场电离源先将有机化合物分子汽化，再将汽化后的有机化合物分子引入电离区，故场电离源不适合难挥发、热不稳定的有机化合物。

（5）快原子轰击电离源

快原子轰击电离（fast atom bombandment，FAB）源是 20 世纪 80 年代发展起来新的电离技术，轰击样品分子的原子通常为氙或氩。氩气在电离室依靠放电产生氩离子，高能氩离子经电荷交换得到高能氩原子流，氩原子打在样品上产生样品离子。样品置于涂有底物（如甘油）的靶上。靶材为铜，原子氩打在样品上使其电离后进入真空，并在电场作用下进入分析器。其工作原理如图 3-17 所示。

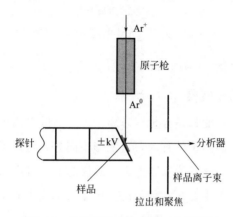

图 3-17　快原子轰击电离源工作原理图

FAB 源得到的质谱不仅有较强的准分子离子峰，而且有较丰富的结构信息。但是，它与 EI 源得到的质谱图很不相同。电离过程中不必加热汽化，因此适合于分析大分子量、难汽化、热稳定性差的样品，如肽类、低聚糖等。

（6）大气压光致电离源

大气压光致电离（atmospheric pressure photoelectric ionization，APPI）源是一种新型的软电离技术，采用标准的加热喷雾器，用紫外灯（氪灯）代替电晕放电针，是利用光化学作用将样品进行电离的离子化技术。当样品进入 APPI 源后，加热蒸发，分析物在 UV 光源辐射的光子作用下产生光离子化。加入合适的掺杂剂可提高离子化效率，根据掺杂剂的存在与否，发生直接或间接的光离子化。其原理图如图 3-18 所示。

① 当分析物的电离能抵御光子能量时，直接发生光离子化；

② 形成的分析物离子可与质子型溶剂作用，产生（M＋H）$^+$；

③ 在有掺杂剂存在时，光子先是相对大量的掺杂剂离子化，再通过质子转移或电荷交换等使分析物离子化。

APPI 多用于弱极性及非极性化合物的分析，如多环芳烃、类黄酮、甾族化合

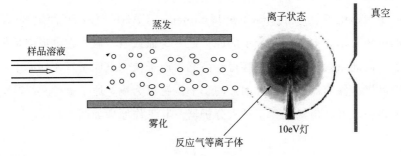

图 3-18　大气压光致电离源工作原理图

物等，也可用于液相色谱-质谱联用仪。

3.3.2.4　质量分析器

任何质谱仪的基本功能都是分析气态离子。样品的电离过程和蒸发都在离子源中进行。质量分析器控制离子的移动，是依据不同方式将离子源中生成的样品离子按质荷比（m/z）的大小分开的仪器，是质谱仪的重要组成部件，位于离子源和检测器之间。质量分析仪器主要包括扇形磁分析器（单聚焦质量分析器、双聚焦质量分析器）、四极杆质量分析器、离子阱质量分析器、傅里叶变换离子回旋共振分析器（FT-ICR）以及飞行时间分析器（TOF）等。

（1）扇形磁分析器

离子源生成的离子，通过扇形磁场和狭缝聚焦形成离子束。离子离开离子源后进入垂直于前进方向的磁场。不同质荷比的离子在磁场作用下，前进方向产生不同的偏移，从而使离子束发散。由于不同质荷比的离子在扇形磁场中有特有的运动曲率半径，通过改变磁场强度，检测依次通过狭缝出口的离子，从而实现离子的空间分离。

质量分析器内主要是一种电磁铁，自离子源发生的离子束在加速电场（800～8000V）作用下，使质量 m 的正离子获得 v 的速率，以直线方向运动，当具有一定动能的正离子进入垂直于离子速度方向的均匀磁场中时，在正离子磁场力的作用下，将改变运动半径，做四周运动。磁分析器质谱方程式表达如下。

$$\frac{m}{z} = \frac{H^2 R^2}{2u}$$

式中，m 为质量；z 为离子电荷数；H 为磁场强度；R 为磁场内运动半径；u 为电压。由此可见，离子在磁场内的运动半径 R 与 m/z、H、u 有关，只有在一定的 u 及 H 条件下，某些具有一定 m/z 的正离子才能以运动半径为 R 的轨道到达检测器。

（2）四极杆质量分析器

四极杆质量分析器因其四根平行的棒状电极组成而得名，离子束在与棒状电极平行的轴上聚焦，一个直流固定电压和一个射频电压作用在棒状电极上，两对电极之间的点位相反，对于给定的直流和射频电压，特定质荷比的离子在轴向稳定运动，其他质荷比的离子则与电极碰撞湮灭。四极杆质量分析器对选择离子分析具有较高的灵敏度。

（3）离子阱质量分析器

离子阱质量分析器由两个端盖电极荷和位于它们之间的环电极构成。端盖电极施加直流电压或接地，环电极施加射频电压，通过施加适当的电压就形成了一个势能阱。根据射频电压的大小，离子阱就可捕获某一质量范围的离子。同时离子阱可以储存离子，待离子累积到一定数量后，升高射频电压，离子就按质量从高到低的次序依次离开离子阱。

（4）飞行时间分析器

飞行时间分析器把具有相同动能、不同质量的离子，因其飞行速度不同而分离。如果固定离子飞行距离，则不同质量离子的飞行时间不同，质量小的离子飞行时间短而首先到达检测器。

（5）傅里叶变换离子回旋共振分析器

傅里叶变换离子回旋共振分析器在一定强度磁场中，离子做圆周运动，离子运动轨道受共振变换电场限制。当变换电场频率和回旋频率相同时，离子稳定加速，运动轨道半径越来越大，动能也越来越大。当电场消失时，沿轨道飞行的离子在电极上产生交变电流，对信号频率进行分析可得出离子质量，将时间与相应的频率谱利用计算机经过傅里叶变换形成质谱。

3.3.2.5　离子检测器

离子检测器的作用是把质量分析器分离之后的离子收集放大，变成电信号。质谱仪常用的检测器有法拉第杯（Faraday cup）、电子倍增器及闪烁计数器、照相底片等。MSD 常用的离子检测器是电子倍增器。

一定能量的离子轰击阴极导致电子发射，电子在电场的作用下，依次轰击下一级电极而被放大，电子倍增器的放大倍数一般在 $10^5 \sim 10^8$。电子倍增器中电子通过的时间很短，利用电子倍增器可以实现高灵敏、快速测定。但电子倍增器存在质量歧视效应，且随使用时间增加，增益会逐步减小。电子倍增器工作原理图如图 3-19 所示。

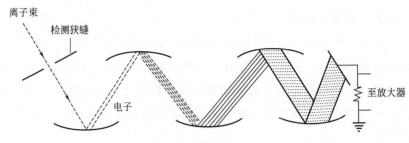

图 3-19　电子倍增器工作原理图

① 全扫描检测方式。它是在规定的质量范围内，连续改变射频电压，使不同质荷比的离子依次产生峰强信号。为了更清楚地表示不同离子的强度，通常用线的高低而不用质谱峰的面积来表示，故称质谱棒图，又叫峰强-质荷比图。全扫描质谱图包含了被测组分分子量、元素组成和分子结构的信息，是未知组分定性的依据。

② 选择离子检测方式。它是预先选定 1 种或 2～3 种特征离子进行扫描，得出这些质荷比的离子流强度随时间变化的图形——特征离子色谱图，又称质量碎片图。这种检测方式在进行痕量物质分析时，更显示出它的优点。首先灵敏度高，其检测限可达 $5 \times 10^{-14} g$，比全扫描检测方式提高 2～3 个数量级；其次是可对气相色谱不能分离（即平台峰）的组分进行定量测定，这是任何检测器无法比拟的。因为 MSD 依据的是按不同质荷比得以分离的，只要事先知道它们的特征离子质量，就可以用选择离子检测方式将它们分离从而进行测定。

3.3.2.6　离子流的记录

各种 m/z 的离子流，经检测器检测变成电信号，放大后由计算机采集和处理后，记录为质谱图或用示波器显示。

质谱图是以 m/z 为横坐标，以各 m/z 离子的相对强度（也称丰度）为纵坐标构成。一般把原始图上最强的离子峰定为基峰，并定其为相对强度 100%，其他离子峰以对基峰的相对百分值表示。因而，质谱图各离子峰为一些不同高度的直线条，每一条直线代表一个 m/z 离子的质谱峰。图 3-20 为丙酸的质谱图。质谱数据还可以采用列表的形式，称为质谱表，表中两项为 m/z 及相对强度。质谱表可以准确地给出 m/z 精确值及相对强度，有助于进一步分析。

3.3.3　四极杆质谱

四极杆质谱仪（quadrupole mass spectrometer）的名字来源于其四极杆质量分

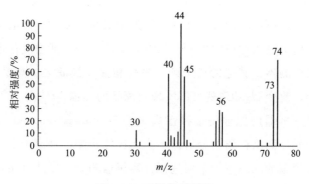

图 3-20　丙酸的质谱图

析器（quadrupole mass filter/analyze，QMF/QMA）。QMF 是一种无磁分析器，其代替了笨重的电磁铁，体积小，重量轻，操作方便，扫描速度快，分辨率较高，适用于色谱-质谱联用仪器。

四极杆质量分析器是四极杆质谱仪的核心，是由四根精密加工的电极杆以及分别施加于 x、y 方向的两组高压高频射频组成的电场分析器。四根电极可以是双曲面也可以是圆柱形的电极；高压高频信号提供了离子在分析器中运动的辅助能量，这一能量是选择性的，只有符合一定数学条件的离子才能够不被无限制地加速，从而安全地通过四极杆质量分析器。四极滤质分析器结构及截面图如图 3-21 所示。

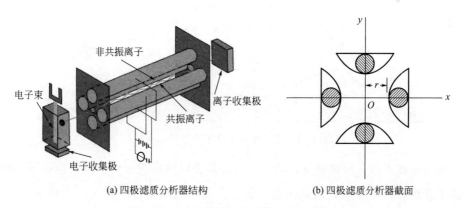

(a) 四极滤质分析器结构　　　　　　(b) 四极滤质分析器截面

图 3-21　四极滤质分析器结构及截面图

在四极杆中，四根电极杆分为两两一组，分别在其上施加射频（radio frequency，RF）反相交变电压。位于此电势场中的离子，被选择的部分稳定后可到达检测器（detector），或者进入之后的空间进行后续分析。其中一对电极加上直流电压 U_{dc}，另一对电极加上射频电压 $U_0\cos\omega t$（U_0 为射频电压的振幅，ω 为射频振荡频率，t 为时间），即加在两对极杆之间的总电压为 $(U_{dc}+U_0 cos\omega t)$。由于射频电压大于直流电压，所以在四极之间的空间处于射频调制的直流电压的两种力作用下的射频场中，离子进入此射频场时，只有合适的离子才能通过稳定的振荡，穿过电极间隙而进入检测器，其他的离子则与极杆相撞而被滤去。只要保持 U_{dc}/U_0 值及射频频率不变，改变 U_{dc}/U_0 就可以实现对离子的扫描。

四极杆质量分析器的原理是选择性离子稳定 (mass selected stability)，即只允许需要的离子通过四极杆质量分析器，一次仅能检测一种离子的强度。这种工作方式的优点是在静态的状态下即采用选择性离子监测分析模式 (selective ion monitoring，SIM) 和串联质谱 (MS^2) 时，可以连续积分离子的强度，大大提高四极杆的定量的稳定性；通过物质汽化后以分子状态进入质谱仪后，经过灯丝发射的电子轰击后，变成各种不同的碎片。有的只掉了一个 H，有的掉了一个基团，有的成为更小的碎片。然后这些碎片进入四极杆后，四极杆通过不同谐振电压的变换，质量和所带的电磁不同（质荷比）的碎片会随着四极杆谐振电压的方向变换而改变前进方向。质荷比太小或太大的带电碎片不做谐振运动，会撞到四极杆而不能被检测，而中间的碎片由于做谐振运动会按质荷比由小到大的顺序先后到达接收端，从而被分离检测出来。但是缺点是在扫描状态下一次只能接受一种离子通过，其他的离子全部不能通过四极杆，造成了一定的浪费。四极杆质谱仪的工作流程如图 3-22 所示。

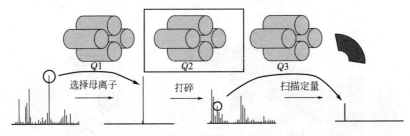

图 3-22　四极杆质谱仪工作流程示意图

四极杆成本低，价格便宜，虽然目前日常分析的质荷比的范围只能达到 3000，但由于分析器内部可容许较高压力，很适合在大气压条件下产生离子的 ESI 离子化方式，四极杆广泛地与 ESI 联用。四极杆的定性能力有限，但是由于四极杆成熟得比离子阱早，有标准的谱图库 (NIST、Weily 等)，所以应用方法比较齐全。标准的 GC-MS 大多数都是四极杆质谱，配合气相色谱的预分离、四极杆采样、软件搜库并定量，这一流程早在 20 世纪 80 年代就已经定型。四极杆质谱不能进行串级质谱，所以对样品的定性能力有限；而价格高得多的三重四极杆具备串级功能，定性能力强得多。四极杆的定量能力是各种质谱中最好的（与磁质谱相当），特别是具备单离子检测（SIM）功能。SIM能够连续过滤单一离子，通过长时间积分达到高灵敏度、高动态范围的能力；四极杆质谱的动态范围可达6~9个数量级，稳定度可达0.05%~5%。

3.3.4　飞行时间质谱

飞行时间质谱（time of flight mass spectrometry，TOF-MS）的质量分析是根据离子在通道的飞行时间来识别的。其核心是飞行时间分析器，飞行时间分析器是指在离子源中产生的离子被加速获得相等的动能，以脉冲方式进入无场飞行区漂移，不同质量的离子，其速率不同，质荷比较小的离子飞行时间短，质荷比较大的离子飞行时间长，行经同一距离之后到达收集器的时间不同，从而使不同质荷比的离子达到分离。

飞行时间分析器结构图如图3-23所示。

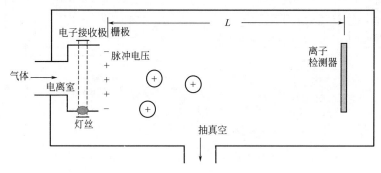

图3-23　飞行时间分析器结构图

飞行时间质量分析器既不用电场也不用磁场，其核心是一个离子漂移管。离子源中的离子流被引入漂移管，离子在加速电压U的作用下得到动能，然后离子进入长度为L的自由空间，即漂移区。假定离子在漂移区移动的时间为t，可以看出，离子在漂移管中飞行的时间与离子质荷比的平方根成正比，对于能量相同的离子，质荷比越大，到达检测器所需的时间越长，根据这一原则，可以把不同质荷比的离子因其飞行速度不同而分离，依次按顺序到达检测器。漂移管的长度L越长，分辨率越高。各离子的飞行时间差与质荷比m/z的平方差相关。第一步开动电离室的电子枪，大约$10^{-9}\,s$，样品电离，形成离子束；第二步施加加速电压，大约$10^{-4}\,s$，离子被加速后进入飞行管；第三步关闭所有电源，大约毫秒级，使离子流在飞行管中无阻地"慢速飞行"，飞出管进行检测；完成了一个循环程序后，又一次开动电子枪重新产生离子束。

飞行时间质谱工作流程如下：气体样本首先通过微孔取样，然后到达离子源，有脉冲电场送入飞行时间模块。然后使用垂直于送入方向的脉冲电场对离子进行加速。这样做的主要目的是确定所有离子在水平方向没有初速度。在 U 形飞行之后，达到传感器。飞行时间质谱仪结构示意图如图 3-24 所示。

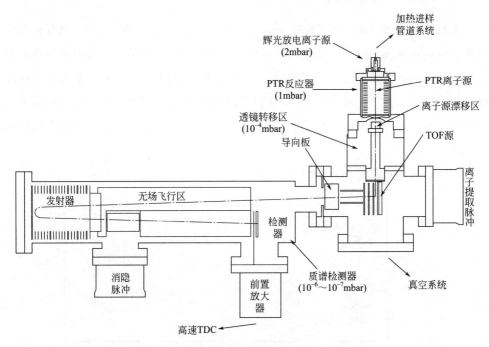

图 3-24　飞行时间质谱仪结构示意图（1mbar＝0.01MPa）

飞行时间质谱是利用动能相同而质荷比不同的离子在恒定电场中运动，经过恒定距离所需时间不同的原理对物质成分或结构进行测定的一种分析方法。近年来，质子转移反应电离（proton transfer reaction，PTR）和单光子紫外光电离（single photon ultraviolet photon ionization，SPI）等软电离技术的快速发展促进了 TOF-MS 在 VOCs 在线监测方面的应用。快速和质量范围宽的特点使得 TOF-MS 在痕量 VOCs 在线监测方面的应用越来越广泛。

飞行时间质量分析器优点是工作效率高，可测定的质量范围宽，灵敏度高，可做全自动定性鉴定。其优势在于：①从原理可知，飞行时间质谱检测离子的质荷比是没有上限的，这就特别适合于大分子的测定；②飞行时间质谱仪要求离子尽可能"同时"开始飞行，适合于与脉冲产生离子的电离过程相搭配，分析适用于脉冲离子化方式（如 MALDI）的目标物；③扫描速度快，适于研究极快的过程，多用于实时在线的 VOCs 监测仪器中；④结构简单，便于维护。其缺点是需要脉冲电离方法或离子脉冲方法进入飞行区。

3.3.5　离子阱质谱

离子阱（ion trap）由一对环形电极（ring electrod）和两个呈双曲面形的端盖电极（end cap electrode）组成。在环形电极上加射频电压或再加直流电压，上下两个端盖电极接地。逐渐增大射频电压的最高值，离子进入不稳定区，由端盖极上的小孔排出。因此，当射频电压的最高值逐渐增高时，质荷比从小到大的离子逐次排除并被记录而获得质谱图。离子阱质谱可以很方便地进行多级质谱分析，对于物质结构的鉴定非常有用。

离子阱质谱是常用的质谱之一，离子阱是该仪器的核心部分，既可以作为质量分析器，又可以作为碰撞室。传统的离子阱（三维离子阱，或称 3D 阱）中离子聚集在捕集室中心运动，可以通过扫描把不同质荷比的离子抛射到检测器，也可以选择只有一种离子留在捕集阱中，再经低压碰撞产生子离子，实现串联分析。离子阱可以储存所有从离子源进入阱中的离子，因此灵敏度极高。但同时，随着阱内离子数目的增加，空间电荷效应以及其他电场效应会影响分辨率、测量的线性动态范围以及被测离子频率的偏移等。虽然可以通过自动增益控制（AGC）设置来控制进入离子阱的离子数量，但只是部分解决这种问题。目前大部分离子阱仪器只是一种低分辨率的质谱仪，与气相色谱相连的离子阱质谱可用于常规的有机物分析，离子阱质谱的定量能力有限，由于离子阱一次只能容纳一批离子，所以不能进行长时间的积分。离子阱的动态范围仅有 4～5 个数量级，稳定度在 5%～50%。

离子阱质量分析器的结构如图 3-25 所示。离子阱质量分析器是由两个端盖电极和位于它们之间的类似四极杆的环电极构成。端盖电极施加直流电压或接地，环

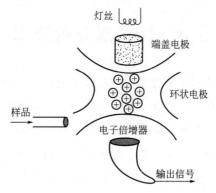

图 3-25　离子阱质量分析器的结构示意图

电极施加射频电压,通过施加适当电压就可以形成一个离子阱。根据射频电压的大小,离子阱就可捕捉某一质量范围的离子。离子阱可以储存离子,待离子累积到一定数目后,升高环电极上的射频电压,离子按质量从高到低的次序依次离开离子阱,被电子倍增监测器检测。目前离子阱质量分析器已发展到可以分析质荷比高达数千的离子。离子阱在全扫描模式下仍然具有较高灵敏度,而且单个离子阱通过期间序列的设定就可以实现多级质谱的功能。

离子阱质量分析器是选择性离子不稳定(mass selected instability),即在储存了离子后,逐个将离子激发出离子阱分析器,理论上离子阱内的所有离子都能被检测(实际效率在 $10\% \sim 50\%$)。由于必须先将离子储存在离子阱中,所以离子阱没有静态的工作模式,只能按照时序进行多遍地扫描。其优点是花样多,可以做串级、选择性离子储存、阱内反应等;缺点是定量的误差比较大,一次性能在离子阱中储存的离子总数有限。

离子阱的定性能力要比四极杆强。其优点在于:①单一的离子阱可实现多级串联质谱 MS^n;②结构简单,性价比高;③灵敏度高,较四极杆质谱高 $10 \sim 1000$ 倍;④质量范围大(商品仪器已达 6000)。由于离子阱质谱采用了时序工作的方式,可以在阱内空间实现多种反应,最重要的当然是碰撞碎裂(collision induced dissociation,CID)即串级质谱。由于拥有串级质谱操作的能力,离子阱质谱可以通过母离子、子离子的关系,得出母离子的结构信息,确定母离子的性质。而且通过多级串级,可以更进一步了解母离子、子离子以及子离子的子离子(MS^n)的结构信息,佐证对离子种类的判断。商业离子阱 GC-MS 在 20 世纪 80 年代末期和 90 年代初才发展起来,往往离子阱的谱图比四极杆的匹配度低一些(现在离子阱往往采用分段扫描的技术,把一张谱图分为 $4 \sim 6$ 段扫描,这样离子强度信号才能匹配的比较好)。

3.4 传感器分析技术

气体传感器是指将被测气体的浓度信息转换成电信号的装置或器件,通过检测电信号的强弱反映出被测气体浓度的大小,从而实现对被测气体的检测、监控和报警。随着传感技术领域的不断发展进步,各种不同类型的气体传感器相继出现。根据气体传感器的工作原理、制备工艺、气敏材料、被测气体和应用领域等可以将其划分为许多种类。气体传感器的气敏响应机理基本上是气敏元件通过物理或者化学作用吸附待测气体并引起其在电学、光学或磁学等性质的变化。常见 VOCs 气体传感器根据其工作原理主要分为三大类：电学类气体传感器（如电阻、电流、阻抗、电位等）、光学类传感器（如光谱吸收法、突光法、可视化法等）以及质量型气体传感器（如石英晶体微天平和表面声波气体传感器）等。按照气敏材料可以分为半导体金属氧化物材料、有机聚合物材料、无机-有机复合材料等。近年来，气体传感器的发展趋势是微型化、智能化和多功能化。传感技术的缺点是稳定性较差，受环境影响较大，而且每一种传感器的选择性都不是唯一的，输出参数也不能确定，不太适用于准确度要求较高的场所。但随着研究的不断深入，新技术不断地引入，新传感元件不断地被研制出来，已经有不少品种的传感器可以达到工业检测的要求，是一个非常有前途的发展方向，存在极大的发展潜力，越来越多的此类传感器将达到工业检测的标准，并获得更多的工业检测的份额。

① 电化学传感器是利用气体可以被电化学氧化或者还原的原理研制的，这类传感器可细分为原电池型电化学传感器、恒电位电解池型电化学传感器、浓度差电池型电化学传感器、极限电流型电化学传感器。它是目前有毒有害气体检测的主流传感器。

② 气敏传感器的关键部分是敏感材料，不同的敏感材料可以构成不同类型的气敏传感器。利用半导体材料、金属氧化物、金属陶瓷材料等与气体接触时发生的特性变化测量气体的浓度，是一个门类繁多的检测传感器，但大多数产品用于民用气体的检测，稳定性、灵敏度还达不到工业检测的需求。这类传感器的普遍优点是成本低廉、体积小巧，对使用环境预处理要求低，制造过程工艺相对比较简单，易于流水化生产。利用半导体金属氧化物的电导率随着环境气体成分发生变化而研发出的传感器，对于甲烷、乙醇的检测已经达到了工业检测的标准及要求，并被大量地应用于工业检测；采用催化燃烧方式制作的陶瓷氧化物传感器近年来也得到了快速的发展。

③ 红外气体传感器源于 NDIR 红外气体分析技术，随着微机电系统技术的发展，引入镍锘丝加电机机械调制红外光源；薄膜电容微音器等新技术后，NDIR 红外气体分析仪小型化为拇指大小的传感器。NDIR 红外气体分析方法一直是气体分析检测的主流方法，可靠性很高，选择性很好，精度也高，没有毒，受到环境的干扰较小，寿命比较长。红外气体传感器继承这些优点，同时还具备了免维护的优点。

④ 质量敏感型微传感器是近些年发展起来的一种新型检测技术，其工作原理为：通过在传感器件表面固定敏感材料，当检测过程中有待测物分子被特异性吸附到这些敏感材料上时，会引起传感器件的频率变化，而这个频率变化在传感器量程

内一般是正比于待测物浓度的，因此事先标定过的传感器就可以通过频率变化得到环境中目标待测物的浓度。这类传感器在气体检测上已经获得了诸多应用，并展现了极高的分辨率和快速响应的能力，尤其适合便携式现场痕量物质的检测。

⑤ 高分子薄膜传感器和氧化物半导体式气体传感器。高分子薄膜传感器是基于高分子薄膜溶胀的干涉放大反射的方法。氧化物半导体式气体传感器的原理为添加了贵金属的金属氧化物用于气敏材料，加热到一定温度后，便可与 VOCs 气体发生反应，电阻值会急剧下降。

3.5　化学法分析技术

化学分析法又称经典分析法，该方法是以化学实验为基础，通过化学实验将相关的被测物进行化学处理，观察反应之后的产物，计算结果，根据化学反应式，反推被测的物质的含量及浓度。这种方法的优点是便利性好，速度快，准确程度高。

该方法主要用于检测 VOCs 中甲醛、二硫化碳等物质。例如采用乙酰丙酮分光光度法对 VOCs 进行检测，具有稳定性高，准确性好等特点。与色谱分析法相比，化学分析法的检测周期相对较长，需要调配各种不同的溶液，且操作的重复性较高。比如，利用乙酰丙酮溶液检测甲酸时，用水将甲酸全部吸收以后，再放入 pH 值等于 6 的乙酸铵-乙酸的稀释液中，高温加热使溶液沸腾，待其与乙酰丙酮相互作用后会快速生成黄色的化合物，而后在波长为 413nm 处对其吸光度进行检测，最后根据比较绘出校正曲线即可。

化学分析法更适宜在实验室进行，因为此过程中不仅需要调配乙酰丙酮溶液，还需要调配甲酸标准储备溶液。通常情况下，将其作为评价其他分析法的一个标准，可以判断其他分析方法检测的误差是否在允许的范围内，验证其他分析法的可行性。

第4章　VOCs离线监测技术

　　VOCs 的离线监测技术是指利用采样管、气袋或不锈钢罐等采样装置手动收集样品后带回实验室进行分析的技术，包括样品采集、样品预处理和样品分析三个步骤。离线监测技术采样方便快捷，可多点同时采样，定性与定量准确，分析测试灵敏度较高。为了使监测结果具有一定的准确性，并能使不同时期、不同地点、不同人员测定得到的数据具有代表性、完整性和可比性，就必须对大气环境监测工作分析技术等每个可能影响监测结果的环节进行有效的质量保证，因此离线监测技术中采样、预处理技术也是重要的保证环节。

　　本章对 VOCs 采样技术和预处理技术进行梳理，并介绍了典型常用的 VOCs 离线监测技术，包括活性炭吸附/二硫化碳解吸-气相色谱离线监测苯系物、固体吸附/热脱附-气相色谱（FID）离线监测技术、固相吸附-热脱附/气相色谱-质谱离线监测技术、罐采样/气相色谱-质谱离线监测技术、吸附管采样-甲醇洗脱-高效液相色谱离线监测技术和 DNPH 衍生化-高效液相色谱离线监测技术，这些方法是基于我国环境保护部推荐的环境空气和固定污染源废气中挥发性有机物的监测方法以及美国环保局推荐的分析环境空气中挥发性有机物的监测方法。

4.1　VOCs 采样技术

　　VOCs 样品通常分为环境空气样品和固定源废气样品，好的样品能够还原一个真实的气体组成，采集 VOCs 样品是测定分析 VOCs 的第一步，因此采样技术在 VOCs 监测中占据非常重要的位置。不同的 VOCs 气体样品有着不同的特征，例如环境空气样品中目标化合物的浓度往往很低，可以利用吸附剂采样或低温捕集采样等方式，采集和富集同时进行，保证采样质量；固定源废气样品往往复杂，由气体、液体、固体颗粒组成，样品组成受到气象条件、扩散特征以及成分反应性质的影响，监测的干扰因素较多，因此合适、可靠的采样技术，是保证VOCs监测结果客观性和准确性的关键步骤。VOCs的采样通常可以分为全气体采样、吸附剂采样、低温捕集采样和衍生化采样等。代表性采样技术的优缺点见表4-1。

表4-1 代表性采样技术的优缺点

分 类	优 点	缺 点
全气体采样	无穿透损失地采集实际样品,不存在吸附材料的降解失效问题,采样过程不受湿度变化的影响,可进行多次分析	罐采样只适合低浓度样品,需要复杂的清洗过程;采样流量会随压强与大气压强差的降低而减小;活性物种存在化学损耗;分析过程中样品转移过程可能引入污染
吸附剂采样	采样过程简单,同时可以采集更大量的环境空气样品,易操作,价格低廉	目标化合物种类受限,使用吸附剂采样,低挥发性以及易被吸附的化合物难以解吸,易残存在吸附剂上影响后续采样,而易挥发物则可能存在穿透问题
低温捕集采样	取样量少、富集效率高、受干扰小、容易实现在线监测	需要考虑水蒸气、二氧化碳的干扰,水蒸气和二氧化碳也会汽化,增大了气体总体积,从而降低浓缩效果,甚至干扰测定
衍生化采样	适用于活性气体、低挥发性的有机气体、化学性质不稳定的化合物	需要大体积采样,准备、存储及运输过程中吸收剂容易污染

除了上述采样技术的分类外，还可以按照采样动力方式分类，分为直接采样、有动力采样和被动式采样。直接采样通常采用注射器、塑料袋等直接采集被测样品，通常用于污染物浓度较高的污染源；有动力采样是用泵将样品带到采样罐或通过吸收液、吸附剂、冷阱捕集等来采集目标化合物；被动式采样是基于气体分子扩散和渗透原理的一种采样方法，此方法一般需要较长一段时间，由于环境空气中VOCs浓度低及分析灵敏度的限制，被动采样法适合室内空气污染和个体接触量的评价监测。

4.1.1 全气体采样

近年来，使用容器直接采集固定体积的全气体的采样方法被成功应用于环境大气中VOCs的监测，通常使用注射器、不锈钢采样罐或塑料气袋进行全环境空气采样。该方法的优势在于能够无穿透损失地采集实际气体样品，不存在吸附材料的降解失效问题；采样过程不受湿度变化的影响；采集的样品可以进行多次分析。采样袋价格便宜，简单适用，能无穿透损失地采集实际样品。但是在进行全气体的采样时，一些活性物质存在化学损耗，分析过程中的样品转移过程可能引入污染是该方法的主要缺点。

4.1.1.1 注射器采样

国内目前在挥发性有机物气体有组织排放监测方面所使用的采样方法是《固定源废气监测技术规范》（HJ/T 397—2007）和《固定污染源排气中颗粒物测定与气态污染物采样方法》（GB/T 16157—1996）中真空瓶和注射针筒采样方法。实际上，注射器法是最简单的采样方法。现场检测工作中常常选用 100mL 的玻璃注射器，采样时先用现场空气或废气抽洗 3～5 次，然后抽取 100mL 样品，迅速用橡皮帽密封进样口，将注射器进样口向下，垂直放置，使注射器内压力略大于大气压。本方法对注射器气密性要求较高，样品采集后存放时间不宜过长，一般需要及时送回实验室，当天完成分析。

4.1.1.2 气袋采样

气体采样袋广泛应用于石油化工、环保监测、科学实验等领域气体样品采集和保存。采样袋法采样是将气体样品经过泵吸入采样袋从而带入实验室进行分析的一种采样方法。氟塑料气袋采样在国外是一项成熟并得到广泛应用的挥发性有机物有组织排放采样技术。我国 HJ 732—2014 标准规定了使用聚氟乙烯（PVF）等氟聚合物薄膜气袋手工采集温度低于 150℃ 的固定污染源废气中挥发性有机物的方法。美国环保局推荐的大气采样标准方法中 TO-10A 方法就是采用聚氨酯类采样袋采集大气中的多环芳烃。采样袋极易受到污染，有记忆效应，适用于严重污染的气体检测。

（1）VOCs 气体采样袋分类

目前，国内外常见的 VOCs 气体采样袋共有 5 大类：Devex（得维克）气体采样袋，Tedlar（泰德拉）气体采样袋，Kynar 气体采样袋，FEP（特氟龙）气体采样袋和 Fluode（氟莱得）气体采样袋。其中 Devex（得维克）气体采样袋是铝箔膜气袋，其余四类都是氟聚合物薄膜气袋。通常环境监测挥发性有机物的采样应优先选用氟聚合物薄膜气袋，不同氟膜采样袋的性能不同，适用性也不同。常用的氟聚合物薄膜采样袋的性能比较见表 4-2。

表 4-2　氟聚合物薄膜采样袋的性能比较

性　能	Tedlar	Kynar	Fluode	FEP	Fluodar
耐热温度/℃	150～170	150～170	150～170	200～260	170
水蒸气透过率/[g/(m² · 24h)]	12.72	—	10.9	1.33	1.6

性　　能	Tedlar	Kynar	Fluode	FEP	Fluodar
氧气透过率 /[cm³·cm/(m²·24h·0.1Pa)]	114	—	126	2420	57.7
耐腐蚀性	☆☆	☆☆☆	☆☆☆	☆☆☆☆☆	☆☆☆☆
耐吸附性	☆☆☆	☆☆☆	☆☆☆	☆☆☆☆☆	☆☆☆☆☆
VOCs 残留	☆☆☆	☆	☆☆	☆☆☆	☆☆☆
机械强度	☆☆☆☆	☆☆☆	☆☆☆☆☆	☆☆	☆☆☆☆
适用性参考	VOCs 和NMHC、室内及汽车内空气、服装残留气体、汽车尾气、土壤气等监测	汽车尾气、石油裂解气、天然气、煤层气、反应排放气、硫化物等	VOCs 和NMHC、室内空气、土壤气等监测,汽车尾气、石油裂解气、天然气、煤层气、反应排放气、硫化物、无机气体等	硫化物、氮氧化物、卤素类气体、强酸强碱气体、低背景 10^{-9} 级检测等	VOCs 和NMHC、室内空气、土壤气等监测,汽车尾气、石油裂解气、天然气、煤层气、反应排放气、硫化物、无机气体等

① Devex（得维克）气体采样袋　Devex 采样袋采用多层膜结构，由聚氨酯（PET）膜、尼龙（PA）膜、铝（Al）箔、聚乙烯（PE）膜等薄膜胶合制成，外层为聚氨酯膜，内层为聚乙烯膜，内层使用环保型黏合剂胶合，共 9 层，厚度一般为 $120\sim140\mu m$。Devex 多层膜具有机械强度更高、渗透率更低、阻气性更高的特点，同时具有化学性质稳定、耐化学品性和耐腐蚀性强等特点。内层膜不会析出挥发性有机物，能避免袋内气体样品被污染。对于硫化物、氮氧化物和卤素气体，低含量如 10^{-9} 级，不建议使用。

② Tedlar（泰德拉）气体采样袋　泰德拉采样袋的薄膜为聚氟乙烯（PVF）膜。PVF 膜具有优异的耐化学品性，耐腐蚀性，极低吸附性，极低气体渗透率。Tedlar 气体采样袋可用于高精度 10^{-6} 级和 10^{-9} 级分析采样，可采集保存各种强腐蚀性、高化学活性的气态、液态样品。耐热温度为 $150\sim170℃$。

③ Kynar 气体采样袋　气体采样袋的薄膜为聚偏氟乙烯（PVDF）膜。PVDF 膜具有优异的耐化学品性，耐腐蚀性，极低吸附性，极低气体渗透率。PVDF 气体采样袋可用于高精度 10^{-6} 级和 10^{-9} 级样品的采样，可采集保存各种强腐蚀性、高化学活性的气态、液态样品。PVDF 的原子聚合形态与 PVF 的原子聚合形态接近，但 PVDF 的氟原子含量大于 PVF，所以 PVDF 的化学性能要强于 PVF，PVDF 的力学性能和 PVF 的力学性能相近。耐热温度为 $150\sim170℃$。PVDF 的弹性模量和

硬度大于 PVF，表现在薄膜抗冲击性能上 PVDF 膜比 PVF 膜硬脆，容易受折断裂。

④ FEP（特氟龙）气体采样袋　FEP 气体采样袋的薄膜为聚全氟乙丙烯膜，FEP 主要用于电子半导体、太阳能电池、光纤和化工防腐，是氟聚合物中价格昂贵的产品。FEP 的弹性模量及拉伸强度比 PVF 和 PVDF 低，断裂伸长率比 PVF 和 PVDF 大，所以 FEP 膜柔软，拉伸残余变形大。耐热温度为 200～260℃。FEP 的耐化学品性和耐腐蚀性在氟聚合物中最好，FEP 膜吸附性、气体渗透率更低，FEP 气体采样袋更适用于高精度 10^{-6} 级和 10^{-9} 级分析采样，能保证分析精确度和稳定性。可采集保存各种强腐蚀性、高化学活性的气态、液态样品。

⑤ Fluode（氟莱得）气体采样袋　Fluode 气体采样袋是 Tedlar 气体采样袋的升级产品，Fluode 采用一种具有优异的化学性能和力学性能的氟聚合物。Fluode 的原子聚合形态与 Tedlar PVF 的原子聚合形态接近，弹性模量和硬度也接近 PVF，但断裂伸长率增加，表现在薄膜的抗冲击性能上 Fluode 膜更加坚韧，不易受折断裂。Fluode 中 F 原子含量大于 PVDF 和 PVF，化学性能有明显提高，具有更强的耐化学品性、耐腐蚀性和极低吸附性、极低气体渗透率。Fluode 气体采样袋可用于高精度 10^{-6} 级和 10^{-9} 级样品的采样，可采集保存各种强腐蚀性、高化学活性的气态、液态样品。Fluode 氟聚合物的耐热温度为 150～170℃，并且价格低于 Tedlar 和 FEP。

塑料气袋应选择与样品气中污染组分既不发生化学反应，也不吸附、不渗透污染组分的采气袋。但是无论是哪种材质的采样袋采样时，在使用前后需要反复用氮气吹洗，以减少污染。采样时，先打进现场气体冲洗 2～3 次，再充满样气。

（2）气袋采样的方法

气袋采样方法是国内外成熟、应用最广泛的排气筒挥发性有机物采样技术。对于环境空气样品，采样可直接连接采样泵进行；我国 HJ 732—2014 标准规定了使用聚氟乙烯（PVF）等氟聚合物薄膜气袋手工采集温度低于 150℃的固定污染源废气中挥发性有机物的方法。固定污染源废气中需使用真空箱、抽气泵等设备将固定污染源排气筒排放的废气直接采集并保存到化学惰性优良的氟聚合物薄膜气袋中。该方法适用于固定污染源废气中非甲烷总烃和烯烃、苯系物、卤代烃等部分 VOCs 的采样，系统如图 4-1 所示。

具体采样方法如下：

① 采样气袋的容积至少 1L，根据分析方法所需的最少样品体积来选择采样气袋的容积规格。采样前应观察气袋外观，检查是否有破裂损坏等可能漏气的情况，

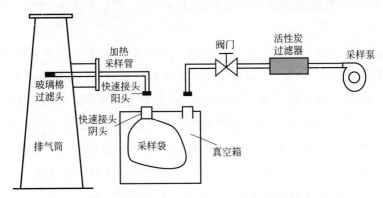

图 4-1 固定污染源废气中挥发性有机物袋法采样系统示意图

如发现则弃用。

② 系统连接好后，应对采样系统进行气密性检查。取下玻璃棉过滤头，堵住采样管前端，用一个三通将真空压力表安装于调节阀门前的管路上，再通过快速接头（或其他方式）跳开真空箱直接连接到 Teflon 连接管；开启抽气泵抽气，使真空压力表读数达到 13kPa，关闭调节阀；如真空压力表在 1min 内下降不超过 0.15kPa，则视为系统不漏气。如发现漏气应进行分段检查，找出漏点，及时解决。

③ 采样前将气袋直接连到抽气泵，将气袋中的气体抽去后装入真空箱，并关闭密封真空箱。

④ 将调节阀门前的管道通过快速接头（或其他方式）直接连接到 Teflon 连接管，跳开真空箱连接，然后开启抽气泵持续抽气一段时间，将采样管内的气体置换成排气管道内的气体，然后断开连接。

⑤ 迅速将 Teflon 采样管连接到真空箱接入气袋的接口，将调节阀门前的管路连接到真空箱的另一接口，开始采样。观察真空箱内的气袋，当气袋内采样体积达到气袋最大容积的 80％左右时采样结束，关闭抽气泵。将 Teflon 连接管从真空箱接口上断开。

⑥ 将抽气泵直接接上真空箱连接采样袋的接口端，打开抽气泵将气袋中的样品气体排净。

⑦ 重复以上⑤和⑥步骤 3 次，使样品气体老化气袋内表面，降低气袋内表面吸附导致的样品损失干扰。

⑧ 进行步骤⑤，当气袋内采样体积达到气袋最大容积的 80％左右时，采样结束，关闭抽气泵及气袋上的阀门，取下气袋，贴上注明样品编号的标签。

采样结束后气袋样品立即放入避光保温的容器内保存，并及时进行分析，一般在采样后 8h 以内进样分析。

（3）样品储存及质量保证和质量控制

① 样品采集应优先使用新气袋。

② 如需重复使用采样气袋，必须在采样前进行空白实验。在已经使用过的气袋中注入除烃零空气后密封，室温下放置一段时间，放置时间不少于实际监测时样品保存时间，然后使用与样品分析相同的操作步骤测定目标 VOCs 浓度，如果浓度均低于方法检出限，可继续使用该气袋，抽空袋内气体后保存；否则必须弃用。

③ 采样管进气口位置应尽量靠近排放管道中心位置，采样管长度应尽可能短。

4.1.1.3　罐采样

（1）罐采样系统概述

罐采样是指通过罐内负压自动采集气体样品的方法，根据不同监测对象，选用不同体积采样罐，一般采样罐最大承受压力为 276kPa。目前 US EPA 标准方法 TO-14A、TO-15 和我国 HJ 759—2015 均采用不锈钢罐采集大气中 VOCs。市面上常用的采样罐，通常叫苏玛（Summa）罐，一般有两种：硅烷化采样罐（silco can）和电抛光处理采样罐（TO can）。硅烷化采样罐是经过表面惰性化处理，内表面化学蒸发镀膜键合了硅烷层。电抛光处理采样罐是通过电解法抛光内表面，惰性化处理可以减少容器内壁表面活性区，保证罐中样品的稳定性和回收率。气体样品采集后，可以在 Summa 罐中稳定保存数月。

罐采样能够进行气体的全组分采样，既可进行瞬时采样，也可进行时间累积采样；既可依靠罐内负压自动采集气体样品进行被动采样，也可连接采样泵进行主动采样。罐采样法适用于相对惰性的 NMHC、卤代烃以及部分低活性 OVOCs［光化学评估监测站（PAMS）标气以及 TO-15 标气］的采样，可以用于含 117 种有机物的气体采样。苏玛罐一般用于低浓度气体的采集，因为不易清洗引起本底较高，易给下次测量造成误差。采样罐采样系统如图 4-2 所示。

采样罐使用包括采样罐的清洗、准备、校准和储存几个方面。虽然罐采样法可以同时采集多种所需样品，使用快速方便，但是该方法成本高，限制了该方法的推广应用。

（2）采样罐的清洗

目前苏玛罐清罐仪已有成熟的商品化型号，其原理是通过"抽真空＋高纯氮清洗"反复操作去除罐内组分，最后以真空状态备用。清罐仪构成包括隔膜泵、分子涡轮泵、加湿装置、加热装置、压力测定装置、气路及操作软件等。清罐仪一般配

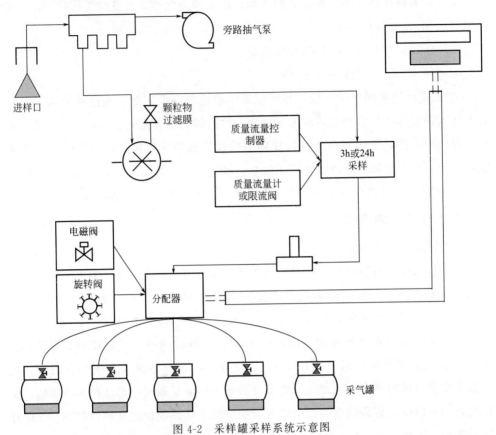

图 4-2　采样罐采样系统示意图

备双级泵，采用无油隔膜泵作为前级泵，采用分子涡轮泵提供高真空。

　　清洗过程首先将不锈钢罐抽成真空，然后充入清洗气（高纯氮气，99.999%）逐渐加压至 207kPa，重复抽真空和加压的步骤 3 次，最后抽真空时保证罐内压力低于 10Pa，备用。清洗过程中可以对采样罐进行加湿（使用加湿气体作为清洗气），降低罐体的活性吸附，从而减少污染物在罐内壁的残留，增加样品的存储时间。必要时，可对采样罐进行 50～80℃ 的加温清洗。一般仪器默认方法适用于采集低浓度环境空气样品的采样罐。对于采集高浓度环境污染物或直接采集污染源样品的采样罐，需要手动建立新的清洗方法，保存后调用并完成清洗。

　　对于低浓度环境空气样品，清洗过程要至少保持 3～4 个循环。一般情况下，低浓度环境空气样品的采样罐和高浓度环境污染物的采样罐不宜混用，应当分开。如果条件不允许，使用采集过高浓度环境污染物的采样罐来采集环境空气样品时，要加大清洗力度，分两次清洗，第一次 5～10 次循环清洗后，保持真空条件 1 周，然后再进行 5～10 次循环的清洗。

（3）采样罐的要求

在采样罐准备过程中，要完成罐清洁度和真空度检验，每清洗 20 只采样罐应至少取一只罐注入高纯氮气验证分析，确定清洗过程是否清洁。具体方法是将空白采样罐充入清洁气体，根据样品的分析流程进行测试，确保合格的采样罐中各目标化合物检出浓度低于 10^{-7} 体积分数。每个被测高浓度样品的真空罐在清洗后，在下一次使用前均应进行本底污染的分析。

定期对已清洗过的罐进行真空度校验，防止罐阀门或接口处泄漏。具体方法是将罐抽真空至 10Pa，关闭阀门 24h 后检验，罐内真空度与原真空度差值不应高于 2.6Pa。

（4）样品的采集

样品采集可采用瞬时采样和恒定流量采样两种方式，采样需加装过滤器，以去除空气中的颗粒物。

① 采样前，应抽样检查采样罐真空度，以确保采样罐在存储和运输的过程中没有泄漏。每一批样品，一般选择 1～2 个采样罐察看并记录初始真空度。

② 采样时，取下进样口防尘螺母，由于环境空气中的颗粒物会影响 VOCs 的测定，通常在采样罐入口处连接 $2\mu m$ 孔径的硅烷化不锈钢过滤头或特氟龙过滤膜。

③ 缓慢打开采样阀，空气样品在压力差作用下进行采样。

④ 采样结束后，拧紧采样阀，并做好标签记录。

（5）样品储存及质量保证和质量控制

样品采集后应常温储存，避热避光，建议 1～2 周内完成分析，20d 内分析完毕。苏玛罐更适用于低浓度的环境空气样品，尽量不用于污染源中高浓度样品的采集。如需用苏玛罐采集两者的样品，尽量采用不同的罐采集环境空气样品和污染源样品。如交叉使用，要进行多次清洗，多循环清洗。每一批清洗过的采样罐要随机选择 1～2 个进行清洗空白检验，样品标识记录要清晰，有助于分析和定位异常样品。

4.1.2　吸附剂采样

吸附剂采样法以固体吸附剂为吸附介质，对于不同种类的 VOCs 应根据其物理和化学性质，选择合适的吸附剂。一般吸附剂采样将合适的一种或多种吸附剂填装至吸附管或吸附阱中，连接采样泵进行主动采样或者放置在环境大气中进行被动采样，吸附剂采样要配合热解吸仪共同使用。吸附剂选择的原则为：具有较大的比表面积、具有较大的安全采样体积、较好的疏水性能、容易脱附、目标物在吸附剂上不发生化学反应。一般来说，吸附能力越强，采样效率越高，但同时也会给解吸带来困难。因此，在选择吸附剂时，既要考虑吸附效率又要考虑易于解吸。

4.1.2.1　吸附剂的种类及特点

在实际采样中，使用吸附剂采样的情况比较多，用于环境空气中 VOCs 的采样的吸附剂可分为无机吸附剂及有机多孔聚合物吸附剂两大类。无机吸附剂包括活性炭、硅胶、石墨化炭黑、氧化铝、硅酸镁以及分子筛等。最常用的有机多孔聚合物吸附剂有 Tenax，Chromosorh，Porapak，HayeSep，Amherlit resins，GDX，TDX 等系列吸附剂。无机吸附剂具有较高的吸附活性和热稳定性，比有机多孔聚合物极性强，但是更容易因为吸水而导致失活，不适用于高湿度环境空气的采样。

除此之外，一些新型吸附剂也不断出现，例如利用蔗糖和纤维素的裂解产品、新型石墨化炭黑、低灰量的活性炭、交联苯乙烯等作为吸附材料。聚二甲基硅烷具有低水分保留和无降解产物等优点，也是一种有潜力的吸附剂；碳纳米管对 VOCs 有很强的吸附能力，适合于采集沸点相对较低的非极性化合物，对极性化合物也有吸附能力，具有很强的实用价值。

4.1.2.2　常见吸附管的种类及应用特点

吸附管可以自己填充也可以选择市售的产品，目前市售产品已非常普遍。常见的吸附管填料即吸附剂及适用性见表 4-3。

表 4-3　常见吸附剂及适用性

填　料	吸附物质
Tenax TA	$C_6 \sim C_{26}$，特别适用于苯系物（EPA TO-1；ASTM D6196；MDHS 22、MDHS 23、MDHS 31、MDHS 40、MDHS 72；GB/T 14677—93、GB/T 18883—2002）
Tenax GC/Carbopack B	$C_5 \sim C_{20}$（EPA TO-14、TO-15、TO-17）
Carbopack B/Carbosieve S-Ⅲ	$C_2 \sim C_{14}$（EPA TO-14、TO-15、TO-17）
Carbopack B/Carbopack C/Carbosieve S-Ⅲ	$C_5 \sim C_{16}$（EPA TO-14、TO-15、TO-17）
Carbopack B	$C_5 \sim C_{12}$（ASTM D6196）
Chromosorb 106	$C_5 \sim C_{12}$（ASTM D6196；MDHS 72）
Carbosieve S-Ⅲ	$C_2 \sim C_4$（EPA TO-2）
Carbosieve S-Ⅱ	$C_1 \sim C_2$（电厂气等）

选择吸附剂采样法时，首先需要根据采集的目标化合物选择合适的吸附剂。以 Tenax 系列吸附剂为例，Tenax GC 具有较高的热稳定性（450℃），在常温下就可

以吸附和浓缩 $C_6 \sim C_{14}$ 的烃类化合物；Tenax TA 与 Tenax GC 相比，本身的流失减少，潜在的干扰也减少，适合于采集和浓缩高挥发性物质，如卤代烃类和 $C_6 \sim C_{26}$ 的烃类，Tenax TA 吸附管温度耐受性好，一般老化温度为 320℃，解吸温度为 300℃，其背景值很低，适合痕量物质的分析。除了单独使用某种吸附剂外，运用几种吸附材料的组合或者结合可以达到优点互补、采集到所有目标化合物的目的。相比于全气体采样，固体吸附剂一定程度上解决了水蒸气对 GC 的影响，采样过程简单，同时可以采集更大量的空气样品，易操作，价格低廉。

当采用多极层的吸附管时，吸附管中各吸附剂的排列原则是从初始层到最后层，吸附活性逐渐增大；采样时空气的流向是最后到达吸附活性高的吸附层，如果解吸的时候正好相反，由于每一挥发性和极性范围的组分均被合适的吸附剂吸附，因此容易被解吸。总体上，多极层的吸附管克服了单一吸附剂的局限性。

在使用吸附管采样时，一定要避免水的高保留，一种方式是使用对水保留性差的吸附剂，另一种是在吸附管前增加碳酸钾、碳酸镁、四氯酸镁等干燥吸附管，但该方法可能造成被测 VOCs 的损失。国家标准中采用吸附剂的方法及适用性见表 4-4。

表 4-4 国家标准中采用吸附剂的方法及适用性

国家标准	采用的吸附剂	目标污染物
环境空气 挥发性有机物的测定 吸附管采样-热脱附/气相色谱-质谱法（HJ 644—2013）	Carbopack C；Carbopack B；Carboxen1000 及其他等效吸附剂	环境空气中氯苯、苄基氯、1,1-二氯乙烷、1,2-二氯乙烷等 35 种 VOCs
环境空气 苯系物的测定 活性炭吸附/二硫化碳解吸-气相色谱法（HJ 584—2010）	活性炭	苯、甲苯、二甲苯等 8 种苯系物
环境空气 苯系物的测定 固体吸附/热脱附-气相色谱法（HJ 583—2010）	Tenax 或其他等效吸附剂	苯、甲苯、二甲苯等 8 种苯系物
环境空气 挥发性卤代烃的测定 活性炭吸附-二硫化碳解吸/气相色谱法（HJ 645—2013）	椰壳活性炭	环境空气中氯苯、苄基氯、1,1-二氯乙烷、1,2-二氯乙烷等 21 种 VOCs
固定污染源废气 挥发性有机物的测定 固相吸附-热脱附/气相色谱-质谱法（HJ 734—2014）	Tenax GR，Carbopack B，Carbopack C，Carboxen 1000，或其他等效吸附剂如国产 GDX-502、GDX-201、GDX-101 等	固定污染源废气中 24 种挥发性有机物的测定

然而，吸附剂采样也有一定的缺点，首先目标化合物种类受到限制，使用吸附剂采样，低挥发性以及易被吸附的化合物难以解吸，易残存在吸附剂上影响后续采

样，而易挥发物则可能存在穿透问题。当进行全组分的测量时，通常需要使用多级吸附剂。吸附剂吸附捕集 VOCs 时，由于不同吸附剂的表面积不同，吸附能力有很大差别，单一的吸附剂不能适用于采集所有的挥发性和极性范围的有机化合物。为了捕集沸点范围宽的多种 VOCs，有时一根吸附管内要填充三种不同的吸附剂，或更多极层的吸附剂，但仍然有部分 VOCs 不能被有效吸附，需要结合一定的低温条件，程序相对复杂。除此之外，吸附能力和对某些极性 VOCs 可能存在不可逆吸附，使得吸附剂采样法的应用受到一定限制。

4.1.2.3　吸附管的填充方法

采样管可商品化购买，也可以自己填充，也可以根据特殊情况定制。采样管可为不锈钢、硬质玻璃或硬质玻璃材质，其尺寸与适用的热解吸仪有关，内径通常为 5～6mm，内填 60～80 目吸附剂或等效吸附剂，两端用孔径小于吸附剂颗粒的不锈钢网或石英棉固定，防止吸附剂掉落，管内吸附剂位置至少离采样管入口端 15mm 以上，吸附剂长度不能超过加热区长度。

溶剂解吸法活性炭一般分 2 段，前端为 100mg 活性炭，后端是 50mg 活性炭，两段式防止了活性炭因样品浓度高或采集量过大而穿透，如果后半段的浓度超过前半段的浓度的 1/4 时，就说明有穿透，该数据应该舍去。采样管结构示意图如图 4-3 所示。

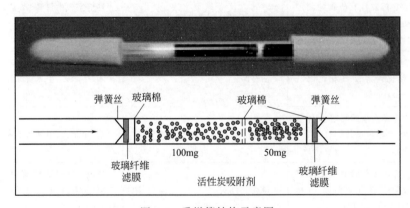

图 4-3　采样管结构示意图

新填装的采样管应用老化装置或具有老化功能的热脱附仪老化，老化流量为 50mL/min，温度为 350℃，时间为 120min；使用过的采样管应在 350℃ 下老化 30min 以上。老化后的采样管两端立即用聚四氟乙烯端口密封，放在密封袋或保护管中保存。密封袋或保护管放于装有活性炭的盒子或干燥器中，4℃ 保存。老化后的采样管应在两周内使用。

4.1.2.4　吸附管采样

常温下，将老化后的采样管去掉两侧的聚四氟乙烯帽，按照采样管上流量方向与采样器相连，检查采样系统的气密性。以 10～200mL/min 的流量采集空气 10～20min。现场大气中含有较多颗粒物时可在采样管前连接过滤头。对于使用多层吸附剂的吸附采样管，吸附采样管气体入口端应为比表面积小的弱吸附剂，出口端为比表面积大的强吸附剂。

吸附管采样应至少采集一个现场空白样品，空白样品按与样品相同的操作步骤进行处理和测定，用于检查从样品采集到分析全过程是否受到污染。采样时，将老化后密封保存的采样管运输到采样现场，取下聚四氟乙烯帽后接触现场环境空气，采样结束后，立即用聚四氟乙烯帽将采样管两端密封，4℃避光密闭保存，30d 内分析。

4.1.3　低温捕集采样

环境空气中 VOCs 的浓度较低，一般低于 10^{-9}，难以用仪器直接测定，通常要对空气中的 VOCs 进行捕集浓缩采样后再分析。此外，环境空气中某些沸点较低的气态污染物质，如烯烃类、醛类等，在常温下用固体填充剂等方法富集效果不理想，而使用低温捕集可提高采集效率。低温捕集技术是将空气样品通过低温管或低温阱，通过控制冷阱温度（通常在 −160～−150℃）使目标化合物被冷冻富集在空管或捕集柱上，再进行热解吸将挥发性组分在载气的吹扫下进入检测器进行分析的方法，本方法可以实现 C_2～C_{18} 化合物的回收。另外大气中某些沸点比较低的气态污染物，如烯烃类、醛类等，用低温冷凝法可以提高采集效率。

低温捕集采样按照制冷技术可以分为液氮制冷法、电子制冷法及超低温制冷法。冷却采样管的方法可分为半导体制冷器法和制冷剂法，常用的制冷剂有冰（0℃）、冰-盐水（−10℃）、干冰-乙醇（−72℃）、干冰（−78.5℃）、液氧（−183℃）、液氮（−196℃）等。冷阱可以选择空管冷阱，也可以选择填料冷阱。填料根据具体情况，填料种类不同，最常用的是 Tenax TA，一般为默认的冷阱填料类型。

低温捕集法采样与吸附剂采样技术相比具有取样量少、富集效率高、受干扰小、容易实现在线监测等优点。但是，采样过程会受到目标化合物与臭氧反应的干扰。此外，低温捕集技术还需要考虑水蒸气、二氧化碳的干扰，这些组分也会汽化，增大了气体总体积，从而降低浓缩效果，甚至干扰测定。因此，应在采样管的进气端安装选择性过滤器，以除去空气中的水蒸气和二氧化碳等。但所用干燥剂和净化剂不能与被测组分发生作用，以免引起被测组分损失。另外在捕集前通常使用多级串联冷阱，将目标化合物从前一级冷阱转移至下一级冷阱时缓慢升温，一级冷阱也可以阻止水蒸气的转移。

低温捕集采样也有一定缺点，主要有以下几个方面：①低温捕集器冷冻，导致样品流量减少或捕集器堵塞；②结冰造成色谱柱堵塞，进而导致保留时间漂移、色谱峰分裂和较差的色谱峰形和分辨率，最终导致色谱峰的错误识别；③色谱柱恶化（尤其是带有 Al_2O_3 的色谱柱）；④由于水的洗脱流出造成基线漂移；⑤FID 火焰熄灭，重现性和精密性较差；⑥活性点位竞争和对吸附浓缩捕集的不利影响；⑦对 FID 信号的抑制等。

4.1.4　衍生化采样

衍生化采样技术就是通过化学反应将样品中难以分析检测的目标化合物定量的转化成另一易于分析检测的化合物，通过后者的分析检测可以对目标化合物进行定性和（或）定量分析，这个过程是不可逆的。例如气相色谱法是 VOCs 检测中最常用的分析方法，但是气相色谱法也有一定的局限性，一般只有在 400℃ 以下温度条件下能汽化且具有较好稳定性的有机物才适合气相色谱分析。而极性有机物分子中多含有酸性或碱性官能团，其偶极矩大、挥发性低，气相色谱难以直接分析。为了解决这一问题，衍生化采样采用非极性取代极性官能团，可以提高检测灵敏度和分析效率。使用衍生化采样方法，需要结合目标化合物的化学特性及进一步的分析要求决定采用的衍生化方法及试剂。

衍生化采样主要是通过两个方式：一是通常用装有液体溶剂的冲击式采样器或者起泡器来捕集高沸点、高活性或者极性的化合物；二是采用装有加入过量衍生化试剂的惰性基质的采样管或采样小柱。HJ 683—2014 采用 2,4-二硝基苯肼（DNPH）采样-高效液相色谱法测定环境空气中醛、酮类化合物，通过 DNPH 采集环境空气中 OVOCs 是最常见的衍生化采样方法，反应如图 4-4 所示，此反应生成二硝基苯基腙类产物，易于被高效液相色谱测定。此外，2,3,4,5,6-五氟苯肼（PFPH）等衍生剂也被用于羰基化合物的衍生化。

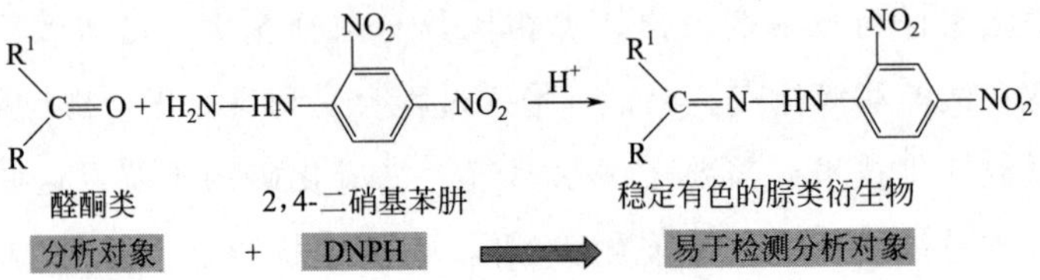

图 4-4　衍生化反应示例图

衍生化采样技术适用于活性气体（如有机酸）、低挥发性的有机气体（如有机胺、羧酸和酚类）及能通过化学转化生成相对稳定或者易进行监测的产物的化学性质不稳定的化合物（如醛、酮类）。但该方法的局限在于通常需要大体积采样，此外在采样管的准备、存储及运输过程中吸收剂的污染是该方法的主要限制因素。

4.1.5　固相微萃取采样

固相微萃取（solid phase micro-extraction，SPME）法是由加拿大 Waterloo 大学的 Pawliszyn 教授的研究小组于 1990 年首次进行开发研究的，属于非溶剂型选择性萃取法，是分析挥发性有机污染物最新的方法之一。该技术集样品采集和预富集于一体，可直接插入气相色谱进样口进行热解吸，具有操作简便、不需溶剂、萃取速度快、便于实现自动化以及易于与色谱、电泳等高效分离检测手段联用的优点，并适用于气体、液体和固体样品分析的新颖的样品前处理技术。与固相萃取法（SPE）相比，SPME 法具有萃取相用量更少、对待测物的选择性更高、溶质更易洗脱等特点，因此 SPME 法无论在理论还是在实践上均获得了较大的发展，是一种非常具有吸引力的技术。

实质上，固相微萃取法是集合样品采集和预富集于一体的技术，固相微萃取装置外形如一只微量进样器，由手柄（holder）和萃取头或纤维头（fiber）两部分构成，萃取头长 1cm，涂有不同吸附剂的熔融纤维，接在不锈钢丝上，外套细不锈钢管（保护石英纤维不被折断），纤维头在钢管内可伸缩或进出，细不锈钢管可穿透橡胶或塑料垫片进行取样或进样。手柄用于安装或固定萃取头，可永远使用。SPME 萃取纤维有多种，选择吸附剂应考虑所收集的化学物质的类别、极性和挥发性。吸附剂种类和涂层厚度各不同，吸附剂种类可以选择聚二甲基硅氧烷（polydimenthylsilox-ane）、聚丙烯酸酯（polyacrylate）、聚乙二醇/二乙烯基苯（carbowax/divinylbenzene）和聚乙二醇-聚二甲基硅氧烷（carbowax-polydimenthylsiloxane）来与 GC 固定相匹配。固相微萃取法具有选择性高、操作简便的特点，可直接插入气相色谱进样口进行热解吸，在 VOCs 的监测中应用逐渐增加。缺点是固相微萃取法是一个动态平衡过程，需要校正，适合于采集已知结构的化合物，重现性较差。

除了以上的采样技术外，其他常见的 VOCs 采样技术还包括扩散法等。扩散法应用在个体采样器中，采样时不需要抽气动力，而是利用被测污染物分子自身扩散或渗透到达吸收层（吸收剂、吸附剂或反应性材料）被吸附或吸收。这种采样器体积小，重量轻，可以佩戴在人身上，跟踪人的活动，用于与人体接触有害物质的监测。

4.2 VOCs 样品前处理技术

大多数 VOCs 监测时采集的样品，由于基体组成复杂或目标污染物浓度低或富集在吸附剂上，几乎不能未经任何前处理直接进行分析；不同的前处理技术配合不同采样技术，将样品送入分析仪器。当采用吸附剂采样时，需让被吸附化合物脱附，目前脱附的方法包括溶剂解吸法和热脱附法，两种方法都是将挥发性有机物从固体或液体样品中解吸出来；当采用低温捕集时，捕集柱上的目标物需经过热解吸技术将挥发性有机物闪蒸到分析仪器中，同时可消除基体对测定的干扰，例如空气中的水分和二氧化碳等。常见的 VOCs 预处理技术包括溶剂解吸法、热脱附法、低温预浓缩-热解吸法等。

4.2.1 溶剂解吸法

溶剂解吸法是根据目标污染物选择不同的溶剂，将固体吸附剂上的污染物洗脱或解吸到溶剂中，备用待测的方法。传统的溶剂解吸法常用的解吸液为二硫化碳、甲醇等。这种方法虽然分析误差较大，但简单便捷。溶剂解吸法适用于吸附活性较高的吸附剂（如活性炭）或受热稳定性限制的吸附剂（如 XAD 树脂）。

HJ 584—2010 活性炭吸附/二硫化碳解吸-气相色谱法测定环境空气中苯系物和 HJ 645—2013 活性炭吸附-二硫化碳解吸/气相色谱法测定环境空气中挥发性卤代烃，使用了二硫化碳解吸活性炭吸附剂，具体方法如下：将两段式活性炭吸附管前段活性炭和后段活性炭取出，分别放入磨口具塞试管中，每个试管加入 1mL 二硫化碳密闭，轻轻振动，在室温下解吸 1h，后待测。HJ 638—2012 高效液相色谱法测定环境空气中酚类化合物，利用甲醇解吸 XAD-7 树脂采集的酚类化合物，具体方法如下：将冷藏的 XAD-7 树脂采样管恢复到室温，从采样管出气端缓慢加入 5mL 甲醇解吸，洗脱液从入口端流出，用 2mL 棕色容量瓶收集洗脱液至接近刻度线，停止洗脱，然后用甲醇定容。

溶剂解吸法中，由于解吸溶液的体积远远大于分析样品的体积，同一样品可利用不同方法或在不同条件下进行测定，也可在相同条件下进行重复测定，但同时增加了样品污染的危险性，对样品的解吸将导致灵敏度降低，因此本方法的分析误差较大。

4.2.2　热脱附法

热脱附的工作原理是应用经过加热的高温惰性载气流（高纯氮气或高纯氦气）经过正在加热的样品或吸附管，将样品或者吸附管内可被加热解吸出来的挥发性和半挥发性的有机物质载送到分析仪器进样口进行分析测定。热脱附法有不需要有机溶剂、无溶剂峰、不带入其他杂质、具有较高的灵敏度、抗干扰和吸附管可重复使用的优点，适用于挥发性和半挥发性有机物的前处理。通常使用吸附剂采样，在分析前需要将目标化合物从吸附剂上解吸出来，可使用热脱附法。

从原理上说，热脱附有一级热脱附和二级热脱附两种流程。一级热脱附是将提取物直接吹到 GC 柱上，但往往产生不同程度峰扩展，且不易用于毛细管柱。二级热脱附是将第一步脱附物重新吸附/解吸，从而减少了峰扩展，进而改善色谱的分离效率。解吸过程中使用两种吸附管两级解吸：一级解吸，采用大体积采样将化合物保留在高容量的吸附管（采样管）中，然后加热解吸到下一级毛细聚焦管中；二级解吸，富集在毛细聚焦管中的样品再次加热解吸后导入气相色谱毛细管中。采用毛细聚焦管二级富集解吸，只需较小的载气量就可以把富集在毛细聚焦管中的分析物导入气相色谱，提高了进样效率，并且可以得到尖锐的化合物峰形。毛细聚焦管技术避免了水的干扰，增强了极性化合物的分析。热解吸技术示意图如图 4-5 所示。

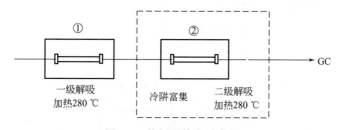

图 4-5　热解吸技术示意图

热解吸操作的参数主要是吸附温度、解吸温度、解吸时间和载气流量。由吸附理论可知，低温可以使待测物质吸附在吸附剂上，温度越低吸附越强，设置低温就是热脱附的吸附温度，该温度是由仪器本身制冷系统所控制。加热可以使吸附在吸附剂上的待测组分解吸下来，热解吸温度低可能会使样品中的组分解吸不完全，回收率低，管中残存量大，记忆效应高；热解吸温度太高可能会使样品中某些组分分解而引起回收率低，甚至会破坏吸附剂。热解吸温度最终取决于欲测组分和吸附剂的热稳定性，一般在 300℃ 以下，因为大多数高分子吸附剂在 300℃ 时就开始分解了。解吸时间主要取决于待测物与样品基质作用的大小，以及样品颗粒的大小，总之视样品而选择合适的解吸时间。热解吸过程中载气的流速会影响热解吸的效果，一般是载气的流速越快，越有利于热解吸，但是受色谱柱的影响，不能无限制的增大载气流量。

4.2.3　低温预浓缩-热解吸法

低温预浓缩的基本原理为：

① 将第一级冷阱模块降温至预浓缩温度，内标化合物和大气样品在质量流量控制下分别以恒定流速进入第一级冷阱富集。一级冷阱为多孔玻璃微珠，水汽、二氧化碳、VOCs呈固态富集在第一级冷阱中，而大部分空气组分不受影响而通过（冷冻到-150℃，除去常量气体和惰性气体）。

② 将第二级冷阱降温，缓慢加热第一级冷阱并维持一定温度，载气将第一级中VOCs组分向第二级转移，而大部分水分留在第一级冷阱。转移中二级冷阱中的Tenax吸附剂将VOCs完全吸附，此时呈气态的CO_2则被载气带出系统，从而去除CO_2（冷冻到-10℃，除去CO_2和水）。

③ 将第三级冷阱（空管）降温，加热二级冷阱，解吸出的VOCs组分经载气转移至第三级冷冻聚焦（冷冻到-160℃，目的是进一步富集，提高分析灵敏度）。

④ 将第三级冷阱迅速升温至60℃以上，被捕集的化合物瞬间汽化，以"闪蒸"方式注射进入分析仪器进行分析。

低温预浓缩-热解吸法示意图如图4-6所示。

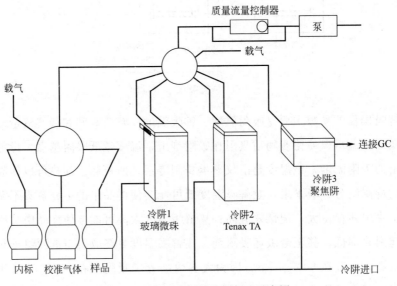

图4-6　低温预浓缩-热解吸法示意图

4.3 活性炭吸附/二硫化碳解吸-气相色谱监测技术

活性炭吸附/二硫化碳解吸-气相色谱离线监测技术测苯系物因不需要专门的设备，在我国应用较为普遍。本节介绍的方法主要适用于环境空气和室内空气中苯、甲苯、乙苯、邻二甲苯、间二甲苯、对二甲苯、异丙苯和苯乙烯的测定，也适用于常温下低湿度废气中苯系物的测定。除此之外，HJ 645—2013 中规定的对环境空气中挥发性卤代烃的测定也采用了本方法，并且气相色谱部分采用了对卤代烃有良好响应的 ECD 检测器。本节介绍了经典的 GC-FID，无须特殊的前处理设备，普及性好，且一次采样可以多次分析，尤其是在分析污染源废气时具有优越性，分析结果准确可靠。当采样体积为 10L 时，苯、甲苯、乙苯、邻二甲苯、间二甲苯、对二甲苯、异丙苯和苯乙烯的方法检出限均为 $1.5 \times 10^{-3}\,\mathrm{mg/m^3}$，测定下限均为 $6.0 \times 10^{-3}\,\mathrm{mg/m^3}$。

4.3.1 样品采集

根据实验目的，选取代表性采样点。对于环境大气样品，尽力选择通风条件好的空旷高处，如 $15\sim25\mathrm{m}$ 的楼顶。地面采样点，要保持周围无遮挡物，离地面或屋顶 $1.5\mathrm{m}$ 以上。避开各种排气口、通风口或其他干扰的地区。

① 采样前应对无油采样泵进行流量校准。在采样现场，将一只采样管与空气采样装置相连，调整采样装置流量，此采样管仅作为调节流量用，不用作采样分析。

② 敲开活性炭采样管的两端，与采样器相连（A 段为气体入口），检查采样系统的气密性。以 $0.2\sim0.6\mathrm{L/min}$ 的流量采气 $1\sim2\mathrm{h}$（废气采样时间 $5\sim10\mathrm{min}$）。若现场大气中含有较多颗粒物，需要在采样管前连接过滤头，同时记录采样器流量、当前温度、气压及采样时间和地点。

③ 采样完毕前，再次记录采样流量，取下采样管，立即用聚四氟乙烯帽密封。

④ 现场采集一个空白样品，将活性炭管运输到采样现场，敲开两端后立即用聚四氟乙烯帽密封，并同已采集样品的活性炭管一同存放并带回实验室分析。每次采集样品，都应至少带一个现场空白样品。

采集好的样品，立即用聚四氟乙烯帽将活性炭采样管的两端密封，避光密闭保存，室温下 $8\mathrm{h}$ 内测定。否则放入密闭容器中，保存于 $-20℃$ 冰箱中，保存期限为 $1\mathrm{d}$。

4.3.2 样品解吸

将活性炭采样管中 A 段和 B 段取出，分别放入磨口具塞试管中，每个试管中各加入 1mL 分析纯二硫化碳密闭，轻轻振动，在室温下解吸 1h 后待测。

4.3.3 样品分析

本方法可以采用填充柱或毛细管柱。填充柱材质为硬质玻璃或不锈钢，长 2m，内径 3～4mm，内填充涂覆 2.5％邻苯二甲酸二壬酯（DNP）和 2.5％有机皂土-34（bentane）的 Chromsorb G DMCS（80～100 目）。毛细管柱选用的固定液为聚乙二醇（PEG-20M），30m×0.32mm，膜厚 1μm 或等效毛细管柱。详细的参数见表 4-5。

表 4-5 活性炭吸附/二硫化碳解吸-气相色谱法色谱参数

项　　目	填充柱推荐参数	毛细管柱推荐参数
载气流速/(mL/min)	50	2.6(柱流量)
进样口温度/℃	150	150
检测器温度/℃	150	250
柱温/℃	65	65
氢气流量/(mL/min)	40	40
空气流量/(mL/min)	400	400

（1）定量分析——校准曲线的绘制

分别取适量的标准贮备液，稀释到 1mL 的二硫化碳中，配制 5～7 个浓度校准级别的校准标样，例如质量浓度依次为 0.5μg/mL、1μg/mL、10μg/mL、20μg/mL 和 50μg/mL 的校准系列。分别取标准系列溶液 1μL 注射到气相色谱仪进样口，同一标样重复进样 3～4 次。以各目标化合物组分的响应为纵坐标，目标化合物组分的质量为横坐标作图，回归得到校准工作曲线。

（2）定量分析——未知样品的测定

取解吸制备好的试样 1μL，注射到气相色谱仪中，调整分析条件，目标组分经色谱柱分离后，由 FID 进行检测。记录色谱峰的保留时间和相应值，根据标准工作曲线计算未知样品的量。同时做空白实验。毛细管柱测苯系物参考色谱图如图 4-7 所示。

（3）分析过程中质量保证和质量控制（QA/QC）

① 防止二硫化碳存在杂质。二硫化碳在使用前应经过气相色谱仪鉴定是否存

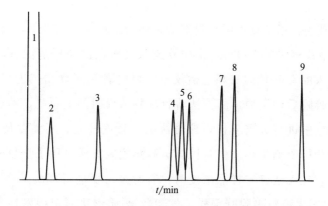

图 4-7　毛细管柱测苯系物参考色谱图

1—二硫化碳；2—苯；3—甲苯；4—乙苯；5—对二甲苯；6—间二甲苯；

7—异丙苯；8—邻二甲苯；9—苯乙烯

在干扰峰。如有干扰峰，应对二硫化碳提纯。

② 当空气中水蒸气或水雾太大，以致在活性炭管中凝结时，会影响活性炭管的穿透体积及采样效率，因此空气相对湿度应小于90％。

③ 采样前后的流量相对偏差应在10％以内。

④ 活性炭采样管的吸附效率应在80％以上，即 B 段活性炭所收集的组分应小于 A 段的25％，否则应调整流量或采样时间，重新采样。

⑤ 每批样品分析时应带一个校准曲线中间浓度校核点，中间浓度校核点测定值与校准曲线相应点浓度的相对误差应不超过20％。若超出允许范围，应重新配制中间浓度点标准溶液，若还不能满足要求，应重新绘制校准曲线。

4.4　固体吸附/热脱附-气相色谱监测技术

固体吸附/热脱附-气相色谱法是另外一种测定空气中 VOCs 的常见分析方法。同时本方法适用于环境空气和固定源废气的监测，既可以采用装配有氢离子火焰检测器（FID）的气相色谱仪，也可以采用气相色谱-质谱联用仪来分析。国家标准 HJ 644—2013 吸附管采样-热脱附/气相色谱-质谱法可以测定环境空气中35 种挥发性有机物。HJ 734—2014 给出的固定污染源废气中的24 种挥发性有机物也可以使用固相吸附-热脱附/气相色谱-质谱测定。用气相色谱-质谱分析可以更为准确地定性，检出限要比 FID 要高，FID 的优点是具有更低的检出限和更低廉的成本。目前该方法的局限在于对标准气体以外的能检出的有机物未规定

定量方法。

其方法原理为：用填充不同吸附剂的采样管，在常温条件下，富集环境空气、室内空气或工业废气中的 VOCs，采样管连入气相色谱分析系统后，经加热将吸附成分全量导入配有 FID 的气相色谱仪或气相色谱-质谱联用仪进行分析。通常，样品被吸附剂吸附后，用加热的方法将目标物从吸附剂上脱附，然后用载气将目标物带到色谱柱中进行分离分析，该方法的灵敏度较高，不需要使用有机试剂，本底值低，对分析影响很小。但是固体吸附热脱附方法采用了全量分析，所以只能一次性进样，在无法确定样品浓度时，有时候需要进行多次采样。US EPA 方法 TO-17 采用固体填料吸附管采样，气相色谱-质谱法测定挥发性有机物，不同的填料类型可以测定不同的挥发性有机物，采集和测定的化合物种类较多。表 4-6 列举了我国环境保护部和 US EPA 标准中使用的固相吸附-热脱附/气相色谱-质谱/FID 法。

表 4-6　我国环境保护部和 US EPA 标准中使用的固相吸附-热脱附/气相色谱-质谱/FID 法摘要

标准名称	方　　法	目标物	固体吸附剂
HJ 644—2013	吸附管采样-热脱附/气相色谱-质谱法	环境空气 35 种挥发性有机物的测定	Carbopack C；Carbopack B；Carboxen1000 及其他等效吸附剂
HJ 583—2010	固体吸附/热脱附-气相色谱法/FID	环境空气 8 种苯系物的测定	Tenax 或其他等效吸附剂
HJ 734—2014	固相吸附-热脱附/气相色谱-质谱法	固定污染源废气中 24 种挥发性有机物的测定	Tenax GR，Carbopack B，Carbopack C，Carboxen 1000 或其他等效吸附剂如国产 GDX-502、GDX-201、GDX-101 等
TO-1	吸附管采样-热脱附/气相色谱-质谱法	环境空气苯等 19 种 VOCs 的测定	Tenax GC（聚 2,6-二苯基苯醚）吸附剂
TO-2	碳分子筛吸附管采样-热脱附/气相色谱-质谱法	环境空气 13 种 VOCs 的测定	碳分子筛（CMS）吸附剂
TO-17	吸附管主动采样	环境空气 VOCs 的测定	根据需要填充吸附剂

4.4.1　吸附管准备

采样用的吸附管可购买商品化的吸附采样管，也可以自行填装，吸附管的长度要根据热脱附仪的要求而定。吸附采样管应标记编号和气流方向。装填的固相吸附剂端面距离采样管入口至少15mm，吸附床应完全在热脱脱区域内。可以根据需要选用一种吸附剂，也可以选用两种或三种吸附剂。选择两种以上吸附剂时各吸附剂之间要用未硅烷化的玻璃棉隔开；选用三种吸附剂时应按吸附剂吸附强度顺序填装，由弱至强。通常弱吸附剂比表面积小于 $50m^2/g$，中等强度的吸附剂比表面积在 $100\sim500m^2/g$；强吸附剂比表面积在 $1000m^2/g$ 左右。常用的吸附剂的粒径一般为 $60\sim80$ 目，填装量为 200mg。对于多层吸附剂，总填装量一般为 450mg 左右。多层热解吸型吸附管结构如图 4-8 所示。

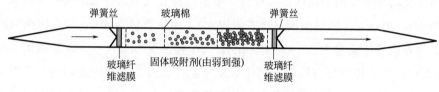

图 4-8　多层热解吸型吸附管结构图

选择填充了合适吸附剂的采样管，新填装的采样管应用老化装置或具有老化功能的热脱附仪老化，根据装填的不同固相吸附剂的情况，选择老化参数。通常，环境空气样品的采样管老化流量为 50mL/min，温度为 350℃，时间为 120min；使用过的采样管应在 350℃ 下老化 30min 以上。对于固定源样品的采样管老化流量为 100mL/min，温度为 350℃ 左右。

老化后的采样管两端立即用聚四氟乙烯端口密封，放在密封袋或保护管中保存。密封袋或保护管存放于装有活性炭的盒子或干燥器中，4℃ 保存，老化后的采样管应在两周内使用完毕。采样前应确定吸附采样管对目标挥发性有机物的安全采样体积。

4.4.2　样品采集

根据监测目的，选取代表性采样点。对于环境大气样品，尽力选择通风条件好的空旷高处，如 $15\sim25m$ 的楼顶。地面采样点，要保持周围无遮挡物，离地面或屋顶1.5m以上。避开各种排气口、通风口或其他干扰的地区。注意采样管应与风向垂直放置，并在上风向放置掩体。在检查吸附管气密性后，调节采样流量至预设值，将一个新管连接开始采样，采样结束后，密封两端，尽快带到实验室分析，同时做一个候补吸附管和现场空白样品的采集。

对于污染源废气，采样前应事先调查污染源信息，包括公司名称、原材料、中间体、产品、副产品、生产工艺、排气筒采样孔位置、总有机碳（或非甲烷总烃）

排放浓度等情况，以及行业排放标准所列的常见有机污染物。

对污染源废气第一次监测时，必须进行预监测，来确定各固定污染源废气中挥发性有机物的组分，或先用气袋采集然后再将气袋中的气体采集到固体吸附管中。对污染源废气采样时，也可以使用气袋-吸附管方式，先进行固定污染源废气挥发性有机物的气袋采样，气袋采用 3L 聚氟乙烯（Tedlar）袋，采气 2L 左右。将气袋带回实验室，8h 内将气袋与吸附采样管连接，用样品采集装置以 50mL/min 流量至少采气 300mL。

对于使用多层吸附剂的吸附采样管，吸附采样管气体入口端应为弱吸附剂（比表面积小），出口端为强吸附剂（比表面积大）。对于外径为 6mm 的不锈钢吸附采样管，推荐的采样流量为 20～50mL/min，每个样品至少采气 300mL。吸附采样管如果监测 C_6 以上挥发性有机物，则样品采气量应达 2L。废气温度较高，含湿量大于 2%，目标化合物的安全采样体积不能满足样品采气 300mL，影响吸附采样管的吸附效率时，应将吸附采样管冷却（0～5℃）采样。吸附采样管采样后，立即用密封帽将采样管两端密封，4℃避光保存，7d 内分析。废气采样系统示意图如图 4-9 所示。

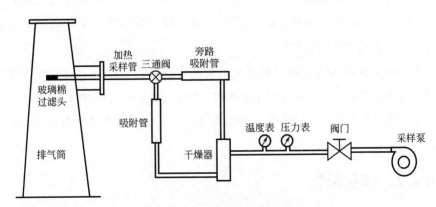

图 4-9　废气采样系统示意图

采样穿透试验样品采集：在吸附采样管后串联一根吸附采样管，同时采样。每批样品应至少采集一根串联吸附采样管，用于监视采样是否穿透。

4.4.3　样品脱附

吸附管脱附温度、脱附时间和流速等条件根据目标化合物特性和吸附管类型的不同进行适当调整。通常情况，热脱附装置具有二级热脱附功能，一级热脱附加热时，挥发物从吸附剂或样品本身中释放出来，并被惰性气流带到二级捕集阱（聚焦冷阱）；二级捕集阱被快速加热（大于 40℃/s），被捕集的化合物瞬间汽化，同时用载气吹扫，将脱附的挥发物以"闪蒸"方式带入气相色谱仪进行分离和分析。冷阱一般采用半导体制冷。热脱附装置与气相色谱相连部分和仪器内气体管路均应使用硅烷化不锈钢管，并将脱附气用载气带入气相色谱，并至少能在 50～150℃ 之间均匀加热。

样品脱附可以选用通用型冷阱，填料为石墨化炭黑。

① 吸附管初始温度：室温；

② 干吹流量：30mL/min；

③ 干吹时间：2min；

④ 吸附管脱附温度：270℃；

⑤ 吸附采样管脱附时间：3min；

⑥ 脱附流量：30mL/min；

⑦ 聚焦冷阱初始温度：室温；

⑧ 聚焦冷阱温度：−3℃；

⑨ 聚焦冷阱脱附温度：300℃；

⑩ 冷阱脱附时间：3min；

⑪ 传输线温度：130℃。

4.4.4　样品分析

样品经过热脱附后迅速注入气相色谱，根据目标化合物的性质，气相色谱选配不同色谱柱对样品进行分离，分离后样品用质谱或者氢火焰离子检测器等定量分析。气相色谱柱对目标化合物的分离是监测效果保证的前提，通过优化色谱中载气流速、色谱柱升温程序等各项参数，使各种目标化合物尽可能地在色谱柱中分开，才能保证后续检测器有较好的响应。本节列举 GC-FID 方法测量环境空气中苯系物和 GC-MS 方法测量大气中 35 种挥发性有机物两种方法。

4.4.4.1　GC-FID 方法测量环境空气中苯系物

该方法采用毛细管柱，柱长 30m，内径 0.32mm，固定液为聚乙二醇，膜厚 1μm，用来测量含有苯环的系列化合物，比如苯、甲苯、乙苯、二甲苯等芳香烃，再经 FID 检测定量。

（1）色谱分析条件

详细的色谱参数见表 4-7。

表 4-7　GC-FID 方法测量环境空气中苯系物色谱参数

项　目	推荐条件
毛细管色谱柱	HP-1,30.0m×0.32mm×1.00μm
进样口温度	150℃;分流进样,分流比 20∶1
升温程序	初始温度 35℃,保持 5min,以 6℃/min 的速度升温至 140℃,以 15℃/min 的速度升至 220℃,在 220℃保持 3min
载气流速	40mL/min
FID 检测器温度	250℃

（2）标准工作曲线

配制标准溶液：选择合适的定量离子和参考离子，根据保留时间，编制选择离子表格。将标准样品配制成不同浓度级别的样品。取一定体积目标化合物用甲醇稀释配制成标准贮备溶液，然后用微量注射器分别移取 5～7 个不同体积级别的标准贮备溶液至 5mL 容量瓶，用甲醇稀释定容至标线，配制成 5～7 个浓度梯度的混合标准溶液（建议常规测定浓度范围选择在体积分数 $2×10^{-10}$～$2.5×10^{-8}$，应根据样品具体情况进行浓度范围调整）。

定量分析采用内标法。内标化合物校正仪器或检验其他实验条件的变化给定量结果带来的影响，提高定量的准确度和精密度。内标化合物的选择需满足以下几个条件：内标化合物是实际的大气中不存在的化合物；其与待测化合物理化学性质接近，可以与样品中其他物种完全分开；化学性质稳定，仪器响应度高等。该方法是已知不同浓度的标样系列中加入已知含量的内标组分进行分析，然后做出相对应信号和相对含量之间的标准曲线，内标化合物在标准样品和未知样品中均需要加入。

标样加载：将老化好的吸附管装到热脱附标样加载平台上（注意吸附管进气端朝向注射器），用微量注射器取一定量混标溶液注入空白吸附管中，用 50mL/min 的 N_2 吹扫吸附管 2min，迅速取下吸附管，用密封帽将吸附管两端密封，得到不同含量梯度的校准系列吸附管，每根吸附管的内标含量均为 50ng。

将校准曲线系列吸附管放进热脱附仪，按照热脱附、色谱仪器的参考条件，依次从低浓度到高浓度进行分析测定，根据目标物/内标物质量比和目标物/内标物特征质量离子峰面积（或峰高）比，用最小二乘法或者相对响应因子绘制校准曲线。使用内标物进行定量时相对响应因子（RRF_i）和平均相对响应因子（$\overline{RRF}$）的计算如下。

目标化合物 i 的相对响应因子 RRF_i 的计算：

$$RRF_i = \frac{A_i M_{istd}}{A_{istd} M_i}$$

式中　A_i——目标化合物 i 的峰面积；

$\quad\quad M_i$——目标化合物 i 的含量，ng；

$\quad\quad A_{i\text{std}}$——内标化合物的峰面积；

$\quad\quad M_{i\text{std}}$——内标化合物的含量，ng。

目标物的平均相对响应因子 $\overline{\text{RRF}}$ 的计算：

$$\overline{\text{RRF}} = \frac{\sum_{i=1}^{n}\text{RRF}_i}{n}$$

式中　n——校准系列点数。

（3）样品分析

将采样吸附管装到热脱附标样加载平台上（注意吸附管进气端朝向注射器），用微量注射器取一定量内标使用液注入采样管中，用 50mL/min 的 N_2 吹扫吸附管 2min，迅速取下吸附管，用密封帽将吸附管两端密封，得到加内标的采样管。

将采样管放进热脱附仪，按照热脱附、色谱仪器的参考条件，对样品进行热脱附-气相色谱（TD-GC）分析。

根据内标校准曲线法（液体标准线性相关系数一般应达到 0.995）或曲线各点的平均相对响应因子均值（RRF 相对标准偏差 RSD≤30%，相对响应因子≥0.010）计算目标组分的含量。

用平均相对响应因子计算：

$$M_i = \frac{A_i M_{i\text{std}}}{\overline{\text{RRF}} \times A_{i\text{std}}}$$

式中　M_i——样品中第 i 种分析物质的含量，ng；

$\quad\quad A_i$——目标化合物的峰面积；

$\quad\quad A_{i\text{std}}$——内标化合物的峰面积；

$\quad\quad M_{i\text{std}}$——内标化合物的浓度，ng。

按与样品分析相同的操作步骤分析全程序空白样品。

（4）分析过程中质量保证和质量控制（QA/QC）

每批样品应至少做一个全程序空白样品，全程序空白样品中目标化合物的含量过大可疑时，应对本批数据进行核实和检查；每批样品至少做一个空白加标，回收率符合准确度控制要求；每批样品应带一个校核点，其相对误差在 30% 以内。若超出允许范围，应重新配制中间浓度点标准溶液；若还不能满足要求，应重新绘制校准曲线。采样前后流量变化大于 5% 但不大于 10% 时，应进行修正；流量变化大于 10%，应重新采样。串联二支吸附采样管采样，如果在后一支吸附采样管中检出目标化合物的量大于总量的 10%，则认为吸附采样管发生穿透，本次采集样品无效，应重新采样，并确保目标化合物的采气量小于吸附采样管安全采样体积。

4.4.4.2 GC-MS 方法测量大气中 35 种挥发性有机物

该方法采用毛细管柱，30m×0.25mm，1.4μm 膜厚（6%氰丙基苯基、94%二甲基聚硅氧烷固定液），也可使用其他等效的毛细管柱。除了环境空气中 35 种挥发性有机物外，也可测定其他非极性或弱极性挥发性有机物。

（1）色谱和质谱分析条件，详细的色谱和质谱参数见表 4-8。

表 4-8　GC-MS 方法测量环境空气中 35 种 VOCs 的参数

项　　目	推荐条件
毛细管色谱柱	1.4μm 膜厚(6%氰丙基苯基、94%二甲基聚硅氧烷固定液),30m×0.25mm
柱流量	1.2mL/min 恒流
进样口温度	200℃;分流进样,分流比 5∶1
升温程序	初始温度 30℃,保持 3.2min,以 11℃/min 升温到 200℃保持 3min
质谱扫描方式	全扫描
扫描范围	35~270amu
离子化能量	70eV
接口温度	280℃

在使用前，应对 GC-MS 性能进行检测，使用 4-溴氟苯（BFB）溶液作为标液注入气相色谱仪进行分析，检查用四极杆质谱得到的 BFB 关键离子丰度是否符合表 4-9 中规定的标准，若不符合需对质谱仪的参数进行调整或者考虑清洗离子源。

表 4-9　BFB 关键离子丰度标准

质量数	离子丰度标准	质量数	离子丰度标准
50	质量数 95 的 8%~40%	173	小于质量数 174 的 2%
75	质量数 95 的 8%~40%	174	大于质量数 95 的 50%
95	基峰,100%相对丰度	175	质量数 174 的 5%~9%
96	质量数 95 的 5%~9%	176	质量数 174 的 93%~101%

（2）标准工作曲线

本方法可采用内标法和外标法进行定量分析。

配制标准溶液：选择合适的定量离子和参考离子，根据保留时间，编制选择离子表格。将标准样品配制成不同浓度级别的样品。取一定体积目标化合物用甲醇稀释配制成标准贮备溶液，然后用微量注射器分别移取 5～7 个不同体积级别的标准贮备溶液至 5mL 容量瓶，用甲醇稀释定容至标线，配制成 5～7 个浓度梯度的混合标准溶液（建议常规测定浓度范围选择在体积分数 $2\times10^{-10}\sim2.5\times10^{-8}$ 范围，应根据样品具体情况进行浓度范围调整）。

外标法当采用最小二乘法绘制校准曲线时，样品中目标物质量 m（ng）通过相应的校准曲线计算。外标法获得的绝对响应因子 RF 为：

$$RF=\frac{A_i}{C_i}$$

式中　A_i——标准化合物的峰面积；

　　　C_i——标准化合物的浓度（10^{-9} 体积分数）。

内标法定量方法同 4.4.4.1。RRF 的标准偏差（SD），按照公式进行计算：

$$SD=\sqrt{\frac{\sum_{i=1}^{n}(RRF_i-\overline{RRF})^2}{n-1}}$$

RRF 的相对标准偏差（RSD），按下列公式计算：

$$RSD=\frac{SD}{RRF}\times100\%$$

标准系列目标物相对响应因子（RRF）的相对标准偏差（RSD）应小于等于 20%。

（3）定性分析

将采完样的吸附管迅速放入热脱附仪中，按照仪器参考条件进行热脱附，载气流经吸附管的方向应与采样时气体进入吸附管的方向相反。样品中目标物随脱附气进入 GC-MS 进行测定。

质谱采用全扫描的扫描方式，质量扫描范围选择 35～270amu，在该模式下分析样品。根据目标化合物的保留时间和质谱图，对未知物质色谱峰的质谱图进行谱库检索，对照标准样品的质谱图和保留时间来确认未知物质的性质。

（4）样品分析

将采样吸附管装到热脱附标样加载平台上（注意吸附管进气端朝向注射器），用微量注射器取一定量内标使用液注入采样管中，用 50mL/min 的 N_2 吹扫吸附管 2min，迅速取下吸附管，用密封帽将吸附管两端密封，得到加内标的采样管。

将采样管放进热脱附仪，按照热脱附、色谱仪器的参考条件，对样品进行热脱附-气相色谱-质谱（TD-GC-MS）分析。

根据内标校准曲线法（液体标准线性相关系数一般应达到 0.995）或曲线各点的平均相对响应因子均值（RRF 相对标准偏差 RSD≤30％，相对响应因子≥0.010）计算目标组分的含量。

用平均相对响应因子计算：

$$M_i = \frac{A_i M_{i\,std}}{RRF A_{i\,std}}$$

式中 M_i——样品中第 i 种分析物质的含量，ng；

A_i——目标化合物的峰面积；

$A_{i\,std}$——内标化合物的峰面积；

$M_{i\,std}$——内标化合物的浓度，ng。

环境空气中待测目标物的质量浓度，按照以下公式进行计算：

$$\rho = \frac{m}{V_{nd}}$$

式中 ρ——环境空气中目标物的质量浓度，$\mu g/m^3$；

m——样品中目标物的质量，ng；

V_{nd}——标准状态下（101.325kPa，273.15K）的采样体积，L。

按与样品分析相同的操作步骤分析全程序空白样品。

（5）分析过程中质量保证和质量控制（QA/QC）

采集样品前，应抽取 20％的吸附管进行空白检验，当采样数量少于 10 个时，应至少抽取 2 根。空白管中相当于 2L 采样量的目标物浓度应小于检出限，否则应重新老化；每次分析样品前应用一根空白吸附管代替样品吸附管，用于测定系统空白，系统空白小于检出限后才能分析样品；每 12h 应做一个校准曲线中间浓度校核点，中间浓度校核点测定值与校准曲线相应点浓度的相对误差应不超过 30％；现场空白样品中单个目标物的检出量应小于样品中相应检出量的 10％或与空白吸附管检出量相当。

4.5 罐采样/气相色谱-质谱监测技术

罐采样/气相色谱-质谱离线监测技术使用不锈钢罐进行全气体采样，所采集的全气体样品经三级冷阱预浓缩后，采用气相色谱技术分离，并采用质谱定性定量分析。该方法是我国环境保护部 HJ 759—2015 和美国 EPA 环境空气中有机物检测方法（TO-14A 和 TO-15）推荐方法。HJ 759—2015 适用于环境空气中丙烯等 67 种挥发性有机物的测定；TO-15 适用于环境空气中丙烯等 97 种挥发性有机物的测定。

该方法适用于环境空气中 VOCs 浓度高于 0.5×10^{-9} 的情况，通常需要富集 VOCs 样品，浓缩至体积为 1L。该方法适用于在将环境空气采样于采样罐中的大多数情况。但是在特殊情况下，采样罐中的气体混合物成分发生改变，使得样品不具代表性。例如气体样品湿度低可能导致某些 VOCs 损失于罐壁上，如果湿度较高则不会发生损失。如果罐被加压，则高湿度样品中的水发生冷凝可能导致水溶性化合物的部分损失。由于罐表面积有限，所有气体竞争可用的活性位点，因此特定气体无法具有绝对的储存稳定性。在正常环境空气采样条件下，大部分 VOCs 可以在不多于 30d 的存储时间后从采样罐中回收时仍接近其原始浓度。

GC-MS 具有检测限低、定性能力强等特点，当采用全扫描（SCAN）模式时，能够获得最全面的化合物信息，有效识别未知化合物，但是灵敏度较低；采用选择单离子检测（SIM）模式时，可提高方法的灵敏度，对目标化合物进行准确定量。

4.5.1　采样点的选择

根据实验目的，选取代表性采样点。对于环境大气样品，尽力选择通风条件好的空旷高处，如 15～25m 的楼顶。地面采样点，要保持周围无遮挡物，离地面或屋顶 1.5m 以上。除非采集特定的源样品，否则采样点应避开各种排放口、通风口、植被以及具有特殊人为活动干扰的地区。对于污染源废气，采样前，应事先调查污染源信息，包括公司名称、原材料、中间体、产品、副产品、生产工艺、排气筒采样孔位置、总有机碳（或非甲烷总烃）排放浓度等情况，以及行业排放标准所列的常见有机污染物。

我国标准没有推荐使用苏玛罐法采集污染源废气，由于其浓度过高，苏玛罐难以清洗。如果使用苏玛罐采集污染源废气，低浓度环境空气样品的采样罐和高浓度环境污染物的采样罐不宜混用，应当分开。

4.5.2　苏玛罐的准备

使用商品化的清罐仪对苏玛罐进行清洗，备用。通过"抽真空＋高纯氮清洗"反复操作去除罐内组分，最后以真空状态备用。常规型号仪器具体步骤如下：

① 使用去离子水作为加湿水源，检查加湿装置的水位，水位 20%～50% 即可，过高的水位会导致液态水进入清洗系统，导致无法达到高真空设定值。

② 打开仪器电源。打开操作软件，设定仪器循环次数、前级泵压力等参数，

如已保存可直接调用，参数建议值如表 4-10 所示。

表 4-10　清罐仪设置参数建议值

参数	推荐值	参数	推荐值	参数	推荐值
前级泵	13.8kPa	充气后罐压	138kPa	高真空泵最终值	2.6Pa
高真空泵	133kPa	前级泵最终值	13.8kPa	循环次数	3 次

③ 连接待清洗的采样罐到清罐仪，仪器不用的接口应封住。需要加热时，用加热带缠绕罐体加热，加热面积尽可能大。

④ 打开清洗气源，将分压表压力调节至 0.3～0.4MPa。

⑤ 点击软件开始按钮，首先启动前级泵，当压力降低至 13.8kPa，启动高真空泵，系统压力很快降低至 13.3Pa 以下，如果不能降低，说明漏气，需要检漏。

⑥ 确定气密性后，点击软件关闭按钮，关闭前级泵和高真空泵，打开采样罐阀门，点击启动按钮，开始自动清洗程序。

⑦ 清洗结束后，先关闭加热装置，再关闭采样罐阀门，之后点击软件停止按钮，停止清洗程序。取下采样罐，做好标识。

⑧ 关闭高真空泵，约 10min 后关闭仪器电源，关闭气源。

对于低浓度环境空气样品，清洗过程要至少保持 3～4 次循环。如果使用采集过高浓度环境污染物的采样罐来采集空气样品时，要加大清洗力度，分两次清洗，第一次 5～10 次循环清洗后，保持真空条件 1 周，然后再进行 5～10 次循环的清洗。定期对已清洗过的罐进行真空度校验，防止罐阀门或接口处泄漏。具体方法是将罐抽真空至 10Pa，关闭阀门 24h 后检验，罐内真空度与原真空度差值不应高于 2.6Pa。

目前，市售的采样罐品种很多，体积不同，常用的采样罐容积为 400mL～6L。不同恒定流量对应的采样时间见表 4-11。

表 4-11　不同恒定流量对应的采样时间

采样罐体积	0.4L	1L	3L	6L	15L	流速/(mL/min)
采样时间	8h	24h	48h	125h	—	0.5～2
	2h	4h	12h	24h	60h	2～4
	1h	2h	6h	12h	30h	4～8
	—	1h	4h	8h	20h	8～15
	—	—	2h	3h	8h	15～30
	—	—	1h	1.5h	4h	30～80
	—	—	—	0.5h	1h	80～340

4.5.3　样品采集

样品采集可采用瞬时采样和恒定流量采样两种方式。采样需加装过滤器，以去除空气中的颗粒物。VOCs采样通常采用恒定流量采样法，除了加装过滤器以外，应加装流量控制器（限流装置），流量控制器是由真空压力表、限流孔、压力调节阀组成，可获得稳定的采样流量，从而获得采样时间内的平均采样结果。

瞬时采样：将清洗后并抽成真空的采样罐带至采样点。采样前，应抽样检查采样罐真空度，以确保采样罐在存储和运输的过程中没有泄漏。每一批样品，一般选择1～2个采样罐察看并记录初始真空度。安装过滤器后，打开采样罐阀门，开始采样，当听不到罐进气的气流声响后，再保持15s，待罐内压力与采样点大气压力一致后，关闭阀门，用密封帽密封。记录采样时间、地点、温度、湿度、大气压。

恒定流量采样：将清洗后并抽成真空的采样罐，带至采样点。采样前采样罐需要加装一个限流装置，通过限制流量达到在规定时间内累积平均采样的目的。目前已有商品化的限流阀。采样步骤如下：

① 采样前，应抽样检查采样罐真空度，以确保采样罐在存储和运输的过程中没有泄漏。每一批样品，一般选择1～2个采样罐检查并记录初始真空度。

② 采样前为防止颗粒物的影响，在采样罐前加装不锈钢过滤头或特氟龙过滤膜，并注意更换。

③ 采样时，打开采样罐阀门，开始恒流采样。

④ 在设定的恒定流量所对应的采样时间达到后，关闭阀门，用密封帽密封。

⑤ 记录采样时间、地点、温度、湿度、大气压。样品标识和记录是实验室QA/QC的一部分，必须将标签附在采样管上，在分析和清洗过程需要反复核对信息，保证采样准确性。

4.5.4　标准气体配制

标准气体的配制需要用到气体稀释系统，目前，气体稀释系统已有成熟的市售动态稀释仪。动态稀释仪工作原理是利用高精度的质量流量控制器分别控制稀释气和标准气体的流量，从而获得所需浓度的标准气体。动态稀释仪通过将高浓度标准气进行连续稀释，以此合成低浓度标准气。稀释仪也被设计用于将样品气稀释，最低可达到低于初始浓度4个数量级。稀释过程可全程加热以保证样品气保持气态。

本方法采用内标对仪器进行系统的标定和校准，内标标准气组分可以为：一溴一氯甲烷、1,2-二氟苯、氯苯-D_5 等烷基硝酸酯混合标准气体。可以使用一种或多种内标物质，也可以选择其他的内标物质，浓度为 $1\mu mol/mol$。高压钢瓶保存，钢瓶压力不低于 1MPa。使用气体稀释装置，将标准气的钢瓶及高纯氮气钢瓶与气体稀释装置连接，设定稀释倍数，打开钢瓶阀门调好两种气体的流速，待流速稳定后取预先清洗好并抽好真空的采样罐连在气体稀释装置上，打开采样罐阀门开始配制。待罐压达到预设值（一般为 172kPa）后，关闭采样罐阀门以及钢瓶气阀门，将内标标准气，用高纯氮气稀释至 100nmol/mol，可保存 20d。

对于标准使用气体，其浓度为 10nmol/mol，也采用气体稀释装置按照上述方法稀释。分别抽取不同体积梯度的标准使用气，同时加入 50mL 内标标准使用气，配制不同目标物浓度梯度（可根据实际样品情况调整）的标准系列。按照仪器参考条件，依次从低浓度到高浓度进行测定。计算目标物的相对响应因子 RRF，目标物全部标准浓度点的平均相对响应因子 $\overline{RRF}$，计算方法同 4.4.4.1 节中标准曲线的计算公式。

常规动态稀释仪操作步骤如下：

① 连接标准气体或内标气体钢瓶至仪器的接口，标气钢瓶的分压调节至 $0.31\sim0.38MPa$。

② 连接零空气或高纯氮气至仪器加湿装置入口，检查加湿装置水位，水位在 20%~50% 为宜，稀释钢瓶的分压调节至 $0.31\sim0.38MPa$，将尾气排放口引至通风橱中。

③ 打开仪器，预热 15min 以上；打开软件，设定需要的流量，点击开始按钮。

④ 为了稀释准确，仪器需平衡多次，保证配气过程稳定的温度、压力和流速，达到系统入口和出口的质量平衡。

⑤ 平衡结束后，将预先抽真空合格的采样罐连接到标气出口，打开采样罐阀门开始充气，建议充气压力不超过 207kPa。

⑥ 配气结束后，关闭采样罐阀门；关闭标气和稀释气的阀门，点击停止按钮，退出软件；关闭稀释气电源。

⑦ 定期对动态稀释仪的质量流量器流量进行校准。对标气名称、稀释气类型、标气流量、稀释气流量、稀释倍数、最终浓度、更换时间等信息进行详细记录并存档。

4.5.5　样品预浓缩

对于环境空气样品，由于其 VOCs 浓度低，在进入 GC-MS 前，必须先进行预浓缩处理。将空气样品通过低温管或低温阱，通过控制冷阱温度（通常在 $-160\sim-150℃$）使目标化合物被冷冻富集在空管或捕集柱上，再进行热解吸将挥发性组分在载气的吹扫下进入检测器进行分析的方法，不仅可以浓缩，还可以去除样品中的水分和二氧化碳。常规预浓缩系统操作步骤主要包括预浓缩方法的建立、样品序列建立、系统泄漏检查、运行序列表和报告评估。其中预浓缩方法的建立和运行序列表是主要的环节。

（1）预浓缩方法的建立

预浓缩方法主要包括三级冷阱浓缩、冷阱浓缩和单聚焦。通常情况下，三级冷阱浓缩适合大部分的环境空气样品；冷阱浓缩适合分析高浓度二氧化碳的样品；单聚焦适合高浓度的样品。根据样品的特性，选择合适的方法程序。

设置预浓缩仪的参数，其主要参数包括各级冷阱吸附、解吸的温度，进样时间和流量，样品在各级冷阱间转移时流量的大小等；需根据具体内容进行优化，来提高色谱响应、峰分离程度，得到最佳的优化条件。

（2）建立样品序列

进入软件，建立分析的序列，逐一设定好样品名称、样品进样体积、内标进样体积、进样口等信息。

（3）系统检漏

预浓缩仪的参数中设有检漏按钮，检漏可选用抽真空或加压的方式，保证更换标气罐和样品罐时系统处于完好状态。

（4）启动程序

打开标气罐、样品罐阀门，根据之前设置好的序列程序开始运行样品，预浓缩仪中带有泵或负压装置，将苏玛罐中的样品收集到仪器中进行浓缩预处理。打开软件，启动程序，预浓缩仪会根据序列和方法自动完成预浓缩过程。实际上，一个预浓缩循环包括以下步骤：

① 等待系统降温至方法设定值；等待 GC 准备就绪。

② 第一级捕集阱开始降温，选择内标气路并吹扫；按照程序进内标气。

③ 选择外标气路并吹扫；按照程序进外标气。

④ 选择样品气路并吹扫；按照程序进外样品气；选择载气气路并吹扫。

⑤ 用一定体积载气吹扫一级冷阱，同时对二级冷阱进行降温。

⑥ 预加热一级冷阱，富集在一级冷阱中的 VOCs 吹扫进二级冷阱，水被留在一级冷阱中。

⑦ 等待 GC 准备，聚焦阱降温。

⑧ 预热二级冷阱，样品在载气带动下从二级冷阱到聚焦阱。

⑨ 聚焦阱迅速升温（最高 1000℃/min），样品"闪蒸"进入 GC。

⑩ 选择下一进样位置并吹扫，系统加热反吹，下一循环开始。

（5）报告评估

预浓缩仪每个浓缩循环结束后，均生成一个预浓缩报告，记录了本次循环的参数，应及时查阅并对照报告中浓缩过程的实际参数与设定值是否吻合，如有问题及时纠正。建议的预浓缩条件参数如表4-12所示。

表 4-12　预浓缩条件建议设置参数

一级冷阱		二级冷阱		三级冷阱	
捕集温度	−150℃	捕集温度	−15℃	聚焦温度	−160℃
捕集流速	100mL/min	捕集流速	10mL/min		
解吸温度	10℃	捕集时间	5min		
		解吸温度	180℃		
解吸时间	—	解吸时间	3.5min	解吸时间	2.5min
烘烤温度	150℃	烘烤温度	190℃	烘烤温度	200℃
烘烤时间	15min	烘烤时间	15min	烘烤时间	5min

4.5.6　样品分析

将制备好的样品经过气体冷阱浓缩仪后，取400mL样品浓缩分析，同时加入50mL内标标准气，进入分析仪器进行测定。

（1）仪器分析条件

该方法采用非极性毛细管柱，60m×0.25mm，1.4μm膜厚（6％氰丙基苯基、94％二甲基聚硅氧烷固定液），也可使用其他等效的毛细管柱。用于环境空气中67种挥发性有机物的测定。也可适用于本法可测的其他非极性或弱极性挥发性有机物的测定，经质谱法进行检测。详细的色谱和质谱参数见表4-13。

表 4-13　GC-MS 方法测量环境空气中 VOCs 的参数

项　　目	推荐条件
毛细管色谱柱	1.4μm膜厚(6％氰丙基苯基、94％二甲基聚硅氧烷固定液),60m×0.25mm
柱流量	1.0mL/min 恒流
进样口温度	140℃;分流进样,分流比5∶1
升温程序	初始温度35℃,保持5min,以5℃/min升温到150℃保持7min,后以10℃/min升温到200℃保持4min
质谱扫描方式	全扫描或选择离子扫描
扫描范围	35～300amu
离子化能量	70eV
接口温度	250℃
离子源温度	230℃

（2）定性分析

以全扫描方式进行测定，以样品中目标物的相对保留时间、辅助定性离子和定量离子间的丰度比与标准中目标物对比定性。根据目标化合物的保留时间和质谱图，对未知物质色谱峰的质谱图进行谱库检索，对照标准样品的质谱图和保留时间来确认未知物质性质。

（3）定量分析

质谱定量分析是根据标准化合物全扫描标准质谱图的信息，选择合适的定量离子和参考离子，并根据保留时间，编制选择离子表。定量离子通常选择基峰或化合物特征离子，用其他 1～2 个离子作为参考离子。样品中目标物的含量可按照以下公式计算。

$$\rho = \frac{A_x}{A_{is}} \frac{\varphi_{is}}{\mathrm{RRF}} \frac{M}{22.4} f$$

式中　ρ——样品中目标物的浓度，$\mu g/m^3$；

　　A_x——样品中目标物的定量离子峰面积；

　　A_{is}——样品中内标物的定量离子峰面积；

　　φ_{is}——样品中内标物的摩尔分数，$nmol/mol$；

　　f——稀释倍数，无量纲；

　　M——目标物的摩尔质量，g/mol；

　$\overline{\mathrm{RRF}}$——目标物的平均相对相应因子，无量纲。

注意运输空白、实验室空白中目标物的浓度应低于方法测定下限；每批样品测定前必须进行实验室空白和运输空白实验；每 10 个样品需分析 1 个平行样，平行样中目标物的平均相对偏差小于等于 30%；每 24h 分析依次校准曲线中间浓度点或次高点，其测定结果与初始浓度值相对偏差小于等于 30%，否则重新绘制标准曲线。

4.6　吸附管采样/甲醇洗脱-高效液相色谱监测技术

本节介绍了以 XAD-7 树脂采集气态酚类化合物，经过甲醇洗脱后，利用高效液相色谱法分离，紫外检测器或二极管阵列检测器检测，以保留时间定性、外标法定量的技术。本方法适用于环境空气中 12 种酚类化合物的测定，但不适用于固态中酚类化合物的测定，当采样体积为 25L 时，本方法检出限为 0.006～0.039mg/m³，测定下限为 0.024～0.156mg/m³；当采样体积为 75L 时，本方法检出限为 0.002～0.013mg/m³，测定下限为 0.008～0.052mg/m³。

4.6.1　吸附管准备

吸附管以 XAD-7 树脂采样管为例的结构如图 4-10 所示。

图 4-10　XAD-7 树脂采样管的结构图

A—采样管的前端，长 2cm；B—采样管的后端，长 4.5cm；1—玻璃棉；2—100mg XAD-7，长 2cm；

3—75mg XAD-7，长 1.5cm；4—玻璃纤维滤膜；5—V 形钢丝

将 XAD-7 树脂用丙酮浸泡 12h，再放入索氏提取器中提取 16h，置于真空干燥箱挥发至干。玻璃纤维滤膜置于马弗炉在 350℃下灼烧 4h，冷却后用甲醇洗净的打孔器垂直切割成 8mm 直径圆片，并置于干燥器中；玻璃棉分别用丙酮和甲醇各洗涤 2～3 次，并置于干燥器中。

制备时，在采样管 A 端 2cm 处填入少许玻璃棉，然后加入 100mg 的 XAD-7 吸附剂，再以此装入少许玻璃棉和 75mg 的 XAD-7 吸附剂和少许玻璃棉，最后从 A 端放入玻璃纤维膜，用玻璃棒压实，然后用 V 形钢丝固定，两端用聚四氟乙烯帽封闭。

4.6.2　采样环境的确定

应根据实验目的，选取代表性采样点。对于环境大气样品，尽力选择通风条件好的空旷高处，如 15～25m 的楼顶。地面采样点，要保持周围无遮挡物，离地面或屋顶 1.5m 以上。除非采集特定的源样品，否则采样点应避开各种排放口、通风口、植被以及具有特殊人为活动干扰的地区。

4.6.3　样品采集与处理

采样现场，将一只采样管 B 端与空气采样器连接，调整采样器流量，此采样管用于调节采样器流量；另取一只采样管，将采样管 B 端与采样器连接，采样管入口端垂直向下，调整采样流量 0.2～0.5L/min，采样时间根据实际情况确定。采样结束后，取下采样管，两端用聚四氟乙烯帽封闭。如不能及时测定，应在 4℃下避光保存，两周内测定完毕。每次采集样品至少做一个空白样品，将空白采样管带

到采样现场，采样结束后同等情况下带回实验室。

实验室前处理时，将采样管恢复至室温，从 B 端缓缓加入 5mL 的甲醇淋洗，洗脱液从 A 端自然流出，用 2mL 棕色容量瓶收集洗脱液接近刻度线时，停止收集，然后用甲醇定容至刻度线。

4.6.4 样品分析

采用反相液-固色谱法，流动相是极性的水和乙腈，色谱柱采用固相 C_{18} 柱，高压输液系统将固定比例或梯度变化的混合流动相泵入装有固定相的色谱柱里，根据极性不同，依次被分离。

（1）液相色谱基本参数

本方法采用 C_{18} 柱，250mm×4.60mm，5.0μm 粒径，也可使用其他等效的色谱柱。不同型号的高效液相色谱仪操作条件有一定差异，建议的色谱参数见表 4-14。

表 4-14　高效液相色谱法测量环境空气中酚类化合物的参数

项　　目	推荐条件
色谱柱	C_{18} 柱,150mm×4.60mm,5.0μm 粒径
柱温	25℃
流速	1.5mL/min 恒流
流动相	乙腈/水
进样量	10.0μL
梯度洗脱程序	20％乙腈保持 7.5min,乙腈从 20％升至 45％,2min 内乙腈从 45％升至 80％,保持 5min
检测方式	紫外检测
检测波长	223nm

（2）定性和定量分析

可以直接购买商业化的标准溶液，也可以购买标准固体药品进行配制，取一定量或体积标准溶液用乙腈稀释，配制成 5～7 个浓度梯度的混合标准溶液。

由低浓度到高浓度量取 10μL 标准系列，注入液相色谱，以色谱响应值为纵坐标，浓度为横坐标，绘制标准曲线，每个浓度梯度至少重复 3 次，标准曲线的相关系数大于等于 0.995。不同酚类的定性以保留时间为依据，按照与实际样品分析完全相同的条件，得到对照图。酚类化合物标准色谱图见图 4-11。

环境空气样品中的醛酮类化合物浓度按照以下公式计算。

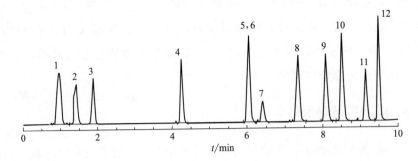

图 4-11　酚类化合物标准色谱图

1—2,4-二硝基苯酚；2—2,4,6-三硝基苯酚；3—1,3-苯二酚；4—苯酚；5—3-甲基苯酚；

6—4-甲基苯酚；7—2-甲基苯酚；8—4-氯苯酚；9—2,6-二甲基苯酚；

10—2-萘酚；11—1-萘酚；12—2,4-二氯苯酚

$$\rho = \frac{\rho_1 V_1}{V_2}$$

式中　ρ——环境空气中酚类化合物的质量浓度，mg/m^3；

　　　ρ_1——标准曲线上查得酚类化合物的质量浓度，$\mu g/m^3$；

　　　V_1——洗脱液的定容体积，mL；

　　　V_2——标准状态下（101.325kPa，273.15K）的采样体积，L。

（3）分析过程中质量保证和质量控制（QA/QC）

每批样品应至少做一个全程序空白样品，全程序空白样品中目标化合物的含量过大可疑时，应对本批数据进行核实和检查。

每批样品应至少做 10% 个平衡双样，样品数量少于 10 个时，至少做 1 个平衡双样，两次测定的相对偏差应小于 25%。

采样时应注意采样流量是否稳定，如果波动太大，采样结束时流量与采样开始时流量相差 25% 以上，则样品作废，需要重新测量。

每批样品应至少做一个穿透实验，前管吸附效率大于等于 80%。

（4）穿透实验

将两支采样管串联，一支采样管的 B 端与另一支采样管的 A 端用胶管连接，另一支采样管的 B 端与采样器连接，记录采样流速和时间，前管的 XAD-7 吸附剂的吸附效率按照下面公式计算。

$$K = \frac{M}{M_1 + M_2} \times 100$$

式中　K——前管的吸附效率，%；

M_1——前管的采样量，mg；

M_2——后管的采样量，mg。

4.7 DNPH 衍生化-高效液相色谱监测技术

本节介绍了 DNPH 衍生化-高效液相色谱法，衍生化方法被 US EPA 推荐为监测大气中羰基化合物的标准方法（TO-11A），并在很多研究中被采用，针对的目标化合物为包括甲醛、乙醛、丙酮、丙醛等在内的 $C_1 \sim C_{10}$ 的 23 种醛、酮类化合物。我国 HJ 683—2014 利用本方法测定环境空气中醛、酮类化合物。随着商品化的 DNPH 采样柱的推广，其携带更加方便，便于保存，适合长期、多采样点的同时采样。但通常采样时间长，在时间分辨率上存在缺陷。采样分析过程中易带来污染，需要严格地控制采样及实验室分析条件，保证检测结果的准确性。

4.7.1 采样点的选择

应根据实验目的，选取代表性采样点。对于环境大气样品，尽力选择通风条件好的空旷高处，如 $15 \sim 25$m 的楼顶。地面采样点，要保持周围无遮挡物，离地面或屋顶 1.5m 以上。除非采集特定的源样品，否则采样点应避开各种排放口、通风口、植被以及具有特殊人为活动干扰的地区，同时，采样者避免使用化妆品，特别是香水、花露水等，采样前半小时及采样阶段禁止吸烟。采样时应避免采样柱接触水分，防止采样柱因水分接触而失效。

4.7.2 采样柱准备

本节介绍的方法采用涂有 2,4-二硝基苯肼（DNPH）的硅胶柱吸附大气中的羰基化合物，在酸性介质中化合物与 DNPH 发生衍生化反应，生成稳定的有颜色的腙类衍生物。此外，2,3,4,5,6-五氟苯肼（PFPH）等衍生剂也用于羰基化合物的衍生化。采样柱可以自己制作或直接购买，目前商品化的 DNPH 采样柱的推广，其携带更加方便，便于保存，适合长期、多采样点的同时采样。采样柱的背景空白应符合以下标准：甲醛$<0.15\mu$g/柱，乙醛$<0.10\mu$g/柱，丙酮$<0.30\mu$g/柱，其他醛酮$<0.10\mu$g/柱。

4.7.3 样品采集

DNPH 样品采集一般采用主动采样法，样品采集系统一般由恒流气体采样器、采样导管、采样柱等组成，为了防止臭氧，通常在 DNPH 小柱前串联一个除臭氧小柱，保证测量的准确性。其系统构成如图 4-12 所示。

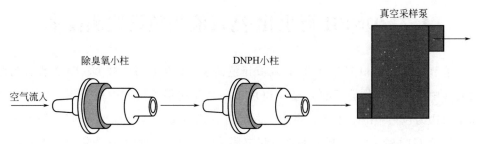

图 4-12　DNPH 样品采集系统构成图

臭氧去除柱主要成分是碘化钾（KI），可以有效防止空气中的臭氧和衍生剂 DNPH 及衍生后的腙类化合物发生反应。采样柱后端连接质量流量控制器和采样泵，采样设备的连接和空气流向应依次为：KI 臭氧去除柱→DNPH 采样柱→质量流量控制器→真空采样泵。具体的采样步骤如下：

① 打开 KI 臭氧去除柱和 DNPH 采样柱的包装，取下两端的堵头并保存好，按照以上方法与质量流量控制器和采样泵连接，DNPH 采样柱外包裹一层铝箔防止化合物的光解。用手指堵住 KI 臭氧去除柱进气口，打开采样泵和质量流量控制器，此时流量显示仪读数应为零，证明采样系统气密性良好。调节流量显示仪旋钮至合适的采样流速，开始采样。每个采集的样品都应记录采样时的流速示数，还有采样开始和结束时间。

② 建议的采样流速为 $0.1 \sim 2L/min$，采集环境样品时通常使用 $1L/min$ 左右，采样时间一般为 $1 \sim 3h$。流速和采样时间的选择以采样柱不被饱和、没有穿透并且采集的样品量能够被仪器准确检测出为基础，结合需要达到的时间分辨率和采样成本决定。

③ 采样完成后迅速取下 DNPH 采样柱，堵上两端的堵头，包裹锡纸或铝箔，放入冰箱或保温箱中保存（<4℃）。样品最好在两周内分析，以免在保存期间采样柱背景值升高。如需保存更长时间，可将样品洗脱后置于密封容器中冷藏保存，但最好也不要超过一个月。

空白样品的采集：每次采样时应至少带一个全程空白，即将采样管带到现场，打开其两端，不进行主动采样。持续一个采样周期后，同采样的采样管一样密封，带回实验室。采样柱在采样前后均要密封避光冷藏，保存时应注意远离可能的污染物，如丙酮、甲醛等。

4.7.4 样品洗脱

DNPH 柱采样后，使用乙腈洗脱，洗脱时用到的乙腈和甲醇均是 HPLC 级，去离子水必须是目标化合物低于方法检出限的去离子水，除烧杯外所有玻璃仪器都应使用棕色玻璃，防止光照对样品的影响；为避免样品前处理过程中被污染，所有前处理过程应在通风橱中进行。

洗脱步骤如下：用注射器抽取略小于 5mL 乙腈，采用与采样气流相反的方向洗脱采样管，并在采样管前端加 0.22μm 的有机相过滤头（防止颗粒物进入溶液堵塞 HPLC 管路），让乙腈自然地流过采样管。衍生物洗脱液缓慢收集至 5mL 棕色容量瓶中，定容至刻度线。摇匀后转移到 2mL 棕色自动进样瓶中待分析。过滤后的洗脱液如果不能及时测定，可在 4℃ 下，避光保存 30d。所有采样的采样管和全程空白采样管都进行洗脱过程。

4.7.5 样品分析

DNPH 衍生化-高效液相色谱法采用反相液-固色谱法，流动相是极性的水和乙腈，高压输液系统将固定比例或梯度变化的混合流动相泵入装有固定相的色谱柱里，衍生物根据极性不同，在非极性的填充表面和极性的流动相之间就会有不同的分配系数，随着流动相的流动，衍生物就会按照极性由强到弱，依次被分离。

（1）液相色谱基本参数

本方法采用 C_{18} 柱，$250mm \times 4.60mm$，$5.0\mu m$ 粒径，也可使用其他等效的色谱柱。不同型号的高效液相色谱仪操作条件有一定差异，建议的色谱参数见表 4-15。

表 4-15　高效液相色谱法测量环境空气中醛酮类参数

项　　目	推荐条件
色谱柱	C_{18} 柱,$250mm \times 4.60mm$,$5.0\mu m$ 粒径
柱温	25℃
流速	1.0mL/min 恒流
流动相	乙腈/水
进样量	20.0μL
梯度洗脱程序	60%乙腈保持 20min,20～30min 内乙腈从 60%升至 100%,30～32min 内乙腈从 100%降至 60%,保持 8min
检测方式	紫外检测
检测波长	360nm/420nm

（2）定性和定量分析

大部分的醛酮化合物的 DNPH 衍生物可以直接购买商业化的标准溶液，部分需要自行配制，购买市售固体标样进行配制，质量浓度以醛酮类化合物计，商品化的衍生物标准溶液可以直接用乙腈稀释到需要的浓度，将标准样品配制成不同浓度级别的样品，并用硫酸溶液酸化至 pH 值为 2.7 左右，配好的标准溶液放置在棕色密封容器中放置过夜，待衍生化完全后即可使用。取一定体积标准溶液用乙腈稀释，配制成 5~7 个浓度梯度的混合标准溶液。需要注意的是第一次稀释的时候用甲醇作为溶剂，防止溶质聚合。

通过自动进样器或样品定量环量取 $20\mu L$ 标准系列，注入液相色谱，以色谱响应值为纵坐标，浓度为横坐标，绘制标准曲线，每个浓度梯度至少重复 3 次，标准曲线的相关系数大于等于 0.995。不同醛酮的定性以保留时间为依据，按照与实际样品分析完全相同的条件，得到对照图。13 种醛酮腙标样的参考色谱图见图 4-13。

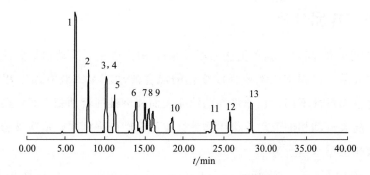

图 4-13　13 种醛酮腙标样的参考色谱图

1—甲醛；2—乙醛；3,4—丙烯醛、丙酮；5—丙醛；6—丁烯醛；7—甲基丙烯醛；8—丁酮；
9—正丁醛；10—苯甲醛；11—戊醛；12—间甲基苯甲醛；13—己醛

定性分析：不同醛酮的定性以保留时间为依据，按照与实际样品分析完全相同的条件，分别分析各种醛酮的 DNPH 衍生物单标，得到对应的保留时间。选择分析条件时应保证这些物种混合时能彼此分离。

定量分析：不同醛酮的定量以峰面积为依据，用混合标准溶液制作工作曲线，得到各物质的响应因子，根据峰面积和响应因子就能得到样品的浓度。

环境空气样品中的醛酮类化合物浓度按照以下公式计算。

$$\rho = \frac{\rho_1 V_1}{V_2}$$

式中　ρ——环境空气中醛酮化合物的质量浓度，mg/m^3；

ρ_1——标准曲线上查得醛酮化合物的质量浓度，$\mu g/m^3$；

V_1——洗脱液的定容体积，mL；

V_2——标准状态下（101.325kPa，273.15K）的采样体积，L。

（3）分析过程中质量保证和质量控制（QA/QC）

每批样品应至少做10％个空白检验，空白值应符合甲醛＜0.15μg/柱、乙醛＜0.10μg/柱、丙酮＜0.30μg/柱、其他醛酮＜0.10μg/柱。

每批样品应至少做1个全程序空白样品，全程序空白样品中目标化合物的含量过大可疑时，应对本批数据进行核实和检查。

每批样品应至少做10％个平衡双样，样品数量少于10个时，至少做1个平衡双样，两次测定的相对偏差应小于25％。

采样时应注意采样流量是否稳定，如果波动太大，采样结束时流量与采样开始时流量相差25％以上，则样品作废，需要重新测量。

4.8　VOCs总量气相色谱监测技术

本节介绍的热解吸-气相色谱法离线监测技术主要是以固定源总烃、非甲烷总烃为监测对象的总量离线监测技术。对固定污染源，我国已公布了HJ 38—2017标准方法，采用气相色谱法监测固定源排气中非甲烷总烃；但目前我国环境空气质量标准中没有非甲烷总烃的标准，多以总烃作为总量的监测目标。非甲烷总烃是大气污染物综合排放标准控制指标之一，在一定程度上可以简单、直观地表述大气中VOCs污染的总体状况，以其作为VOCs污染的评价指标，易于量化总量控制指标。上海、广州、西安等地已开始采用非甲烷总烃作为VOCs污染的评价指标。

目前监测环境空气中的甲烷和工业废气中的NMHC有许多方法，多采用气相色谱法。最常用的非甲烷总烃的测定有两种方法：一种是单进样口单检测器分别测定总烃和甲烷；另一种是六通阀定量环一次进样，双柱双检测器同时测定总烃和甲烷。

4.8.1　采样点的选择

（1）工业源采样点的选择

① 采样位置应避开对测试人员操作有危险的场所。

② 采样位置应优先选择在垂直管段，应避开烟道弯头和断面急剧变化的部位。采样位置应设置在距弯头、阀门、变径管下游方向不小于6倍直径和距上述部件上游方向不小于3倍直径处。对矩形烟道，其当量直径 $D=2AB/(A+B)$，式中 A、

B 为边长。采样断面的气流速度最好在 5m/s 以上。

③ 测试现场空间位置有限，很难满足上述要求时，可选择比较适宜的管段采样，避开涡流区。

④ 对正压下输送高温或有毒气体的烟道，应采用带有闸板阀的密封采样孔。

（2）环境空气采样点的选择

对于无组织排放的 VOCs 采样，VOCs 的监控点设在单位周界外 10m 范围内的浓度最高点。按规定监控点最多可设 4 个，参照点只设 1 个。尽力选择通风条件好的位置，要保持周围无遮挡物，离地面或屋顶 1.5m 以上。除非采集特定的源样品，否则采样点应避开各种排放口、通风口、植被以及具有特殊人为活动干扰的地区，同时，采样者避免使用化妆品，特别是香水、花露水等，采样前半小时及采样阶段禁止吸烟。

4.8.2　样品的采集

气态污染物的采样方法有直接采样法、有动力采样法和被动采样法，非甲烷总烃一般采用直接采样法。直接采样法常用的有注射器采样、塑料袋采样和固定容器法采样，注射器和采样袋是非甲烷总烃样品采集常使用的方法。

注射器采样通常采用全玻璃材质注射器，体积可选范围大，根据注射器的出口口径的不同，主要采用的密封方式有橡皮帽、乳胶管、橡胶管、输液软管。注射器采样方法简单快捷，但是结合实际监测工作，必须在 6h 内完成现场样品采集到实验室内样品分析的整个监测分析工作，时间过于紧迫，难以满足实际监测工作的需求。除此之外，注射器采样方式，如果没有合适的密封方式保存样品，就不适合非甲烷总烃的样品采集与保存。

随着监测技术的发展，采样袋的使用也越来越普遍。采样袋主要由膜和阀门（接口）组成，目前使用比较多的材料有铝塑复合膜、聚氟乙烯膜、聚四氟乙烯膜等；不同材质的采样袋，具备不同的特性和功能，且价格差别较大，应根据实际工作情况选取合适的采样袋，并提前验证其性能。玻璃注射器具有操作简单、不需采样器、成本低的特点，但采样体积有限，易吸附、易破碎，携带不方便；而铝塑复合膜气体采样袋由多层铝箔复合膜制成，具有渗透率低、气密性好、吸附性较小、化学性质稳定、重量轻、不易破碎、易于携带、价格便宜等特点，被广泛应用于国内各监测领域的气体样品采集与保存。

采样前，用样品反复清洗注射器或采样袋 3 次，然后采集相应体积的样品，密封。

4.8.3 样品分析

该方法采用总烃柱和甲烷柱,分别用来测量总烃和甲烷,再经 FID 监测定量,通过软件直接计算出非甲烷总烃值,该方法可以得到总烃、甲烷和非甲烷总烃 3 个值。

(1) 色谱分析条件

详细的色谱参数见表 4-16。

表 4-16　GC-FID 方法测量非甲烷总烃色谱参数

项　　目	总烃分析条件	甲烷分析条件
毛细管色谱柱	填充柱,(1~2)m×5mm,填充硅烷化玻璃珠(60~80目)	填充柱,(1~2)m×3mm,填充 GDX-104 高分子多孔微球载体(60~80目)
进样口温度	70~100℃	100~110℃
载气	氮气	氮气
柱流量	40~50mL/min	20mL/min
柱温	70℃	70~80℃
进样量	1mL	1mL
FID 检测器温度	150℃	100~110℃
燃烧气	氢气,30mL/min	氢气,25mL/min
助燃气	空气,300mL/min	空气,400mL/min

(2) 标准工作曲线

购置有证书的甲烷、丙烷标准样品,甲烷/氮气,216μmol/mol(甲烷浓度换算成以碳计为 116mg/m³);丙烷/氮气,230μmol/mol(丙烷浓度换算成以碳计为 370mg/m³),以下浓度均以碳计。

使用 100mL 玻璃注射器,先以高纯氮气抽洗 2~3 次,抽取高纯氮气至 80mL 刻线处,分别准确注入甲烷和丙烷气体各 10mL,因此得到 100mL 总气体,得到储备总烃的浓度为 48.6mg/m³,甲烷浓度 11.6mg/m³。取另外两支 100mL 玻璃注射器,分别取 70mL 和 90mL 的高纯氮气,按照上述方法,用储备气体分别稀释到 100mL,70mL 的高纯氮气一组对应得到储备总烃的浓度为 14.6mg/m³,甲烷浓度 3.48mg/m³。90mL 的高纯氮气一组对应得到储备总烃的浓度为 4.86mg/m³,甲烷浓度 1.16mg/m³。在上述气相色谱条件下,取 1mL 标准气体进样分析,每个浓度重复测定两次,分别以总烃、甲烷响应值峰面积均值对其浓度绘制标准曲线,其线性相关系数大约 0.999。

（3）样品测定

根据标准曲线的步骤，按照色谱仪器的参考条件，对样品进行分析，测定其峰高值。根据样品中的保留时间进行定性，根据标准曲线进行定量。

（4）分析过程中质量保证和质量控制（QA/QC）

① 总烃分析时若出现多个组分峰，应将所有组分峰面积相加作为总烃的响应值，气样中非甲烷总烃不再进行标态换算。

② 标准气体和实际样气中氧气含量是否一致是影响本方法准确度的因素之一，配制以氮气为底气的甲烷、丙烷标准气体系列时，可以高纯氮气作为稀释空气和废气中的 VOCs 监测，高浓度样气经高纯氮气稀释分析时，可采用稀释相同倍数的除烃空气作为空白值予以扣除的方法；配制以空气为底气的标准样气或稀释气，可以直接用净化空气。

③ 标准气体不宜放置，损失较快，应即配即用。

④ 采样容器洗涤时，应在注射器使用前用 3.3mol/L 磷酸溶液洗涤，然后洗净备用。

第5章 VOCs在线监测技术

5.1 VOCs在线监测目的和特点

　　在线监测技术的定义通常是指样品采样、预处理、分析为一体的监测分析技术，可以实现在监测点进行连续自动的监测技术。VOCs在线监测技术的发展对于大气环境保护、改善大气条件具有重要的现实意义，改善大气环境需要通过监测—制定对策—管控执法—评价效果的循环修订过程，监测就是整个环境管理体系的基础，VOCs在线监测技术通常为三方面提供基础数据，包括管理层面、执法层面和科学研究层面，但总体而言，执法和科学研究的目的也是为管理更好地服务。VOCs在线监测技术通常以环境空气和固定污染源废气为监测目标，对于环境空气VOCs在线监测，往往要求技术精度高、符合科学研究和管理层面需求，通过监测不仅可及时获取污染物质的变化信息，正确评价污染现状，也研究污染物扩散、迁移和转化规律，通过长期监测，为修订或制定环境标准及其他环境保护法规积累资料，为预测预报创造条件；对于污染源 VOCs 在线监测，往往要求技术精度不高、指标数少，符合执法和管理层面需求，通过监测可及时科学准确地监测和评估固定源废气中 VOCs 排放浓度和排放量，掌握现有的净化装置的运行性能，利于环境执法和 VOCs 排放管控，通过长期监测，为进一步修订和充实排放标准及为制定环境保护法规提供科学依据。VOCs 在线监测的目的如图 5-1 所示。

　　环境空气和固定源废气在线监测技术的监测目的不同，是由于环境空气和固定污染源废气的特性不同，相应的标准要求也不同。对于环境空气的 VOCs 在线监测，环境空气中 VOCs 浓度范围变化大，通常为每立方米几十纳克至几十微克，活性差异显著、成分复杂，由于有些物种痕量浓度通常采样定性和定量分析都具有

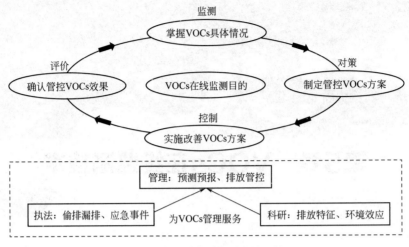

图 5-1　VOCs 在线监测的目的

很大难度，因此，环境空气 VOCs 的监测对监测技术灵敏度要求较高。要想全面了解环境空气中 VOCs 种类、变化趋势、污染特征，往往从环境管理和科学研究的角度出发，监测技术要求监测组分种类范围大、精度高，因此常常采用气质联用仪、质谱、傅里叶红外光谱等，甚至在科学研究时需要使用飞行时间质谱、全二维气质联用仪等高精度仪器，这些仪器灵敏度高，能对一些异构体进行区分，有助于环境空气状况的整体把握，但是这类仪器一般价格较为昂贵。

对于固定源废气 VOCs 在线监测，监管过程中要求监测的组分种类少，国家目前主要是对总量指标和特征污染物指标进行要求，因此所需的在线监测仪器满足总量监测和特征污染物监测即可。此外，固定源废气成分复杂，粉尘、水分、强腐蚀或特殊气体等干扰物质多，会影响 VOCs 监测仪的使用寿命和监测结果的准确性，因此固定源废气 VOCs 在线监测技术不仅要满足监测需求，同时要求固定源的监测仪器适用性强，价格合理。目前，已有适合固定源监测的技术包括 PID、基于 FID 的色谱技术、NDIR 红外技术等。实际上，不同行业或企业，甚至不同生产工艺的特征污染物都不同，VOCs 在线监测技术选型时，固定源用户在选取合适的 VOCs 在线监测技术时，需根据企业的排放特征，所选仪器应当性价比高，符合管控和企业的实际要求。我国固定源在线监测之前对二氧化硫、氮氧化物、颗粒物、含氧量、废气流速、烟气温度、废气压力和湿度等指标进行在线监测。随着环保要求的日趋严格，VOCs 指标的在线监测已是"十三五"发展的重点。废气 VOCs 在线监测系统通常包括采样和预处理系统、测量分析系统和辅助系统，通过实时分析数据，通过中心服务器上传到企业用户、环保设备维护用户以及环保局监控端，验收合格并运行正常的在线数据可作为环保部门环境监督管理的重要依据。固定源废气 VOCs 在线监测系统示意如图 5-2 所示。

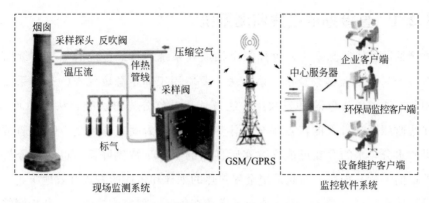

图 5-2　固定源废气 VOCs 在线监测系统示意图

国内外 VOCs 在线监测技术主要有：氢火焰离子化检测器（FID）、光离子化检测器（PID）、催化氧化红外分析（NDIR）、气相色谱（GC-FID 及 GC-FID/PID/MS）、傅里叶变换红外光谱（FTIR）、差分光学吸收光谱（DOAS）、离子迁移谱（IMS）、质子转移反应质谱（PTR-MS）、离子阱质谱（IT-MS）等，随着技术的发展，多种技术的结合来扩大检测物种范围、提高检测限将是未来的发展趋势之一。

5.2　VOCs 在线监测系统构成

VOCs 在线监测系统根据监测对象和分析技术的不同，其构成不尽相同，根据采样单元和分析单元的不同将 VOCs 在线监测系统分为直接抽取监测系统、稀释抽取监测系统、富集采样监测系统、膜采样监测系统和直接监测系统。总的来说，VOCs 在线监测系统一般包括采样单元、预处理单元、系统流路、系统控制、样品分析测试单元和辅助单元等，其中采样单元和分析单元是整个系统的核心。在不同的 VOCs 在线监测系统中，直接抽取主要用于固定源 VOCs 监测，废气与环境空气 VOCs 监测有一定的区别，由于污染源 VOCs 监测采样装置一般安装在高温、高粉尘、高水分、强腐蚀、特殊气体等恶劣环境中，对采样设备使用寿命是一个很大的挑战。当被监测的气样中固体粉尘较多，需增加过滤装置除去大颗粒物；相对湿度较大时，需要对采样系统全程伴热，防止废气冷凝，影响 VOCs 监测；当废气 VOCs 浓度过高，超出监测仪器的监测范围时，需要对废气进行稀释，保证监测结果。总之，合适的采样技术配合正确的分析检测仪器决定了整个系统的性能，同时保证监测仪的使用寿命和监测结果的准确性。

5.2.1　直接抽取在线监测系统

直接抽取在线监测系统，也称完全抽取式系统，是最传统的烟气连续监测方法。在 VOCs 在线监测系统中，该方法主要应用于固定源废气 VOCs 的采集，适合气相色谱法、气相色谱-质谱联用方法及傅里叶红外光谱法等方法。VOCs 直接抽取在线监测系统最大的特点是全程伴热，这是因为固定源废气 VOCs 通常伴随着大量的水分，水的存在可能导致实际样品的 VOCs 浓度降低，也会对分析仪器造成严重的干扰和损坏，因此采用全程伴热的采样和传输的方式有效地防止气体在传输过程中在管路里发生冷凝，减少了样品在传输过程中的损失，保证检测结果的准确性。

系统采样时通常采用专用的加热探头将样气从烟道中抽取出来，过滤气体中的颗粒物，经伴热管线和除湿装置后，到预处理系统经过除尘后，进入分析系统进行检测，采样探头和传输管线通过加热将温度控制到 150～200℃。

直接抽取在线监测系统的构成包括采样单元、预处理单元、系统流路、系统控制、样品分析测试单元和辅助单元等。由于挥发性有机物的物质种类非常多，有些物质可能会溶解在水中，因此，系统通常不设置制冷器，高温加热的样气可以直接进入分析仪。系统工作原理是加热采样探头采样后，通过电伴热采样管线将样气传送到预处理系统，分别通过不同的预处理单元（过滤器等），将待测气体传送到分析仪中进行检测分析。直接抽取测量式系统结构简图见图 5-3。

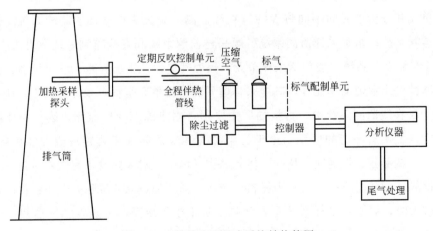

图 5-3　直接抽取测量式系统结构简图

直接抽取测量方式的优点：

① 具有很强的适应性，可以分析不同 VOCs 行业样品气体，在固定源废气 VOCs 在线监测或便携式仪器领域都有比较广泛的应用。

② 经过对样气处理后，样气比较洁净，对分析仪的污染比较小，系统的稳定性和准确性都比较好，便于长期运行，初次投资后后续维护成本较低、维护量小。

③ 分析机柜放在专门的房间内，对温度和湿度可以通过空调进行控制，保证了分析仪的工作环境，延长了分析仪使用寿命。

直接抽取测量方式的缺点：

① 由于采样探头直接和烟气接触，探头容易受到烟气腐蚀，同时烟气中水汽和灰尘经过探头后会附着在探头上，探头容易堵塞，造成样品气体抽取困难。

② 由于分析仪对样品气体的洁净度要求很高，因此该方法必须有一套完整的烟气加热、冷却、除水和除尘系统，样品气体经过的管道接头较多，容易漏气，影响测量。

③ 由于该系统附属系统较多，因此该方法投资成本高。

VOCs 监测选用直接抽取方式时特别要注意的是，需根据工况设置探头及管线的温度，尽量保持烟气的工况温度，因为 VOCs 的沸点在 50～260℃，如果伴热温度过低时会导致 VOCs 凝结，而过度加热时会导致 VOCs 组分的化学反应或物理状态变化，不能真实地反映实际废气中 VOCs 组分情况。

5.2.2 富集采样在线监测系统

富集采样在线监测系统主要是针对环境空气（厂界、区界）中低浓度 VOCs 和固定源废气中低浓度组分 VOCs 的监测，通常应用于组分监测，常常配合气相色谱法使用，是目前市场 GC-FID 在线监测系统常见的进样方式。如果环境空气本底浓度较低时，为了达到分析仪器的检出限，采样过程中必须同时进行富集浓缩的预处理过程。而对于固定源，由于石油、化工、喷涂、印刷、钢铁等行业生产装置和生产工艺的不同，相应的污染物也会有较大不同，即使同一行业，由于工艺和产品的不同，产生的污染物也会有较大差异，而且 VOCs 成分复杂，有的组分浓度很低，但却是重要的有毒有害污染物，需要加以管控。因此必须采用样气预浓缩技术和有效的分离手段，确保监测结果的准确性。

富集采样在线监测系统结构包括样品采集抽取部分、样品分析测试部分、辅助测试部分和数据采集处理传输部分，系统结构简图见图 5-4。

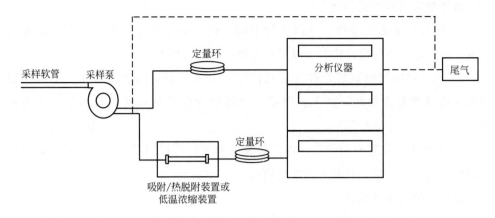

图 5-4　富集采样在线监测系统结构简图

通常浓缩采样在线监测系统配备一个带有温控软管的取样探头，直接抽取现场气体样品，经过过滤器后进入在线监测系统的主体部分。在较高浓度范围（$10^{-9}\sim$ 10^{-6}）内利用样品环（loop）直接定量体积采样分析，定量环通常由一段内部体积恒定的不锈钢管组成；当分析较低浓度的样品时（$10^{-12}\sim10^{-9}$）利用仪器内置的预浓缩管吸附一段时间，再以一定的速率将 VOCs 热脱附送入分析设备，或者采用低温冷阱富集的方式进行浓缩，闪蒸后进入分析设备。

预浓缩方法与离线技术相似，包括吸附剂浓缩和低温预浓缩等。吸附剂浓缩时可以根据现场情况填充不同的填料，常用的吸附剂包括 Tenax、Carbopack、多种吸附剂复合。Tenax 浓缩管对沸点温度高于苯的 VOCs 有较好的吸附能力，但对于低沸点 VOCs 吸附能力差；Carbopack 浓缩管对小分子量物质也有较好的吸附能力，但对于高沸点物质较难脱附；在市场上，通常根据需求，添加两种或多种吸附剂材料，能更有效地吸附大多数或全部 VOCs。吸附热解吸管内一般装有一种或多种吸附填料，常温条件下，当气体样品经过吸附管时，样品中的有机组分即可被选择性地吸附保留下来，其他组分被排空，在采集到足够的有机组分时，采用合适的热解吸步骤，即采用一定的加热方式使得吸附管迅速升温，之前吸附管吸附保留的有机组分迅速脱附，同时利用载气反向吹扫吸附管，将有机组分带入色谱柱中进行下一步的分离分析。目前已有商品化的热解吸仪在售，该方法由于将有机组分热解吸所需载气体积远小于采集气体的样品体积，实际进入色谱柱的 VOCs 组分浓度为样品中浓度的几百倍，从而实现了浓缩富集，提高了分析的灵敏度。

VOCs 在线监测系统低温吸附预增浓技术处理样品通常采用电子制冷及超低温

制冷法，大大改善了检测最低极限。冷阱可以选择空管冷阱，也可以选择填料冷阱。填料根据具体情况，填料种类不同，最常用的是 Tenax TA，一般为默认的冷阱填料类型。目前为了更快速地运行和提高监测效率，常常配置双通道气体捕集、双极冷阱系统或多级冷阱系统，能够保证样品连续地进入分析仪器，达到自动连续监测的目的。双通道富集采样在线监测系统结构简图见图 5-5。

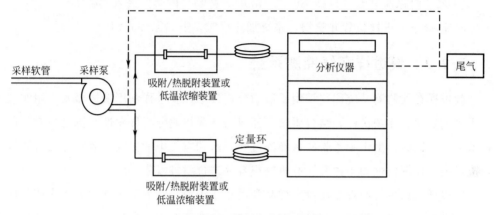

图 5-5　双通道富集采样在线监测系统结构简图

目前，环境空气在线预浓缩仪作为气相色谱-质谱联用仪前处理系统，用于挥发性有机化合物的分析，目前已商品化，可作为独立仪器进行销售，可与多品牌的气相色谱系统兼容，兼容所有符合国际标准制造的吸附管，通常可分单冷阱、双冷阱等多种情况；可以无缝隙连续采样，对 10^{-9} 或 10^{-12} 级别的低浓度样品进行富集浓缩，质量流量控制器（MFC）精确控制载气流速等优点，富集采样保证了 VOCs 在线监测系统在低 VOCs 浓度范围的有效监测。ENTECH 公司 7200 型预浓缩仪采用全新三级冷阱设计，与 7100 型相比，具有更出色的除去 CO_2 和水能力。"微进样"技术极大地减少了管路残留并提高了进样精准度，最小进样量可至 10mL，进样体积 10～1000mL，0.25～1mL 定量环可选。优化的熔融硅管路极大地提高了较重 VOCs 及极性 VOCs 的回收率，并减少了管路残留。

一个预浓缩循环包括以下步骤：

① 等待系统降温至方法设定值；等待 GC 准备就绪。

② 第一级捕集阱开始降温，选择内标气路并吹扫；按照程序进内标气。

③ 选择外标气路并吹扫；按照程序进外标气。

④ 选择样品气路并吹扫；按照程序进外样品气；选择载气气路并吹扫。

⑤ 用一定体积载气吹扫一级冷阱，同时对二级冷阱进行降温。

⑥ 预加热一级冷阱，富集在一级冷阱中的 VOCs 吹扫进二级冷阱，水被留在一级冷阱中。

⑦ 等待 GC 准备，聚焦阱降温。

⑧ 预热二级冷阱，样品在载气带动下从二级冷阱到聚焦阱。

⑨ 聚焦阱迅速升温（最高 1000℃/min），样品"闪蒸"进入 GC。

⑩ 选择下一进样位置并吹扫，系统加热反吹，下一循环开始。

5.2.3 膜进样在线监测系统

膜进样在线监测系统往往采用质谱的分析技术，膜进样利用渗透蒸发作用实现了质谱的直接、连续进样，结合质谱已经成为在线快速分析挥发性有机物最有效的技术之一。同时，由于半透膜的选择透过性，水和空气中的氮气、氧气等无机物较难透过膜，而挥发性和半挥发性有机物很容易透过膜被富集。

膜进样质谱系统原理是通过在样品和质谱离子源之间的半渗透膜分离水或气体中的挥发性有机物，膜的一侧暴露在质谱仪真空离子源中，另一侧暴露在气体样品中。利用进样泵抽样，将样气引入膜的一侧表面，气体中的有机物分子通过吸附、扩散和解吸作用，渗透到膜的另一表面，由孔径 2mm 的不锈钢毛细管将分子引入到离子源。膜的形状有平（面）板膜、双层膜和中空纤维（管状）膜，也可以将膜涂覆在柱状的表面上。膜进样在线监测系统结构包括单膜组件或双膜组件、样品分析测试部分和数据采集处理传输部分，系统结构简图见图 5-6。

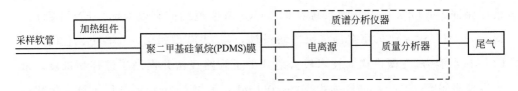

图 5-6 膜进样在线监测系统结构简图

此方法属于物理分离过程，是一种在分子范畴内对挥发性有机化合物进行分离的分离技术。膜是一种起分离过滤作用的介质，比较传统的过滤方式，膜技术适用于微分子的分离，相不必发生改变且不需要添加辅助剂。膜技术分析法在挥发性有机化合物中的应用广泛，一般采用橡胶态高分子膜对 VOCs 气体进行分离，通常采用单膜或者双膜方式。聚有机硅氧烷薄膜，主要成分是聚二甲基硅氧烷（PDMS）的衍生物，是目前工业化应用中透气性最高的气体分离膜材料，其对

VOCs气体的回收起相当大的作用，具有回收率高的特点，这有利于资源的回收、利用，同时膜进样方式能免除预处理过程样品失真，检测速度更为快速准确。

以直热式管状膜富集进样装置为例，结构包括管状膜，加热丝，膜进样腔体，颗粒过滤网，采样进口，采样出口，采样金属毛细管，膜外侧腔体，载气进口，第二金属毛细管并直接连接质谱电离区，紧急切断电磁阀，等。直热式管状膜富集进样装置结构如图 5-7 所示。

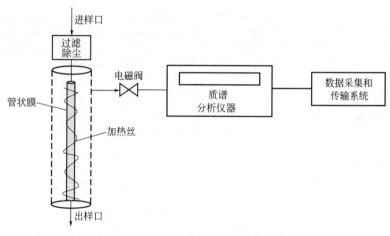

图 5-7　直热式管状膜富集进样装置结构简图

进样装置包括膜进样腔体，管状膜放置在膜进样腔体内，管状膜可沿轴向被拉伸 1～5 倍的长度后进行使用，拉伸后的管状膜可以有效减小管状膜壁厚。膜两端连接金属毛细管作为采样进口和出口，采样进口金属毛细管内设置有颗粒过滤网，加热丝均匀围绕在膜外侧，在膜进样腔体靠近出口的侧壁上开设有通孔作为载气进口；在膜进样腔体靠近采样进口的侧壁上开设有通孔作为连接质谱电离区接口，接口处设置有第二金属毛细管，在接口处的第二金属毛细管上装有紧急切断电磁阀。

5.2.4　直接测量在线监测系统

直接测量在线监测系统通常配合光谱或传感器的分析手段，光谱包括 FTIR、DOAS、NDIR 等，可以应用到环境空气和固定源废气组分的测量中。当测定固定源废气时，传感器安装在探头的端部，或者直接在烟道或管道测量的传感器发射一束光穿过烟道，利用有机物的特征吸收光谱进行分析测量。光谱的直接测量将测量光直接穿过被测量气体，利用气体的特征吸收光谱进行测量和分析；传感器的测量直接将探头暴露在待测气体气氛中，测量较小范围内的污染物浓度。直接测量在线监测系统更为简单、紧凑，不需要频繁地用标准气体去标定仪器，为在线监测技术的开发提供了新思路。同时其可以避免采样和预处理的样品损失，能够提供沿着整个测量路径的 VOCs 组分，完成更具有代表性的测量。

直接测量式系统结构主要包括光学系统、样品分析测试部分、数据采集和传输部分、校准单元、吹扫保护系统，系统结构简图见图 5-8。

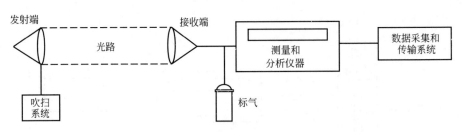

图 5-8　直接测量式系统结构简图

（1）光学系统

光学系统是完成光谱采样分析的关键部件，光学系统主要由发射端和接收端两大部分组成，包括光源、透镜、角反射器、狭缝和多道光谱仪等。光谱发出的光经过透镜直接进入被测气体中，光程仪器中光束被接收端接收，双光程仪器中光束通过被测气体吸收后经过角反射器返回，由狭缝进入光谱仪，由光栅分光，在光栅色散焦平面由二极管阵列探测器接收。

（2）样品分析测试部分

分析仪器的各个部件通过电子学测量和控制系统控制，组成一个有机的整体，电子学系统的实现涉及微弱信号检测、自动控制、软件控制及电源变换等多项功能。

（3）数据采集处理传输部分

对测量的 VOCs 浓度信号进行采集、处理和存储，通过串口、公共网络、数据传输系统（DCS）或无线网络等方式，可以将数据上传至企业监控平台或上级环保部门，实现数据的远程传输。

（4）校准单元

直接测量式系统可以内置校准池，实现自动校准，也可以在光路中放置标气池，进行手工校准。标准气体以恒定的流量通过吸收池，最终吸收池内气体的浓度可以达到标准气体的实际浓度，稳定后读数即可。

（5）吹扫保护系统

吹扫保护系统由空气净化装置、吹扫风机、管路、信号检测等部分组成。空气或压缩空气经过净化装置过滤后，被风机加速，通过管路送入测量探头内，保护镜片不被烟气污染。

直接测量方式的优点：

① 系统简单，既没有采样处理装置，也没有采样管线，属于非接触式测量，省去了抽气、加热、过滤、冷凝等众多系统，运行维护比较简单。

② 仪器测量范围比较广，适应性强，以开放光路傅里叶红外光谱为例，检测范围可以到 1000m，检测 VOCs 物种多达 300 种。

③ 仪表测量精度高，响应时间快，可以用于测量低浓度烟气，免去了前级样品抽气和预处理及运输管路过程中的 VOCs 成分变化，能准确反映污染物实际的情况。

④ 仪器运行稳定，维护周期长，运行成本低，测量精度高。

直接测量方式的缺点：

① 该方法受到烟气温度压力的限制，需要进行修正，使用维护不方便，并且由于存在水分和振动等因素干扰，因而影响测量精度。

② 如果仪表直接安装在烟道上，难以实现在线标定。

③ 如果仪表直接安装在烟道上，仪表和烟气直接接触，容易被烟气腐蚀和堵塞，从而影响系统正常运行。

5.3　VOCs总量在线监测技术

环境空气和工业固定污染源 VOCs 在线监测对象主要分为两种：总量监测和组分监测。环境空气总量在线监测的对象包括总烃 THC，非甲烷总烃 NMHC《环境空气　总烃、甲烷和非甲烷总烃的测定　直接进样-气相色谱法》HJ 604—2017；《固定污染源废气　总烃、甲烷和非甲烷总烃的测定　气相色谱法》HJ 38—2017；《环境空气质量　非甲烷总烃限值》河北省 DB 13/1577—2012）和总挥发性有机物 TVOCs。工业固定污染源 VOCs 在线监测对象包括总有机碳（TOC）、总烃（THC）、非甲烷总烃（NMHC）、总挥发性有机物（TVOCs）等。

5.3.1　VOCs总量监测对象

VOCs 总量监测对象主要包括以下几个方面。

（1）非甲烷总烃

根据《大气污染物排放标准》（GB 16297—1996）以及《大气污染物排放标准详解》，非甲烷总烃（NMHC）主要包括烷烃、烯烃、芳香烃和含氧烃等组分，实际上是指具有 $C_2 \sim C_{12}$ 的烃类物质。《环境空气　总烃、甲烷和非甲烷总烃的测定　直接进样-气相色谱法》（HJ 604—2017）适用于环境空气监测，也适用于污染源无组织排放监控，其将非甲烷总烃定义为从总烃扣除甲烷以后其他气态有机化合物的总和，以碳计，单位为 mg/m^3。

《空气和废气监测分析方法》（第四版）非甲烷总烃的测定方法有三种，分别为《总烃和非甲烷总烃测定　方法一》《总烃和非甲烷总烃测定　方法二》和《气相色谱法测定非甲烷烃　方法三》。方法一和方法二均用气相色谱仪氢火焰离子化检测器分别测定空气中总烃及甲烷烃的含量，两者之差即为非甲烷烃的含量；方法三采用 GDX-102 及 TDX-01 吸附采样管在常温下采集空气样品，非甲烷烃被吸附采样管吸附，加热解吸后，导入气相色谱仪，用火焰离子化检测器测定，测定结果以正戊烷计算。

《固定污染源废气　总烃、甲烷和非甲烷总烃的测定　气相色谱法》（HJ 38—2017）规定了固定源有组织和无组织排放非甲烷总烃废气的测定方法，主要用双柱双氢火焰离子化检测器气相色谱仪，注射器直接进样，分别测定样品中总烃和甲烷含量，以两者之差得到非甲烷总烃含量。

ISO 标准方法《固定源排放采用气相色谱法测定甲烷浓度的手动方法》（stationary source emissions-manual method for the determination of the methane concentration using gas chromatography）（ISO 25139：2011）也是采用 GC-FID 完成手动检测。

（2）TVOC

TVOC（total volatile organic compounds）是《室内空气质量标准》（GB/T 18883—2002）中提出的"总挥发性有机化合物"的简称，主要指"利用 Tenax GC 或 Tenax TA 采样，非极性色谱柱（极性指数小于 3）进行分析，保留时间在正己烷和正十六烷之间的挥发性有机化合物"。

TVOC 的监测标准方法主要为《室内空气质量标准》附录 C《室内空气中总挥发性有机物（TVOC）的检验方法（热解吸/毛细管气相色谱法)》，采样设备为 Tenax 管。

（3）VOCs

VOCs（volatile organic compounds）具有多种定义：世界卫生组织（WHO，

1989）的 VOCs 定义为"熔点低于室温而沸点在 50～260℃之间的挥发性有机化合物的总称"；美国 ASTM D 3960—98 标准将 VOCs 定义为"任何能参加大气光化学反应的有机化合物"；美国环保局（EPA）的 VOCs 定义为"除 CO、CO_2、H_2CO_3、金属碳化物、金属碳酸盐和碳酸铵外，任何参加大气光化学反应的碳化合物"。这里的 VOCs 指的是关注的 VOCs 个别特征因子，例如常见的 VOCs 包括苯系物、甲苯、二甲苯、苯乙烯、氯苯类化合物、硝基苯类化合物、多环芳烃、氯乙烯、甲醇、甲醛、乙醛、丙酮、吡啶等。

《空气和废气监测分析方法》（第四版）中采用"固体吸附-热脱附气相色谱-质谱法"和"用采样罐采样气相色谱-质谱法"测定 VOCs。"用采样罐采样气相色谱-质谱法"的采样方法要求的精度高、费用高，在实际监测工作中很少用到；实际工作大多采用"固体吸附-热脱附气相色谱-质谱法"监测 VOCs。该方法一般采取多种吸附剂的组合吸附，常采用以下三种吸附剂进行组合：30mm Tenax GR＋25mm Carbopack B 组成，中间用 3mm 的未硅烷化的玻璃或石英棉隔开，该管适用于 C_6～C_{20} 范围内的化合物；35mm Carbopack B＋10mm Carbosieve SⅢ 及 Carboxen 1000 组成，中间用未硅烷化的玻璃或石英棉隔开，该管适用于 C_3～C_{12} 范围内的化合物；13mm Carbopack C＋25mm Carbopack B＋13mm Carbosieve SⅢ 或 Carboxen 1000 组成，适用于 C_4 以上的化合物。

从非甲烷总烃、TVOC、VOCs 的定义可以看出，非甲烷总烃主要指 C_2～C_{12} 的烃类物质，TVOC 主要指 C_6～C_{16} 的挥发性有机化合物，VOCs 的范围相对较广，基本上包含了所有的挥发性有机污染物。从监测方法的比较上可以看出，TVOC 和 VOCs 标准监测方法相对较少，非甲烷总烃有多种监测方法；VOCs 监测时不同的采样方式，体现的污染物特征不同。

（4）总烃

环境空气中的总量往往用总烃的概念，《环境空气　总烃、甲烷和非甲烷总烃的测定　直接进样-气相色谱法》（HJ 604—2017）中明确定义为在 FID 上有响应的所有气态有机化合物的总和，以甲烷计，根据定义也明确了采用 FID 的监测技术。同时非甲烷总烃在监测过程中，国标方法需要测出总烃值和甲烷值，通过相减得到 NMHC 的值，仪器在测试过程中也可以同时给出总烃的值。

VOCs 总量控制是我国 VOCs 监管的重要抓手，目前我国 VOCs 总量的概念主要是作为排气筒、厂界大气污染物监控、厂区内大气污染物监控点以及污染物回收净化设施去除效率的挥发性有机物的综合性控制指标。我国排放标准中工业固定污染源 VOCs 在线监测对象如表 5-1 所示。

表 5-1　我国排放标准中工业固定污染源 VOCs 在线监测对象示例

国家标准名称	VOCs 控制对象
大气污染物综合排放标准(GB 16297—1996)	苯、甲苯、二甲苯、甲醛、乙醛、丙烯醛、氯苯类、氯乙烯、光气、非甲烷总烃
石油化学工业污染物排放标准(GB 31571—2015)	非甲烷总烃、特征污染物
恶臭污染物排放标准(GB 14554—93)	甲硫醇、甲硫醚、二甲二硫醚、二硫化碳、三甲胺、苯乙烯
合成革与人造革工业污染物排放标准(GB 21902—2008)	苯、甲苯、二甲苯、非甲烷总烃
石油炼制工业污染物排放标准(GB 31570—2015)	苯、甲苯、二甲苯、非甲烷总烃
橡胶制品工业污染物排放标准(GB 27632—2011)	苯、甲苯、二甲苯、非甲烷总烃

从表 5-1 中可以看出，针对污染源中的 VOCs 的控制和治理中，以非甲烷总烃（NMHC）和苯系物为代表的个别特征因子为主要的检测对象，特别是在石化重点行业。我国环境空气质量标准（GB 3095—2012）中没有将非甲烷总烃作为质量评价指标。我国《大气污染物综合排放标准》（GB 16927—1996）的非甲烷总烃的厂界浓度标准为 $4mg/m^3$；河北省出台地方标准，环境空气中非甲烷总烃质量评价标准参照《环境空气质量　非甲烷总烃限值》（DB 13/1577—2012）二级取值为 $2mg/m^3$。目前市售的总量在线监测仪器包括非甲烷总烃自动测定仪、挥发性有机物自动测定仪、总烃在线分析仪等，总量在线监测技术包括 GC-FID、FID、PID 和 NDIR 等技术，其中 GC-FID 技术成熟，常被标准方法所采用。

5.3.2　FID 在线监测技术

FID 和 GC-FID 是相对成熟的技术，具有性能稳定、检出限可达 10^{-12}（以苯为例）、灵敏度高、重复性好、操作方便、维护量低等优点，是目前市面上最常见的总量在线监测技术之一。FID 和 GC-FID 可以监测总烃、非甲烷总烃两种总量指标。非甲烷总烃作为环境监测领域常用的指标，用来指示空气和废气中有机污染的综合指标。目前市售非甲烷总烃分析仪器基于 FID 的总量在线监测技术的分析原理基本可以分为四大类：第一类是非甲烷总烃数据直测型，即可以直接分离出非甲烷总烃，给出其客观值。第二类是非甲烷总烃数据由总烃减去甲烷得出，属于国标中推荐的技术，既可以测出总烃的值，又可以给出甲烷和非甲烷总烃的值。第三类是样气通过一个只吸附非甲烷烃的吸附采样管，空气中的氧不被吸附而除去，甲烷不被吸附，然后用 FID 直接检测，给出具体数值。第四类是高温催化氧化将非甲

烷烃全部转化为 CO_2，再还原为甲烷，进入 FID 检测，总量结果以甲烷计。国外
GC-FID 设备包括赛默飞世尔 55i、荷兰 Synspec 公司 Alpha 15、Chromotatec
GC866、FPI GC-3000、NMHC A80，前 3 种非甲烷总烃分析仪属于非甲烷总烃直
测型，总体上国外的仪器检测方法与我国标准方法有偏离；A80 的非甲烷总烃是
减法求得，与国标方法一致，国产的非甲烷总烃监测仪几乎都采用国标方法和《空
气和废气监测分析方法》（第四版）非甲烷总烃的测定方法，北京雪迪龙公司的
Model 6000 色谱分析仪、天瑞仪器 EVOCs-2000、山东海慧的非甲烷总烃在线监
测仪都是采用了标准方法中规定的技术，聚光科技 CEMS-2000 则采用了反吹色谱
技术。

此外，目前市售在线的基于 FID 的总量在线监测技术的仪器分为有谱图和无
谱图两种类型：一类是谱图型的气相色谱法，例如赛默飞世尔 55i；另一类是无谱
图直接出数据型气相色谱法，例如荷兰 Synspec 公司 Alpha 15 等。检测的谱图可
以帮助用户在实际的现场工作中判断数据的准确性，因此应用越来越广泛，在线谱
图显示将是在线监测技术的标配。

5.3.2.1 甲烷/总烃双柱分离国标色谱技术

国标中总量在线监测技术的原理是基于双色谱柱的 GC-FID 方法，采用总烃色
谱柱和甲烷色谱柱分别工作，分别测出总烃值和甲烷值，该方法不能直接给出非甲
烷总烃的值，非甲烷总烃是由总烃减去甲烷得出的（除烃空气作载气时），是我国
《固定污染源废气　总烃、甲烷和非甲烷总烃的测定　气相色谱法》（HJ 38—
2017）的标准检测方法原理。

该技术包括十通阀、色谱柱、FID 检测器。不同仪器厂家配置不同，有的厂
家采用双阀（一个十通阀、一个六通阀）、双色谱柱和单检测器，系统示意图如
图 5-9 所示；有的厂家采用单阀（一个十通阀）、双色谱柱和单或双检测器，系统

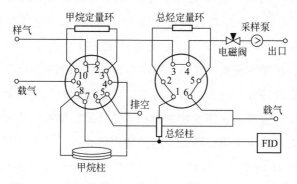

图 5-9　双阀双柱单 FID 非反吹色谱技术系统结构简图

示意图如图 5-10 所示。不管怎样，该技术操作简单、平行性好、分析速度快、数据精确。样气分两路，一路经过总烃柱进入检测器被检测得到总烃含量，另一路经过甲烷色谱柱将甲烷与非甲烷分离后，测出甲烷含量，两值相减即得非甲烷总烃含量。

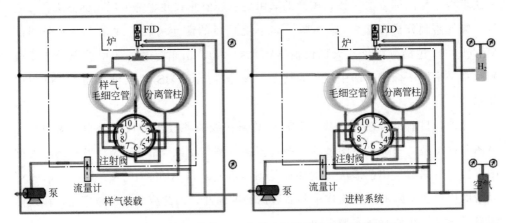

图 5-10　单阀双柱单 FID 非反吹色谱技术系统结构简图

（1）色谱柱的选择

除了不锈钢色谱柱，也可以选用毛细管柱，毛细管总烃柱通常选用无涂层空管柱（30m×0.32mm）；毛细管甲烷柱通常选用 PLOT 柱（Al_2O_3/KCl 30m×0.53mm）；由于毛细管空柱内无任何填料或涂层对物质进行阻隔，如果空柱比较短的话，总烃出峰过快，保留时间太短，峰顶容易分叉，峰形不对称、不稳定、易拖尾；而硅烷化玻璃微球填充柱由于填充了玻璃微球，增加了物质分子在色谱柱中的路径，出峰时间不易过快，且总烃峰形对称、稳定。

《固定污染源排气中氯苯类的测定　气相色谱法》（HJ/T 39—1999）采用的色谱柱是不锈钢空柱或玻璃微珠填充柱作为总烃柱，GDX-104 高分子多孔微球填充柱作为甲烷柱；《总烃和非甲烷烃测定　方法一（B）》［《空气和废气监测分析方法》（第四版）］采用 GDX-502 高分子多孔微球填充柱作为甲烷柱，填充柱有着柱容量大、价格低、耐用的优点。在环境监测实践中，毛细管柱已经非常成熟，大口径毛细管柱有较高的柱效、理想的表面惰性、接近填充柱的负荷量、较长的柱寿命及较快的分析速度，能得到比填充柱更为有效的分离，提高效率和节省投入。在大量常规分析中，大口径毛细管柱将会普遍地替代填充柱，广泛应用于气相色谱分析领域。新的 PLOT 柱出现，为分离小分子烃类如甲烷乙烯等提供了极好的条件，得到了广泛的应用。

（2）色谱法分析条件

总烃柱，2m×3mm 不锈钢填充柱，内填一定量 40～60 目玻璃微珠或色谱用硅烷化白色载体；柱温 80℃保持 2～10min，载气为氮气，柱流速 25mL/min；填充柱进样口温度为 100℃；氢火焰离子化检测器温度为 250℃；燃气氢气流速为 40mL/min，助燃气空气流速为 350mL/min。

甲烷分析柱采用 2m×3mm 不锈钢填充柱，内填一定量 40～60 目 GDX-502，柱温 80℃保持 2～10min，载气为氮气，柱流速 25mL/min；填充柱进样口温度为 100℃；氢火焰离子化检测器温度为 250℃；燃气氢气流速为 40mL/min，助燃气空气流速为 350mL/min。

（3）校准曲线的选择

校准曲线制作方式主要有三种形式：一是在监测工作中，购买一个已知浓度的有证标气后，根据样品浓度范围稀释出标准系列；二是通过自动配气仪将一个高浓度的有证标气自动稀释出标准系列；三是直接购买几个浓度已知的有证标气。

（4）性能参数

监测对象：总烃、非甲烷总烃、甲烷；监测范围 0～500×10⁻⁶，0～5000×10⁻⁶（量程可拓展）；检出限<0.1×10⁻⁶（CH₄），<0.05×10⁻⁶（NMHC）；重复性<3%；分析时间<1min。

5.3.2.2 甲烷/非甲烷总烃双柱分离色谱技术

本方法基于单十通阀、双色谱柱和单 FID 检测器的 GC-FID 方法，采用非甲烷总烃色谱柱和甲烷色谱柱分别工作，分别测出非甲烷总烃值和甲烷值，然后通过软件将两者相加得出总烃值。该技术与日本国家标准方法 JIS B 7956—2006 大气中总烃连续分析方法原理一致，其本质在于利用不同特性的色谱柱，将甲烷和非甲烷总烃进行分离，通过加压载气吹扫送入 FID 检测器进行检测，得出甲烷值、非甲烷总烃值和总烃值的技术。日本纪本电子工业的 HA-771 非甲烷总烃、甲烷和总烃自动测定仪采用本原理，其优点在于降低了色谱柱分离所需的时间，分析速度快，每 6min 可以完成一次整体的检测，方便快捷，结构简单。

具体步骤如下：系统含有两根色谱柱，一根色谱柱只吸附甲烷，另一根色谱柱吸附非甲烷总烃；气样进入系统后先经过甲烷分离柱，后经过非甲烷总烃分离柱，将甲烷和非甲烷总烃良好地分离；之后通过调压器增压，氮气吹扫，将甲烷目标物先送入 FID 检测器中进行检测，而后是非甲烷总烃进行检测；最后分别得到甲烷值和非甲烷烃物质含量，并通过软件计算出总烃的含量。甲烷/非甲烷总烃双柱分离色谱技术系统结构简图如图 5-11 所示。

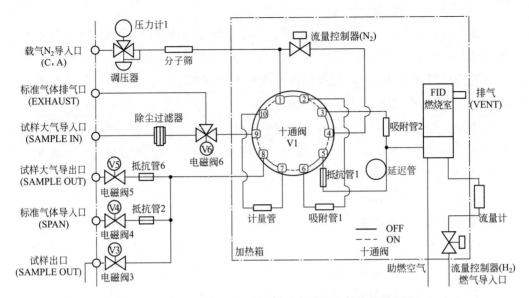

图 5-11　甲烷/非甲烷总烃双柱分离色谱技术系统结构简图

HA-771 非甲烷总烃、甲烷和总烃自动测定仪的主要特点如下：

① 采用 PFA 材质采样管，减少采样管路吸附对样品造成的损失。

② 完善的采样前处理装置，带有自动清洁功能，可有效对样品中的颗粒物、水汽等杂质组分进行处理。

③ 采用双色谱柱、单 FID 检测器，实现甲烷、非甲烷总烃的测定。

④ FID 检测器具有自动点火和温度判断功能，FID 火焰熄灭后自动关闭氢气和空气流量，保证装置使用安全。

⑤ 时间辨率高，测定周期：6min/次。

⑥ 内装大容量数据储存器，可保存一年的测定数据和工作信息；采用室外安装式箱体，户外直接安装，设置简便、灵敏度高、测定精确度高、体积小、能耗低。

5.3.2.3　反吹色谱技术

反吹色谱的方法主要是基于气相色谱法的分离原理，可以直接测出非甲烷总烃的值。反吹色谱工作原理是使样气进入能够分离甲烷和非甲烷的色谱柱，甲烷快速通过色谱柱进入检测器被检测，然后切换流路将非甲烷反吹出色谱柱进行检测，其特点在于只需要一个十通阀和一根色谱柱，结构相对简单。反吹色谱技术系统结构简图如图 5-12 所示。

其工作步骤为：样品气体首先经 T 形管入口被泵抽入色谱仪，然后进入定量

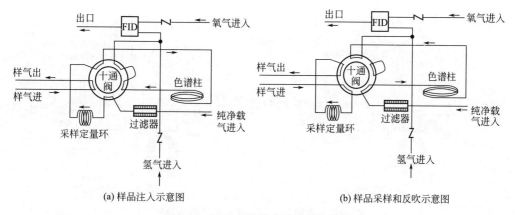

(a) 样品注入示意图　　　　　　　(b) 样品采样和反吹示意图

图 5-12　反吹色谱技术系统结构简图

环；以高纯干燥的去烃空气作为载气，甲烷气体进入色谱柱后，通过氢火焰离子检测器进行定量检测，非甲烷总烃被反吹进入检测器进行定量检测；最后系统气路自动清洗。至此完成一个分析循环，一个分析循环为 3min，接着系统进行新一轮样品分析。该技术在实际应用中，由于环境空气样品相当复杂，导致反吹出来的峰可能存在拖尾现象，影响了定量结果。

聚光自主研发的 GC-3000 型甲烷/非甲烷在线气相色谱分析仪采用反吹色谱分离技术分析环境空气中的甲烷和非甲烷总烃，该方法仅采用一根色谱柱即可完成非甲烷总烃的测量，缩短了分析周期，减少了非甲烷总烃色谱峰展宽。甲烷挥发性沸点低，可快速通过色谱柱到达 FID 检测器被检测，此时切换十通阀使载气反向流过色谱柱，将非甲烷总烃反吹到达 FID 检测器被检测。

5.3.2.4　吸附捕集色谱技术

样气通过一个吸附采样管，非甲烷烃类被一类吸附采样管吸附，空气中的氧气不被吸附而除去，甲烷不被吸附。采样后，先用氮气将甲烷导入气相色谱仪进入到检测器被测出；然后采样管在 240℃加热解吸，用氮气将解吸后的非甲烷烃导入气相色谱仪，测出其他烃类物质含量。吸附捕集色谱技术系统结构简图如图 5-13 所示。

需要注意的是，采样环境中如有烟尘，应在采样管前加一根前置柱，柱内填充玻璃微球或玻璃毛，防止采样时，烟尘污染吸附采样管。Nutech 6000 TVOC/非甲烷总烃在线色谱监测系统由美国 GD ENVIRONMENTAL SUPPLIES 公司研发和制造。核心设备采用复合型吸附剂的富集管采样，MFC 累加采样体积；热脱附进样，毛细管色谱柱分离甲烷和非甲总烃；高精度 FID 检测。适用于环境空气、

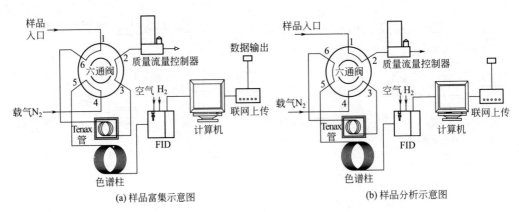

(a) 样品富集示意图　　　　　　　　　　　　　(b) 样品分析示意图

图 5-13　吸附捕集色谱技术系统结构简图

厂界无组织废气、排气筒中非甲烷总烃/TVOC 的在线测量。

5.3.2.5　冷阱分离色谱技术

冷阱分离色谱技术是根据美国环保局（US EPA）制定的《环境空气　非甲烷有机物的测定　低温预浓缩/直接火焰离子化检测法》Method TO-12，美国材料与试验协会（ASTM）颁布的《用低温预富集和直接火焰离子检测法测定环境空气中非甲烷有机化合物（NMOC）的试验方法》［D5953M—96（2009）］的基本技术路线而设计的相关方法，利用冷冻预浓缩，去除环境空气中的甲烷、氮气、氧气等，再加热汽化后经 FID 直接检测。优点是有低温预浓缩过程，检出限更好；缺点是仪器相对复杂。

具体步骤如下：所采样气通过一个冷阱浓缩管，非甲烷烃类被富集浓缩，甲烷由于本身沸点较低和氮气、氧气等气体直接通过冷阱浓缩管，进入到检测器被测出；然后加热浓缩管进行加热脱附，非甲烷烃类进入到检测器测出非甲烷总烃类物质含量。

该技术系统由一个六通阀、一个冷阱浓缩管、一个检测器和一根色谱柱构成，其中色谱柱通常采用该不锈钢柱（1m×4mm），柱内填充玻璃微球；吸附管采用 GDX-102 及 TDX-01 填充管，市售有 Tenax 管可选。冷阱分离色谱技术色谱技术系统结构简图如图 5-14 所示。

该方法测定空气中非甲烷有机物，使用丙烷作为标准气。取定体积空气样品，缓慢流过经液氢冷却至 −186℃ 的经玻璃微珠填充的捕集阱，捕集阱在允许氮气、氧气、甲烷等无保留通过的同时通过冷凝或吸附作用收集及浓缩非甲烷有机物。定量体积样品导出完毕，移去冷却剂，将阱温升至 90℃，氦气作为载气流过冷阱，

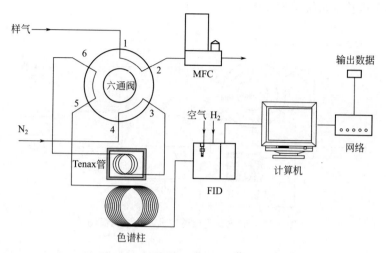

图 5-14　冷阱分离色谱技术系统结构简图

将捕集到的样品带至 FID 检测器形成色谱峰。因为分析有低温预浓缩过程，为了保证标气和样品气经历相同过程，标气必须能够被低温捕集。本方法不能使用甲烷作为标准气，是由于在−186℃下，甲烷为气态。

该技术主要跟组分检测技术结合使用，由于电子制冷等技术要求，单独测总量的仪器不多。

5.3.2.6　催化氧化技术

采用催化氧化技术原理的标准方法主要来自于国外，国际标准化组织固定源排放-使用火焰离子化检测器自动测定甲烷浓度的方法［stationary source emissions-automatic method for the determination of the methane concentration using flame ionisation detection（FID）］（ISO 25140：2010）和美国 EPA 方法 25 的总气态非甲烷有机物排放的测定（以碳计）（determination of total gaseous nonmethane organic emissions as carbon）。ISO 的方法检测总量浓度时，将样气中的其他非甲烷有机物氧化成二氧化碳后，再还原为甲烷，进入 FID 检测，总量结果以甲烷计。方法 25 测定固定污染源中的总气态非甲烷有机物或总烃时，碳分子筛柱将非甲烷有机物分离后，将其催化氧化为二氧化碳，再还原为甲烷，进入 FID 检测，总量结果以甲烷计。

不同于前面的技术通过色谱柱将甲烷和非甲烷烃进行分离，该技术的核心在于通过高温催化氧化将非甲烷烃全部转化为 CO_2，再还原为甲烷，进入 FID 检测，总量结果以甲烷计。该技术使用的设备均较为复杂，目前主要是国外的相关仪器采用该技术原理，催化氧化技术系统构成包括两个 FID 检测器、一个甲烷切割器。

催化氧化色谱技术系统结构简图如图 5-15 所示。

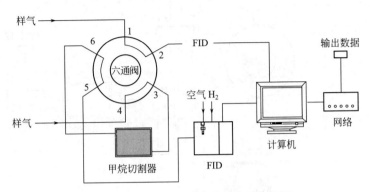

图 5-15　催化氧化色谱技术系统结构简图

其工作步骤如下：样气分两路，一路直接进入检测器被检测得到总烃含量，另一路经过催化氧化转化装置（也称为甲烷切割器），将非甲烷烃全部转化为 CO_2，进入检测器只能测出甲烷含量，两值相减即得非甲烷总烃含量。该技术所需仪器既可以测总烃，也可以测非甲烷总烃，客户可以根据监测目的进行检测。测量非甲烷总烃除需要采用全程加热 FID 技术的主机外，还需配置高温催化装置。主机测得总烃值，配合 380℃ 高温催化装置测得甲烷值，两者的差值即非甲烷总烃数值。高温催化装置可作为附件外置，这使得主机简单，满足不同需求，且可操作性强。

意大利 Pollution 公司生产的 PF-300 便携式甲烷/总烃和非甲烷总烃测试仪是催化氧化原理的代表性仪器，采用符合 EPA 方法 25A 标准的氢火焰离子化检测器（FID）检测技术。可配置外部催化非甲烷烃/甲烷自动分析，POLARIS FID 可控制此扩展基座的总烃或者甲烷。扩展座也可以向 FID 和加热管线提供动力。可选择的加热管线温度控制范围在 80～200℃，可广泛用于固定污染源烟气排放、热反应器和燃烧装置排放、汽车尾气排放、天然气、环境空气甚至包括医疗行业麻醉气体的监测等。

Signal 公司的 SOLAR 科研级总烃分析仪也是采用了该原理，该技术的主要寿命在于甲烷切割器的更换，通常甲烷切割器的寿命在三年左右就需要更换。

法国 ESA 的 HC51M 系列产品，通过转化炉将"非甲烷烃"氧化，从而区分"总烃"和"非甲烷烃"含量。该系统有两种型号，可分析烃和总 VOCs（其中一个型号可以对 THC/CH_4/NMHC 分别测定，另外一个型号只测定 THC）。该系列仪器使用线性 FID 检测器，最低检测限 0.05μL/L。该系列可以应用到环境空气质量监测和工业污染源 VOCs 排放监测（还有污染源连续排放监测的稀释法测量）。

5.3.2.7 FID总烃自动监测技术

总烃自动监测仪是基于 FID 对环境空气中总烃进行自动分析并准确定量的仪器，具有自动采样、自动点火、结果直读、在线监测以及标定简单、方便的特点。一般由水分捕集器、滤尘器、气泵、鼓泡器、流量控制阀、流量计、FID、灭火报警器、电流放大器、自动校正装置、积分器和记录仪组成。总烃自动监测仪系统结构简图如图 5-16 所示。

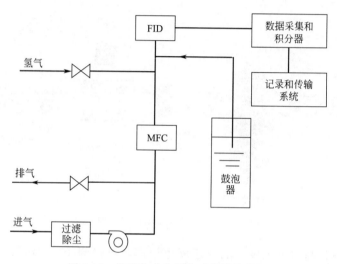

图 5-16　总烃自动监测仪系统结构简图

具体步骤如下：当样气进入仪器时，首先除水除尘后，经流量计定量进入 FID，测定样气中总烃和氧气的总量，以甲烷计；同时用除烃空气代替样品进入检测器，从而测出氧气的含量，以甲烷计；最后扣除氧气含量后所得值为总烃含量。

该技术主要应用于大气及固定污染源排放中总烃的测量，如城区环境空气监测、厂界环境空气监测、工业车间空气监测、储油库大气污染物排放监测、石油产品及成品油储运企业大气污染排放监测、炼油及石油化学工业大气污染排放监测、城市道路机动车排放监测等。具有代表性的总烃分析仪有德国 J. U. M. 公司生产的基于 FID（氢火焰离子化检测器）的完全加热总烃分析仪。所有基于 FID 设计的 J. U. M. 总烃分析仪（THA）均具有高灵敏度，长期稳定性和易用性。

5.3.3 PID 在线监测技术

光离子化检测器（PID）测 VOCs 总量时，并不能精准定量，因此往往作为监测预警的作用。PID 工作原理是使用紫外灯作为光源，通过光照使得空气中有机物和部分无机物电离，但空气中的基本成分 N_2、O_2、CO_2、H_2O、CO 等不被电离，CH_4 的电离能为 12.98eV，也不被电离，而 C_4 以上的烃大部分可电离，这样可直接测定大气中的非甲烷烃。该方法简单，可进行连续监测，但是所监测的非甲烷烃是指 C_4 以上的烃。因为其不能监测甲烷的特征，PID 能很好地监测垃圾填埋场的有毒 VOCs。PID 在线监测技术原理简图如图 5-17 所示。

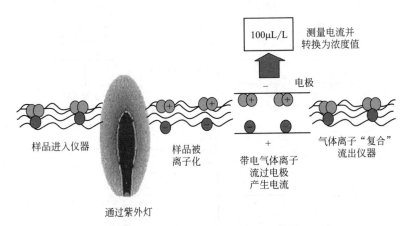

图 5-17 PID 在线监测技术原理简图

PID 具有极高的灵敏度，响应速度也很高，可检测 10^{-9} 级别的 VOCs 浓度；PID 对有机物检测的谱系很广泛，覆盖了大多数的挥发性有机物。检测器体积非常小，运行时除了泵吸采样之外不需要载气或者其他较多的辅助设施；工作过程不破坏检测物的成分，容易做成网格型的检测装置；相对成本很低。综合所有的应用条件，PID 是一个目前较为简单便捷的检测终端，可以作为预警使用。自动监测系统一般由采样、检测、数据采集和处理等子系统组成，一般用异丁烯标准气体作为标准气体进行校准。

可以被 PID 检测的最主要的气体或挥发物是大量的含碳原子的有机化合物（VOC）。包括：①芳香类：含有苯环的系列化合物，如苯、甲苯、乙苯、二甲苯等；②酮类和醛类：含有 C═O 键的化合物，如丙酮、丁酮、甲醛、乙醛等；③胺类和氨基化合物：含 N 的烃，如二乙胺等；④卤代烃类：三氯乙烯（TCE）、全氯乙烯（PCE）等；⑤含硫有机物：甲硫醇、硫化物等；⑥不饱和烃类：丁二烯、异丁烯等；⑦饱和烃类：丁烷、辛烷等；⑧醇类：异丙醇（IPA）、乙醇等。除了上述有机物，PID 还可以测量一些不含碳的无机化合物气体，如氨、砷化氢（砷烷）、磷化氢（磷烷）、硫化氢、氮氧化物、溴和碘等。

仪器主要包含以下单元：①采样单元：由采样探头、采样管、废气预处理装置和采样泵等组成。将废气进行粉尘过滤及水分干燥后，输送到气体控制器。②气体控制器：由流量计、气路切换电磁阀等部件组成。③分析单元：由光离子化检测器、数据处理器等组成。④控制单元：由数据处理与存储、数据显示与查询、状态显示与查询、通信等硬件与软件控制系统组成。⑤其他辅助设备：包括仪器设备所需要的机柜、平台和安装固定装置等。性能指标要求如表 5-2 所示。

表 5-2　PID 在线监测技术性能指标表

序　　号	项　　目	性能指标
1	测定下限	≤5mg/m³
2	重复性	≤±3%
3	响应时间	≤20s
4	零点漂移	≤2mg/m³
5	实际气样比对误差	≤50%（VOCs≤15mg/m³）
		≤35%（VOCs>15mg/m³）

注：测量范围上限值不低于排放限值的 5 倍。

广东省环保厅发布关于实施《固定污染源 挥发性有机物排放连续自动监测系统 光离子化检测器（PID）法技术要求》推荐性地方标准的通知，该要求对固定源 VOCs 排放连续自动监测系统光离子化检测器（PID）法技术作了详细规定。适用于广东省固定污染源总挥发性有机物排放连续自动监测系统（光离子化检测器法）的应用选型、性能检验及验收。该标准不适用于电离能较高的挥发性有机物排放监测。PID 对低碳饱和烃响应较弱，且响应因子不一致，检测器表面易受污染，不适合用于污染严重的源 VOCs 在线监测。

电离产生的电子和带正电的离子在电场作用下，形成微弱电流，通过检测电流强度来反映该物质的含量。光源寿命是 PID 在线监测技术的核心，广东的地方标准要求光源寿命应≥6000h。PID 技术结构简单，国内外市场销售的 PID 仪器种类多，通常配合现代化数据系统来实现。

目前市场上在推广 PID 在线监测技术时，往往通过 PID 结合 GPRS 无线通信、GPS 卫星定位等功能，方便实现数据采集、存储和实时传输，通过不同位置布点 PID，在厂区形成 VOCs 气体的监测、监控、预警、预报体系，可广泛用于挥发性有机物固定污染源和无组织排放污染源的监测，以信息化推动厂区有害气体监控业务与应急响应水平，提升安全生产与突发事故的应急处理能力。PID 在线监测技术现场示意图如图 5-18 所示。

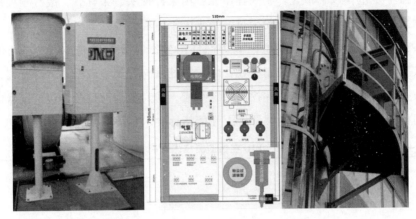

图 5-18　PID 在线监测技术现场示意图

5.3.4　NDIR 在线监测技术

非分散红外光谱仪（non dispersive infrared spectrometer，NDIR）作为一种快速、准确的气体分析技术，特别是在连续污染排放监测系统（CEMS）以及机动车尾气检测应用中十分普遍。构成 NDIR 的三个核心原件是红外光源、红外探测器以及吸收气室，其中红外探测器通常是和窄带滤波镜片一体实现对被测气体的选择性吸收和测量。NDIR 基本机理如下：

当红外线通过待测气体时，这些气体分子对特定波长的红外线有吸收，其吸收关系服从朗伯-比尔吸收定律。因此，对于多种混合气体，为了分析特定组分，应该在传感器或红外光源前安装一个适合分析气体吸收波长的窄带滤光片，使得传感器信号变化只反映被测气体浓度的变化。具体步骤为：当气体分子扩散进传感气室，红外线直接穿过气室照在探测器上。探测器上有一个滤光片只有某种分子能够吸收的波长光能通过，其他的气体分子不吸收这种波长的光，只有某种分子能影响到达探测器的光强度。NDIR 在线监测技术原理简图如图 5-19 所示。

美国 EPA 方法 25B 专门对 NDIR 测定总气态有机物浓度的方法进行了规定，该法采用检测器"综合响应值"测得有机物，将试样连同净化空气分别导入高温燃烧管和低温反应管中，经高温燃烧管的试样受高温催化氧化，其中的有机碳和无机碳均转化成为二氧化碳，经低温反应管的试样被酸化后，其中的无机碳分解成二氧化碳，两种反应管中所生成的二氧化碳分别被导入 NDIR。在特定波长下，一定浓度范围内二氧化碳的红外线吸收强度与其浓度成正比，由此可对试样总碳（TC）和无机碳（IC）进行定量测定。总碳与无机碳的差值，即为总有机碳。欧盟的

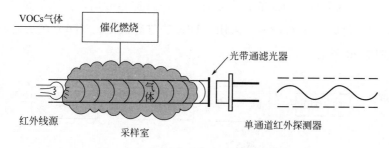

图 5-19　NDIR 在线监测技术原理简图

TGN M2 也明确对 NDIR 方法进行要求，利用抽取式采样方式，送入 NDIR 监测，可以测定许多种有机化合物，但一次仅测定一种。仪器须设定为作用于特定的预测物。H_2O 和其他物质会造成重叠光谱的干扰。ISO 13199 运用 NDIR 测定非燃烧过程中产生的总挥发性有机化合物（TVOCs），目前我国没有针对固定源废气中总挥发性有机物采用 NDIR 的标准方法。

该方法之所以被国外定为标准方法主要是由于该方法可以实现连续测定，不需要任何燃料；通过转化成 CO_2 进行监测，不容易出现成分不同的差异，当然也要考虑 CO_2 对该方法造成的影响。NDIR 在测定固定源废气中 TVOCs 时，含有 VOCs 的气体样品进入含有催化剂，如 Pd、Pt 的燃烧室，在燃烧室内 VOCs 中的碳被氧化生成 CO_2；然后用 NDIR 测定 CO_2 的浓度。但该方法存在两点不足：一是气流中如果混入卤素等组分的 VOCs 气体可能使催化剂中毒；二是碳转换为 CO_2 并不总是完全有效的。

随着外光源、传感器及电子技术的发展，NDIR 红外气体传感器在国外得到了迅速的发展，主要表现在无机械调制装置。采用新型红外传感器及电调制光源，在仪器电路上采用了低功耗嵌入式系统，使得仪器在体积、功耗、性能、价格上具有以往仪器无法比拟的优势。日本检测器生产的高精度多组分 NDIR，可以检测 CO、CO_2、NO、SO_2、CH_4 以及其他烃。最小量程 CO：$0 \sim 10 \times 10^{-6}$；CO_2：$0 \sim 5 \times 10^{-6}$。

英国 SIGNAL-7400FM NDIR R22 同时采用窄带滤光片和气体过滤相关法两种非色散光谱分析技术，适合于气体不同的测量范围要求。过滤相关法能够测量低量程气体并有效避免交叉干扰，这种技术能消除弱吸收气体如 CO 和高吸收气体如 CO_2 的交叉干扰。

日本的纪本电子工业 VOC-770 挥发性有机化合物（VOCs/OVOCs）自动监测仪也是采用 NDIR 的原理。环境大气中的 VOCs 在规定采样时间内通过浓缩分离管进行浓缩，浓缩后的 VOC 在浓缩分离管中进行加热分离，分离后的 VOC 经过 380℃的氧化催化后转化为 CO_2，采用 NDIR 法进行测定。NDIR 在线监测技术流程简图如图 5-20 所示。

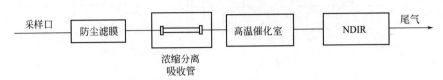

图 5-20　NDIR 在线监测技术流程简图

纪本电子工业 VOC-770 采样流量为 0.5L/min；测定范围为 $0 \sim 500 \times 10^{-6}$/ $0 \sim 200 \times 10^{-6}$（选配）；检测限 0.02×10^{-6}；测定周期：30min；周围适用温度：$0 \sim 40℃$。该方法采用非分散红外法实现了对 FID-GC 无法检测的 C_3 以上含氧挥发性有机化合物（OVOCs）的连续测定。

5.4　VOCs 组分在线监测技术

VOCs 气体种类繁多，危害巨大。截至目前，全世界范围内已经确定的 VOCs 气体高达三百多种。单因子（单组分）或多组分监测，主要是烷烃、烯烃、芳香烃、卤代烃、含氧有机物等。环境保护部印发《2018 年重点地区环境空气挥发性有机物监测方案》中监测项目包括光化学反应活性较强或可能影响人类健康的 VOCs，包括烷烃、烯烃、芳香烃、含氧挥发性有机物（OVOCs）、卤代烃等。直辖市、省会城市及计划单列市监测 117 种物质（PAMS＋TO-15＋13 种醛酮类），地级城市监测 70 种物质（PAMS＋13 种醛酮类）。

5.4.1　苯系物在线监测技术

苯系物通常指苯、甲苯、乙苯、二甲苯等含苯环类化合物，是环境中的主要污染物之一，属于挥发性有机污染物类，有研究表明非甲烷挥发性有机物 60% 以上的组分为苯系物。空气中苯系物的来源广泛，主要有石油化工、汽车尾气、胶合剂和涂料、加油站等。苯系物对人体的危害极大，包括对皮肤和感官的刺激性、致癌性、神经毒性、生殖毒性以及对内脏器官的损坏。《大气污染物排放标准》（GB 16297—1996）将苯系物的控制列为重要的控制指标之一，除了综合性的排放标准，很多行业标准，包括《合成革与人造革工业污染物排放标准》（GB 21902—2008）、《石油炼制工业污染物排放标准》（GB 31570—2015）、《橡胶制品工业污染物排放标准》（GB 27632—2011）等都将苯、甲苯、乙苯作为特征污染物和非甲烷总烃一起被严格管控。因此，在我国工业源废气 VOCs 管控中，常常发现除了非甲烷总烃这种总量的指标外，苯系物被作为重点的特征污染物加以管控，也就是说，目前我国固定源废气 VOCs 在线监测，目前绝大多数停留在非甲烷总烃和苯系物的监测上，因此，市场上最多的固定源 VOCs 在线监测解决方案，通常是非甲烷总烃监测仪＋苯系物在线监测仪＋有机硫在线监测仪（根据企业排放物种情况可选）。

5.4.1.1 GC-FID 在线监测技术

GC-FID 由于是非甲烷总烃在线监测仪器常用的技术，因此常常被应用在苯系物在线气相色谱仪上，由于苯系物和非甲烷总烃技术均可以采用色谱技术，且苯系物和非甲烷总烃是我国固定源废气最主要的总量和组分控制指标，因此根据需求，仪器厂商常常开发出甲烷/非甲烷总烃和苯系物在线分析仪，其原理是在双阀双柱单氢火焰离子化检测器（FID）的非甲烷总烃分析仪的基础上增加一根分离苯系物的色谱柱，形成双阀三柱单氢火焰离子化检测器（FID）模式，从而同时进行甲烷/非甲烷总烃和苯系物样品的检测。所以，GC-FID 在苯系物监测实际应用中比较常见。

GC-FID 苯系物在线气相色谱流程图如图 5-21 所示。苯系物通常都是极性比较小的有机物，所以使用非极性或者弱极性的色谱柱（例如 DB-1/HP-1 或者 DB-5/RTX-5），通过色谱柱分离后进入检测器检测。固定源废气中苯系物浓度高时，定量环采样；环境空气中苯系物浓度低时，采用低温或常温浓缩采样技术。

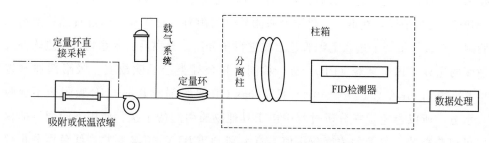

图 5-21　GC-FID 苯系物在线气相色谱流程图

GC-FID 的工作原理主要是样品通过质量流量控制器（MFC）或定量环采集后，切换进样阀，在载气的带动下样品分别进入色谱柱中分离，其中苯、甲苯、二甲苯、乙苯等苯系物经预柱进入分析柱中分离后进入 FID 检测器检测得到，切换阀位置后重烃类组分被反吹放空。目前国产仪器检出限小于等于 0.1×10^{-6}（苯）；

量程范围：苯（0.05～10000）$\times 10^{-6}$，甲苯（0.05～10000）$\times 10^{-6}$，二甲苯（0.1～10000）$\times 10^{-6}$；分析周期小于15min。仪器特点如下：

① 采用中心切割加反吹技术，直接测量苯、甲苯和二甲苯；

② 采用专用的色谱柱组合，样品180℃保温，无残留，灵敏度高；

③ FID检测器具有自动点火功能和宽量程输出，线性范围 10^{-7}。

市场上的苯系物分析仪很多都采用FID方法，例如武汉天虹的TH-300A可以监测苯、甲苯、乙苯、二甲苯、苯乙烯和异丙苯等，重复性RSD小于等于3%；北京雪迪龙等公司将苯系色谱仪和非甲烷总烃色谱仪结合，都采用FID的原理，同时测出总烃（THC）、甲烷（CH_4）、非甲烷总烃（NMHC）、苯系物（BTX）等多种有机物。该系统可广泛应用于各种工业污染源VOCs排放监测，例如半导体、电子、医药、石化、化工、印刷、汽车、涂装、橡胶等多种工业，性能稳定可靠，集成化程度高。同时，针对各种不同工况条件及客户需求，江苏天瑞仪器股份有限公司可提供定制化解决方案，包括防爆机柜式、全程高温伴热式、移动监测车等。

5.4.1.2　GC-PID在线监测技术

GC-PID在芳烃类组分或某些无机组分分析中常被使用，特别是芳烃类组分的灵敏度要比FID高，同时FID是根本不能测量无机物的，而PID不仅能测苯系物、有机硫组分，也能对氨、砷化氢（砷烷）、磷化氢（磷烷）、硫化氢、氮氧化物、溴和碘等无机组分进行监测，因此苯系物在线监测技术应针对固定源废气中组分特性来选型。

GC-PID工作原理主要是低温富集高温热解吸技术和光离子化检测器（PID）技术相结合，样气经过颗粒物过滤器，然后进入循环气路，通过质量流量控制器（MFC）定量采样，在低温条件下经吸附管（吸附阱）富集后，通过直热快速高温脱附，在载气带动下进入毛细管色谱柱进行预分离，分离后的苯系物依次进入高灵敏度的光离子化检测器（PID）进行检测，其余烃类经反吹放空。吸附剂通常选用60/80目GDX-102或者60/80目Tenax GR吸附剂，Tenax GR吸附剂不会吸收水分，所以避免了在分析过程中由于其他物质引起的干扰。使用不同型号的仪器可以获得苯、甲苯的浓度分析值。意大利PCF BTX530苯系物在线色谱分析仪采用充满Tenax GR吸附剂的阱进行采样，磐诺苯系物在线气相色谱仪（PID法）采用低温条件下经吸附管进行采样。GC-PID苯系物在线气相色谱流程图如图5-22所示。

该仪器的特点在于PID检测器对非饱和烃类具有选择性响应，提高了苯系物的监测灵敏度；可以使用质量流量控制器实现定量采样，避免样气温度、压力变化

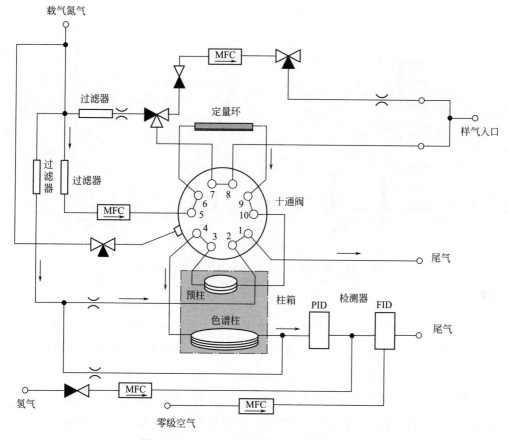

图 5-22 GC-PID 苯系物在线气相色谱流程图

对监测结果的影响；每秒钟大于 40℃ 的快速升温，使得高温脱附迅速发生，可避免高温脱附引入的峰展宽，使得色谱分离效果和峰形更高；使用预分离和切割反吹技术，可以避免高沸点组分进入分析系统，提高色谱柱的使用寿命，也大大缩短了分析周期。苯系物和非甲烷总烃分析仪的典型色谱图如图 5-23 所示。

以磐诺苯系物监测仪为例，其可以检出苯、甲苯、乙苯、对二甲苯/间二甲苯、邻二甲苯、异丙苯和苯乙烯等；量程 $0 \sim 500 \times 10^{-9}$；检出限$< 0.1 \times 10^{-9}$；重复性 RSD$< 3\%$（苯）；分析时间单通道小于 15min；载气为高纯氮气。

5.4.1.3 DOAS 在线监测技术

DOAS 污染物连续排放在线监测系统（简称 DOAS-CEMS）检测技术成熟，在燃煤锅炉电厂的污染物排放在线监测 SO_2、NO_x 等常规监测项目中有广泛的应用。该技术可同时分析多个组分，但是其检测分析的灵敏度一般较色谱技术低，检测 VOCs 种类有限，目前只能监测苯系物类 VOCs，因此该技术监测 VOCs 中苯系

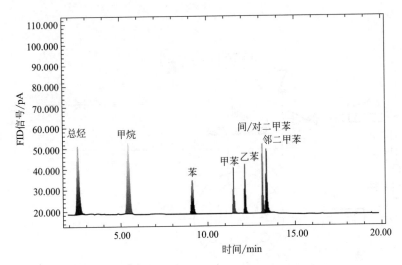

图 5-23　苯系物和非甲烷总烃分析仪典型色谱图

物非常适用。

DOAS 一般现场采取非接触式直接连续测量，无须预处理，保证气体不失真，响应时间很快，可实现测量光路区域内的在线监测。其优势在于其响应时间和连续监测的特性，也使其真正实现一机多参数的有效监测，是其他在线监测系统所无法比拟的。对于多个固定源废气苯系物的监测，DOAS 设备可采用自动切换的方式，分别对各个排口进行安装发射/接收装置，实现各个排口实施切换连续监测，可同时监测 1~4 个排口的数据满足我国环保相关规范的要求，不但解决了多排口在线监测的难题，而且大大地降低了建设成本。

目前典型而且广泛应用的在线 DOAS 设计思路和方案是：置于发射器中的光源氙灯发光，通过一个抛物面镜将光反射并准直出来成为一条光路。应用于监测污染源排放或过程气体中，光路长度一般为 0.5~10m。置于另一端接收器中的抛物面镜将捕捉到的光汇聚到光纤点上，通过光纤将光传送至分析仪进行有效的分析。在紫外线 253~277nm 的波长范围内反演苯系物浓度，在此波段内的干扰气体主要有 O_2、O_3 和 SO_2 三种，测量过程中必须对干扰气体进行修正。

DOAS 连续排放在线监测系统由长光程差分吸收光谱法痕量气体检测仪（DOAS仪）、空气质量 PM_{10} 自动监测仪、气象仪、计算机和系统控制分析软件等部分组成。DOAS 仪由光源（氙弧灯）、发射和接收为一体的望远镜、角反射镜、光纤、光谱仪、探测器和计算机等组成。可使用单一条长光径监测，或多重光径监测以覆盖更大区域。DOAS 连续排放在线监测系统结构图如图 5-24 所示。

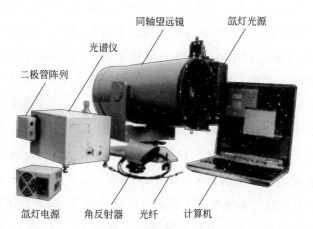

图 5-24　DOAS 连续排放在线监测系统结构图

差分吸收光谱技术（DOAS）是以大气中的痕量污染气体对紫外和可见波段的特征吸收光谱为基础，通过特征吸收光谱鉴别大气中污染气体的类型和浓度，因此适用于在该波段有特征吸收的气体分子。能很好地监测芳香族有机物苯、甲苯、间二甲苯、邻二甲苯、对二甲苯、甲醛等。表 5-3 显示了 DOAS 设备主要性能指标及参考标准表。

表 5-3　DOAS 设备主要性能指标及参考标准表

气体	测量范围/(mg/m³)	最低检测限/(mg/m³)	线性偏差最大值/%	响应时间/s	参考标准/(mg/m³)
苯	0～1000	1	1	30	12
甲苯	0～1000	0.5	1	30	40
二甲苯	0～1000	1	1	30	70
对二甲苯	0～1000	1	1	30	
苯乙烯	0～1000	1	1	30	
苯酚	0～1000	1	1	30	
甲醛	0～1000	1	1	30	

如表 5-3 所示，表中参考标准是指《大气污染物综合排放标准》（GB 16297—1996），按照行业规定，监测的结果能落在测量范围的 20%～80% 视为有效监测数据，而我国《大气污染物综合排放标准》（GB 16297—1996）对于苯、甲苯、二甲苯这三种污染因子所规定的排放标准限值分别为 $12mg/m^3$、$40mg/m^3$、$70mg/m^3$，因此从监测范围来说，DOAS 设备满足污染源在线监测需要，而设备的检出限、检出时间、最大偏差更能够满足污染源在线监测的需要。但 DOAS 也存在一定的缺点，其监测中受水汽和气溶胶影响较大。

国外已推广 DOAS 技术，在瑞典，OPSIS 公司成功地升级并确定了 DOAS 系统的基本结构，发布 Opsis System 300 系统。继瑞典 OPSIS 公司推出 DOAS 系统后，法国 ESA 公司和美国的 CerexMS 公司和 Thermo 公司也分别推出了自己的商业性的 DOAS 系统。瑞典 OPSIS 公司和法国的 ESA 公司的 DOAS 仪器除通过欧洲权威机构认证外还通过了美国 EPA 的认证。在国外 DOAS 技术被广泛应用于苯系物的气体检测中，可检测 SO_2、NO_x、HCl、HF、NH_3、苯、甲苯、二甲苯、甲烷、甲醛、TOC 等多组分气体。现今国内已有深圳、厦门、杭州、福州、重庆等城市的空气自动监测系统引进了瑞典 OPSIS 的 AR-500 DOAS 系统。宁波、汕头等城市的空气自动监测系统装备了美国 TE 公司的 TE2000 DOAS 系统。泉州、漳州、三明等城市的空气自动监测系统使用了法国 Environment 公司的 SANOA DOAS 系统。长光程自动监测仪器主要性能指标如表 5-4 所示。

表 5-4　长光程自动监测仪器主要性能指标

项　目	技术指标
应用	监测环境空气中的 BTEX、SO_2、NO_2、O_3 浓度
分析方法	对射式差分吸收光谱法（DOAS）
监测项目	苯、甲苯、二甲苯、对二甲苯、苯乙烯、苯酚、甲醛、SO_2、NO_2、O_3
UV 反应波段	$180 \sim 600nm$
精度	$0.04nm$
探测器	光电倍增管（PMT）
测量范围	$0 \sim 1000 \mu g/m^3 (O_3)$, $0 \sim 2000 \mu g/m^3 (SO_2 、NO_2)$, $0 \sim 1000 mg/m^3 (BTEX)$
最低检测值	$SO_2 \leqslant 1 \mu g/m^3$, $NO_2 \leqslant 1 \mu g/m^3$, $O_3 \leqslant 2 \mu g/m^3$, $BTEX \leqslant 1 mg/m^3$
零点漂移	$SO_2 、NO_2 \leqslant \pm 2 \mu g/(m^3 \cdot 月)$; $O_3 \leqslant \pm 4 \mu g/(m^3 \cdot 月)$
跨度漂移	$< \pm 2\% / 月$, $< \pm 4\% / 年$
线性度	优于满量程的 $\pm 1\%$
响应时间	$0 \sim 60s$
发射接收距离	$180 \sim 500m$
输出	模拟信号和数字信号
屏幕显示	19 寸以上液晶显示屏，能进行人机对话，显示测量结果、仪器运行参数以及显示历史数据查询
校准方式	通过专用的外置校准装置，可确保校准不受环境因素的影响，利用光缆连接分析仪和校准装置，便可在站房内或实验室内进行零点校准和多点校准，只使用一种浓度标气通过 3 个校准池来进行多点校准，最多可以实现 7 点校准

中国安徽蓝盾公司与中国科学院安徽光机所合作也研制开发了 DOAS 系统。从我国 VOCs 在线监测设备市场情况来看，国内对 DOAS 对于 VOCs 监测的应用

逐渐增多,天津、拉萨、安庆等城市空气自动监测系统选用了安徽蓝盾公司的DOAS系统。目前,中科院安徽光机所对DOAS技术进行了研究,包括大气、烟道等检测方面,并研制出了相关系统,但其监测对象主要是SO₂、NOₓ等常规项目,苯系物等VOCs的监测尚待扩展。武汉天虹公司与美国CerexMS公司形成战略合作关系。DOAS污染物连续排放在线监测系统在多组分、多排口监测及后期维护管理上有着更大的优势,其示意图如图5-25所示。因此,可以预见,DOAS将在大气污染源苯系物在线监测上得到越来越多的应用。

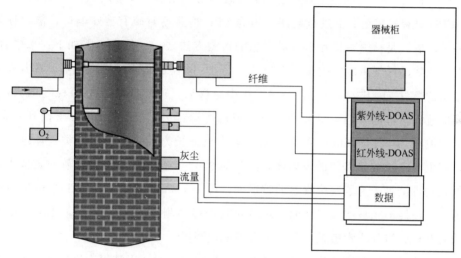

图5-25　DOAS污染物连续排放在线监测系统示意图

5.4.2　有机硫在线监测技术

城市垃圾处理场恶臭污染是周边居民普遍反映的问题,其主要污染物为硫化氢、挥发性有机硫、氨气和三甲胺等,其中VOCs的有机硫组分为甲硫醇、乙硫醇、二甲硫醚、二硫化碳、二乙硫醚、二乙基二硫醚等;由于大多数气态有机硫寿命较短、极性强、活性高、易氧化,因此富集难度较高,是目前VOCs污染物监测难点之一。针对有机硫组分,我国目前离线的标准监测方法有《空气质量　硫化氢、甲醇硫、甲硫醚和二甲二硫的测定　气相色谱法》(GB/T 14678—1993)和《空气和废气监测分析方法》(第四版增补版),利用色谱技术对有机硫组分进行监测。

世界上对环境空气中痕量挥发性有机硫用气相色谱或质谱来分析,常用的前处理方法有溶液吸收法、固体滞留法、低温冷凝富集法。溶液吸收法的吸收液难于选择；由于大多数有机硫的沸点较低，固体滞留法在常温下也难完全留住有机硫；低温冷凝富集方法有相应国标方法，但由于需在现场低温捕集样品，采样、运输过程烦琐，且该法没有考虑水蒸气和二氧化碳的影响，测定结果重复性差。

有机硫组分在线监测设备克服了有机硫采样、运输过程烦琐的劣势，采用在线气相色谱（GC-FPD 和 GC-PID）、质谱法在线分析技术来满足实时在线有机硫组分需求，本节主要介绍色谱法对有机硫的监测，利用色谱法可以和非甲烷总烃、苯系物色谱法监测设备集成，组成 VOCs 在线监测系统，比较方便快捷。

GB/T 14678—1993 和《空气和废气监测分析方法》（第四版增补版），利用 GC-FPD 对有机硫组分的进行监测，因为 FPD 检测器对硫有特殊响应，能保证较好的灵敏度，是检测有机硫组分最理想的检测方法之一。具体步骤如下：采样后，含有硫化物的样气由载气携带，先与空气混合，由检测器下部进入喷嘴，在其周围有过量的燃气 H_2 供给，在富氢-空气焰中点燃后，产生一个光滑而稳定的火焰。喷嘴的遮光槽可把火焰本身及烃类杂质发的光源挡去，产生的 S_2 分子回到基态，发射出波长为 320～480nm 的光，其最大发射波长为 394nm，而烃类气体进入火焰，产生 CH、C_2 等基团的发射光，波长为 390～520nm。光电倍增管对这些大范围的光均可接收。为了仅接收 S 的特征光，用 394nm 的滤光片，使 394nm 附近的光透过，而烃类光被滤去，从而可对 S 进行选择性测定。火焰光度检测器（FPD）检测对有机硫组分非常敏感，是一种合适的检测器。

当直接进样体积中硫化物绝对量低于仪器检出限时，以液氧为制冷剂的低温条件下采用浓缩管对气体中的硫化物进行浓缩，浓缩后快速加热至 250℃，使得全部浓缩组分进入预柱进行分离，待测组分进入分析柱中，切换阀，将高沸点化合物从预柱中反吹出去，目标化合物在分析柱中再分离后，进入检测器，由 FPD 对各种硫化物进行定量分析，在一定浓度范围内，各种硫化物含量的对数与色谱峰高的对数成正比。

分析条件为：载气为氮气；进样口温度 110℃；柱流量 60mL/min；柱温 75℃；色谱柱为有机硫专用色谱柱，其为 3m×4mm 的玻璃柱，经磷酸溶液（10mol/L）浸泡过夜，β,β-氧二丙腈填充或其他等效柱；检测器温度为 110℃。以磐诺有机硫检测仪为例，其检出限达到 $<0.1\times10^{-9}$，重复性 RSD<5%，分析周期<20min。有机硫在线监测技术典型的色谱图如图 5-26 所示。

一般新装的固定源监测系统中，固定源废气中有机硫是特征污染物时，企业会安装 GC-FPD 的有机硫在线监测技术。虽然 FPD 检测器对有机硫有很好的响应和敏感度，但在实际应用当中，一些检测机构已具备了 GC 但并没有配置 FPD 检测

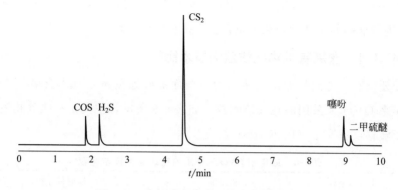

图 5-26 有机硫在线监测技术典型色谱图

器，除此之外，当废气中同时存在二氯甲烷时，就需要使用其他监测技术。因为二氯甲烷有很大的电负性，在检测过程中不易与乙硫醇分离，影响检测，往往在实际中选用 GC-PID 的方法作为有机硫监测技术。GC-FPD 和 GC-PID 方法比较见表 5-5，企业或厂商需根据实际情况选择合理的在线监测技术。

表 5-5　GC-FPD 和 GC-PID 方法比较

检测器	GC-PID	GC-FPD
进样方式	低温预浓缩富集	定量环进样
优点	结构简单，气体种类少；低温预浓缩富集，增加灵敏度	对硫有特殊响应，无须预浓缩富集就能保证较好的灵敏度
缺点	对多种组分有响应，易受杂质干扰；低温富集，增加仪器的复杂性	FPD 增加了对气体的需求
代表仪器	Synspec GC955-810	Chromatotec ChromS

5.4.3　含氧有机物在线监测技术

大气中的含氧有机物（oxygenated volatile organic compounds，OVOCs）是挥发性有机化合物中重要的一类，主要由醛酮类化合物、醇类、醚类、低分子有机酸、有机酯以及极其活泼的烯醛、烯酮等化合物组成。它们在大气化学过程中起着非常重要的作用：这些化合物具有较高的反应活性，能够参与大气光化学反应，生成臭氧、过氧乙酰硝酸酯（PAN）等挥发性含氧有机物。

含氧挥发性有机物（OVOCs）是光化学反应过程的中间产物，二次有机气溶胶的前体物，其本身也是有毒有害气体，因此在大气环境领域具有重要的研究意义。虽然典型物质（如甲醛）的环境浓度可高达每立方米几十微升，但是由于 OVOCs 中戊醛、己醛等高碳醛酮类物质的环境浓度非常低（$<0.1\mu L/m^3$），一般

仪器检测限难以达到其浓度水平，且许多物质反应活性高、寿命短，因此，对OVOCs进行准确的定性和定量分析是具有挑战性的工作。

5.4.3.1 含氧有机物在线监测技术比较

迄今还没有一种测量方法可确认为能全面准确地测量空气中含氧挥发性有机物。近年来 OVOCs 采用的在线监测技术如表 5-6 所示，主要是在线气相色谱分析法和质子转移反应质谱（PTR-MS）两类技术。

表 5-6　近年来 OVOCs 采用的在线监测技术比较

方法	采样技术	检出限	监测目标物
在线气相色谱分析法	低温预浓缩采样 GC-FID	$(6\sim8)\times10^{-12}$（3 倍基线噪声）	环境大气中 $C_2\sim C_{12}$ 挥发性有机物，$C_2\sim C_5$ 醛酮，MACR，MVK
	在线低温捕集采样 GC-FID(MS)	$(16\sim31)\times10^{-12}$（醛酮）$(29\sim56)\times10^{-12}$（醇）（3 倍基线噪声）	环境空气中 $C_2\sim C_5$ 醛酮类物质，$C_1\sim C_2$ 醇类物质及 $C_5\sim C_8$ 非含氧烃
	在线控温捕集 GC-MS	$(5\sim75)\times10^{-12}$（5 倍噪声）	航测 $C_2\sim C_4$ 醛酮和甲醇
质子转移反应质谱法	在线	$(33\sim820)\times10^{-12}$（3 倍基线噪声）	环境空气及污染源地区的甲醇、乙醛、丙酮、MEK、乙酸、MACR、MVK、苯甲醛等

对于活性物质的分析测量，从样品采集到仪器分析存在诸多干扰因素，20 世纪 70 年代以来，色谱技术与化学衍生法相结合为测量环境大气中的羰基类物质铺开了道路。在过去的 40 多年里，衍生化方法得到了长足的发展。为降低测量的检测限，气相色谱技术被引入 OVOCs 的测量中，气质联用与化学衍生化相结合测量空气中低浓度醛酮类物质，与其他检测方法相比大大提高了测量精度。国家 OVOCs 监测方法《环境空气　醛、酮类化合物的测定　高效液相色谱法》（HJ 683—2014）都是采用衍生化的方法和高效液相色谱法进行监测的，有较准确的测量结果。

在线分析技术可以快速测量，避免了衍生化或其他采样方式的烦琐过程及其采样过程带来干扰的可能性，使测量结果更为准确，同时从根本上改善了时间分辨率，是 OVOCs 测量技术今后发展的一个重点方向。目前，发展起来的针对大气光化学过程在线测量技术包括在线 GC-FID/MS 及 PTR-MS 技术彻底摒弃了烦琐冗长的化学衍生化过程，检测限和时间分辨率都大大改善，测量的物质还扩展到一些醇类和酯类物质。含氧有机组分的在线监测技术基本要求应满足以下几个方面：实现痕量水平的 OVOCs 分析；测量的时间分辨率必须要高；采样及分析过程须要避免目标分析物的降解或化学反应转化。

5.4.3.2 质子转移反应质谱

（1）PTR-MS 的原理

质子转移反应质谱（PTR-MS）是一种快速、无损、高灵敏质谱检测技术，可对痕量挥发性有机物（VOCs）进行实时、在线定量检测。其原理是采用化学电离（CI）源技术，离子源产生的初始反应离子与引入到漂移管中的 VOCs 分子发生质子转移反应，最后通过质量分析器检测 H_3O^+ 和 VOCs 中 H^+ 强度的变化计算出 VOCs 分子的绝对浓度。为了消除水团簇离子的影响，PTR-MS 采用在离子-分子反应区加可调电场的技术，当离子碰撞的动能超过水团簇离子中离子-分子之间的键能时，水团簇离子将不会形成，由此消除了水的影响，使得质谱图像非常简单，易于对有机物的识别。

（2）PTR-MS 的系统组成

PTR-MS 系统由三个部分组成：离子源、离子-分子反应流动管以及离子检测系统，如图 5-27 所示。

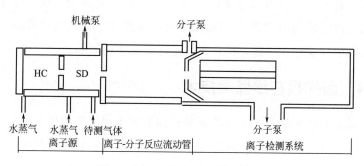

图 5-27　PTR-MS 的系统结构图

① 离子源　离子源区包括空心阴极放电区（HC 部分）和短流动管区（SD 部分）两部分，主要是提供高浓度的 H_3O^+。这些 H_3O^+ 通过离子源区与反应区之间的小孔，进入到反应区，与 VOCs 发生反应。

② 离子-分子反应流动管　将待检测的气体从进样口通入反应区。由于大多数 VOCs 的质子亲和势都大于 H_2O 的质子亲和势，所以在反应区，被检测气体中的 VOCs 成分可与从小孔漏入的 H_3O^+ 发生质子转移反应。

③ 离子检测系统　离子检测系统由四极质谱仪和真空系统组成。在反应区的 H_3O^+ 以及生成的 VOCs 中 H^+ 由流动管末端的离子取样板上的小孔漏入质谱真空腔，通过离子透镜聚焦到四极滤质器进行质量分析，并由电子倍增器接收，再测量 H_3O^+ 通过反应区的时间和 VOCs 与 H_3O^+ 反应的反应速率常数，计算出 VOCs

的浓度。

（3）PTR-MS 的优缺点

PTR-MS 的优点：

① 不需要预浓缩，在检测限 $10^{-12} \sim 10^{-6}$ 量级响应都能保持良好的线性，对于清洁空气中的许多物质可以提供足够的灵敏度；

② 对 NMOC 物质有很宽范围的响应，包括大多数 OVOCs；

③ 快速测量时间（微秒级），无论对在线监测的单个质量数还是多种质量数都有很高的重复性；

④ 可以快速得知混合比而不需要进行复杂的光谱和色谱分析，甚至是未知物。

PTR-MS 的缺点：

① 测量仅限于质子亲和力比水大的物质；

② 物质的定性和定量可能因为存在具有相同的质量数的物质片断而变得复杂；

③ 目前能实现准确定量的物种数大约在 20 余种，其中 OVOCs 不到 10 种。

PTR-MS 技术不需要色谱分离，不仅分析时间大大减少，还避免了极性物质在色谱分离系统上的吸附问题。PTR-MS 的局限性在于分析物质少，对于相同质量数的化合物的分辨存在干扰，是日后改进需要解决的问题。

5.4.4 卤代烃在线监测技术

卤代烃是指有机物烃分子中的氢原子被卤素原子取代后的化合物，挥发性卤代烃通常是指沸点在 200℃ 以下的卤代化合物，几乎所有 8 个碳以下及 5 个卤素原子以下的卤代烃都属于挥发性卤代烃。近年来，卤代烃对环境的污染受到了世界各国的普遍重视。一方面，卤代烃具有破坏肝脏、诱发癌变的危害，它们的毒性卤素是强毒性基，卤代烃一般比母体烃类的毒性大。卤代烃经皮肤吸收后，侵犯神经中枢或作用于内脏器官，引起中毒。一般来说，碘代烃毒性最大，溴代烃、氯代烃、氟代烃毒性依次降低。低级卤代烃比高级卤代烃毒性强；饱和卤代烃比不饱和卤代烃毒性强；多卤代烃比含卤素少的卤代烃毒性强。另一方面，一些卤代烃还是城市光化学烟雾的重要前体物质，同时一些卤代烃还对大气臭氧层产生破坏作用，并且是重要的温室气体。卤代烃类是大气中寿命较长的一类化合物，城市中卤代烃主要来自工业排放，通过对大气中卤代烃测定可以了解人为源的排放特征以及远距离传输和化学转化过程。

氯仿、四氯化碳、三氯乙烯、四氯乙烯和溴仿等挥发性卤代烃被广泛应用在化工工业、洗衣业、医药等领域。美国 129 种优先控制污染物中包括了 27 种卤代烃；

中国 68 种优先监测和控制污染物中包括 10 种卤代烃。

目前，挥发性卤代烃的检测方法有比色法、气相色谱法、气相色谱-质谱法和现场快速测定法等。在线色谱监测技术中针对气体中挥发性卤代烃的检测方法一般使用氢火焰离子化检测器（FID）或电子捕获检测器（ECD），针对不同组分，ECD 检出限范围在 $0.03 \sim 10 \mu g/m^3$，FID 检出限范围 $0.04 \sim 10 mg/m^3$。比较可见，FID 的检出限大约为 ECD 检出限的 1000 倍，更适用于污染源排气和车间空气中挥发性卤代烃的检测，而 ECD 适用于环境空气中挥发性卤代烃的检测。

以 GC-FID 为例，监测不同卤代烃所需要的色谱分析条件不同，大致可以分为以三氯甲烷、四氯化碳、二氯乙烷等为代表的卤代烃，二氯乙烯、三氯乙烯和四氯乙烯为代表的卤代不饱和烃，以氯苯、二氯苯、对氯甲苯、溴苯为代表的卤代芳香烃类化合物。各类化合物根据出峰情况，调整色谱的分析条件。代表性卤代烃的色谱分析条件如表 5-7 所示。

表 5-7　代表性卤代烃的色谱分析条件

色谱分析条件	三氯甲烷、四氯化碳、二氯乙烷等卤代烃	二氯乙烯等卤代不饱和烃	氯苯、溴苯、二氯苯、对氯甲苯等卤代芳香烃
色谱柱	2m×4mm（FFAP：6201 载体＝10：100）	2m×4mm(聚乙二醇：Chromosorb WHP＝5：10)	3m×4mm(FFAP：Chromosorb WAW DMCS＝10：100)
柱温/℃	100(三氯甲烷)	70(二氯乙烯)	140(氯苯)
载气	高纯氮气	高纯氮气	高纯氮气
载气流量/(mL/min)	25	25	50
汽化室温度/℃	200	180	250
检测室温度/℃	200	180	250

目前各大仪器厂家对于色谱在线监测技术采用模块化设计，能够提供 GC-FID（可选 PID、FPD、ECD 等检测器），针对挥发性卤代烃，可选的技术包括 GC-FID、GC-ECD 和 GC-MS。各项技术的对比如表 5-8 所示。

表 5-8　近年来卤代烃采用的在线监测技术比较

方法	采样技术	检出限	监测目标物
在线气相色谱分析法	低温预浓缩采样 GC-FID	0.01mg/样品	环境大气中 $C_2 \sim C_{12}$ 挥发性有机物，$C_2 \sim C_5$ 醛酮，16 种卤代烃
	低温捕集采样 GC-ECD	0.01μg/样品	16 种卤代烃化合物；S、P、卤素的化合物、金属有机物及含羰基、硝基、共轭双键的化合物
	在线控温捕集 GC-MS	0.01μg/样品	PAMS＋TO-15＋13 种醛酮类

（1）色谱分析条件

详细的色谱参数见表5-9。

表 5-9　GC-ECD 方法测量环境空气中卤代烃色谱参数

项　目	推荐条件
毛细管色谱柱	固定相100%甲基硅氧烷,50.0m×0.32mm×1.05μm
进样口温度	220℃;分流进样,分流比5:1
升温程序	初始温度35℃,保持8min,以5℃/min的速度升温至100℃,以10℃/min的速度升温至200℃,保持5min
载气流速	1.5mL/min(柱流量)
FID检测器温度	320℃
尾气吹扫速度	60mL/min

（2）校准曲线的绘制

分别取适量的标准贮备液，配制5～7个浓度校准级别的校准标样，例如质量浓度依次为 $0.5\mu g/mL$、$1\mu g/mL$、$10\mu g/mL$、$20\mu g/mL$ 和 $50\mu g/mL$ 的校准系列，分别加入活性炭采样管中，热解吸，用氮气以 $0.2L/min$ 的速度吹扫到气相色谱仪进样口，同一标样重复进样3～4次。以各目标化合物组分的响应为纵坐标，目标化合物组分的质量为横坐标作图，回归得到校准工作曲线。

（3）定量分析——未知样品的测定

进样后，调整分析条件，目标组分经色谱柱分离后，由 ECD 进行检测。记录色谱峰的保留时间和响应值，根据标准工作曲线计算未知样品的量。GC-ECD 测挥发性卤代烃参考色谱图如图5-28所示。

（4）分析过程中质量保证和质量控制（QA/QC）

① 采样前后的流量相对偏差应在10%以内。

② 标准曲线相关系数应大于等于0.995。

③ 每批样品分析时应带一个校准曲线中间浓度校核点，中间浓度校核点测定值与校准曲线相应点浓度的相对误差应不超过20%。若超出允许范围，应重新配制中间浓度点标准溶液，若还不能满足要求，应重新绘制校准曲线。

④ 定期作标准曲线。

5.4.5　臭氧前体有机组分在线监测技术

臭氧（O_3）是大气中主要的污染物之一。我国近几年大气臭氧浓度上升，超标天数增加，在京津冀、长三角地区成为仅次于 $PM_{2.5}$ 的空气污染物，在珠三角

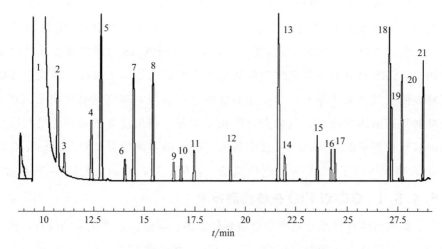

图 5-28　GC-ECD 测挥发性卤代烃参考色谱图

1—二硫化碳（溶剂峰）；2—反式-1,2-二氯乙烯；3—1,1-二氯乙烷；4—顺式-1,2-二氯乙烯；5—三氯甲烷；

6—1,2-二氯乙烷；7—1,1,1-三氯乙烷；8—四氯化碳；9—1,2-二氯丙烷；10—三氯乙烯；

11—1-溴-2-氯乙烷；12—1,1,2-三氯乙烷；13—四氯乙烯；14—氯苯；15—三溴甲烷；

16—1,1,2,2-四氯乙烷；17—1,2,3-三氯丙烷；18—苄基氯；19—1,4-二氯苯；

20—1,2-二氯苯＋1,3-二氯苯；21—六氯乙烷

地区更是成为首要空气污染物，空气中臭氧浓度过高会严重危害人体健康。近地面臭氧绝大部分是由 VOCs 和氮氧化物（NO_x）等前体物，在太阳紫外线照射下发生光化学反应生成的二次污染物，VOCs 作为重要前体物，对臭氧生成有很大影响。臭氧前体有机组分造成区域环境中臭氧生成潜势的增加，准确地监测对臭氧生成潜势贡献较高的物质，并进行合理控制，对解决近地面臭氧污染问题有重要意义。

目前国内外对于臭氧前体物的分析以水平为毫摩尔每摩尔的样品为主，美国环保局在 20 世纪 80 年代开始逐步形成了针对环境空气中不同有毒有机物的分析方法标准体系，美国环保局发布的相关技术文件中规定了需要监测的臭氧前体物种类，并描述了空气中臭氧前体物是采集的空气样品经过多级吸附阱或冷聚焦低温浓缩后，采用单色谱柱或双色谱柱进行分离，使用氢火焰离子化检测器（FID）进行测定。

美国 1990 年国会通过的《空气清洁法修正案》（Clean Air Act Amendments），美国环保局要求各州或地方在臭氧问题严重地区必须开始建立光化学评估监测站（photochemical assessment monitoring stations，PAMS）全面监测臭氧、臭氧前体物及部分含氧挥发性有机物以了解高臭氧发生的原因。美国环保局在《空气清

洁法修正案》施行的 18 月内也制定相关法规作为加强监测臭氧前体物的实行基础，各州也必须根据此法规的要求建立 PAMS，针对空气中 O_3 前体物进行监测，并加强对 NO_x 和 VOCs 排放源的了解，于是 PAMS 的形成即在此法律下开始建构。PAMS 对臭氧及其前体物监测最主要的目的是提供准确、具代表性的长期资料，使空气污染防治有关单位能够依此立即客观掌握空气品质状况，建立完整的臭氧与其前体物浓度、气象条件间相互关系，找出臭氧的成因，最后研究出可行的臭氧控制策略。PAMS 项目中有关 VOCs 的监测通常针对的目标化合物是在 25℃，蒸气压高于 18.6Pa 的包括烷烃、烯烃、芳香烃和炔烃的 57 种化合物。

5.4.5.1 GC-双 FID 在线监测技术

由于臭氧前体有机组分监测化合物有种类多、浓度低、沸点宽的特点，按照监测因子沸点高低分为高碳型分析仪（$C_6 \sim C_{12}$）和低碳型分析仪（$C_2 \sim C_5$），通过高碳型和低碳型分析仪配合使用，实现对 PAMS 57 种化合物的监测。GC-双 FID 在线监测仪器原理示意图如图 5-29 所示。

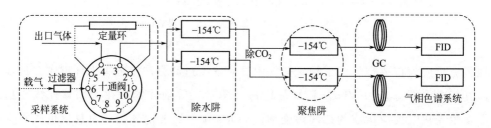

图 5-29 GC-双 FID 在线监测仪器原理示意图

（1）系统组成和所用试剂

高碳型分析仪：采用常温富集高温快速热解吸技术和高效分离氢火焰离子化检测技术进行检测，除采用的检测器不同外，其监测原理与苯系物监测原理相似。采用隔膜泵抽取样气，由高精度质量流量控制器（MFC）精确控制采样体积，样品中低碳挥发性有机物被吸附在符合填充吸附管中，闪蒸进入带预柱反吹的气相色谱分离系统，C_{12} 以上的高沸点化合物被反吹出去，$C_6 \sim C_{12}$ 化合物经 FID 检测，该分析仪器用于 $C_6 \sim C_{12}$ 组分的分离和分析。

低碳型分析仪：采用低温富集-极速闪蒸技术和高效分离氢火焰离子化检测技术进行检测，样品在隔膜泵抽取，由高精度质量流量控制器精确控制采样体积，样品中低碳挥发物在 −20℃ 低温下进行富集浓缩，高温下快速解吸脱附，进入带预柱反吹的气相色谱分离系统，C_6 以上的高沸点化合物被反吹出去，$C_2 \sim C_5$ 化合物经 FID 检测，得到准确定量分析结果。该分析仪器用于 $C_2 \sim C_5$ 组分的分离和分析。

系统构成包括高碳分析仪和低碳分析仪，氢气发生器，零级空气发生器，动态稀释仪，高纯 N_2（≥99.999%）和高纯 He（≥99.999%）等。标气包括 57 种烃标准气体（$1×10^{-6}$，美国 Spectra Gases Inc.）、68 种含氧挥发性有机物及卤代烃标准气体（$1×10^{-6}$，美国 Spectra Gases Inc.）、4 种内标化合物标准气体（$1×10^{-6}$，美国 Spectra Gases Inc.）、19 寸组合机柜。

该分析系统采用内置工业 PC 机，使用内嵌式系统，加载在线色谱工作站，在内置数据硬盘上进行数据处理和数据保存，并且可以通过网络和 USB 接口进行数据传输，便于实现观测结束后数据的重新处理和校正工作。目前色谱仪采用 19 寸机箱尺寸，可以组成机柜，机柜示意图如图 5-30 所示。

（2）仪器优势

仪器由高碳型分析仪和低碳型分析仪组成，可以实现一台仪器分析 C_2～C_{12} 高低碳的挥发性有机物；由于其双 FID，监测种类范围广，既能分析 PAMS（57 种）又能分析 TO-15（65 种），可以根据软件程序报告非甲烷总烃值，灵敏度高，检出限低于 $0.1×10^{-9}$，使用成本低，操作简单；也可外接硅烷化采样罐或采样袋，实现离线分析。

（3）分析流程

整个系统过程包括采样、预浓缩、脱附和分离、检测等环节，系统配备十通阀，可以随时切换采样模式和分析模式。

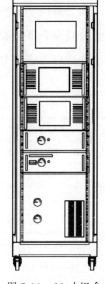

图 5-30　19 寸组合机柜示意图

① 采样　采样是利用仪器内部的泵进行抽气，通过采样软管将新鲜的样气不断地抽入采样系统，采样速率为 1.5L/min，根据采样管路长度和采样气量来确定泵开启的时间。关闭泵后，再利用 MFC 或步进活塞定量环达到定量采集样气的目的。采样分析模式下，可进行 7～10 次采样，保证所采集样气具有一定的代表性。

② 预浓缩系统　针对高浓度 VOCs 的样气，可选择定量环直接进样，但是针对低浓度 VOCs 的环境空气（10^{-9} 量级的 VOCs），必须经过预浓缩系统对目标污染物进行富集浓缩。在线仪器可采用 Tenax 吸附剂或冷阱来实现浓缩样气，以 Tenax 吸附剂富集为例，每次采样开始后，在活塞系统帮助下，一定量（35mL）的样气通过吸附剂的预浓缩管进行富集，重复多次，根据实际环境空气浓度情况进行设置，采样完毕后，必须利用载气反吹预浓缩管，去除水和氧气。对于沸点低于

20℃的烃，常温富集会有较大损失，预浓缩管可放入铝制箱体，通过半导体辐射制冷的方式，实现低温捕集；为了防止系统出现冷凝水，需干燥样气，实际最低温度一般在−5℃左右。利用上述原理，环境空气在线预浓缩仪，用于配套在线气相色谱法也已经市场化，其特点是保证了无缝隙的连续采样，可以对10^{-9}或10^{-12}级别的低浓度样品进行富集浓缩。

③ 脱附和分离 在注射的模式下，被预浓缩吸附管吸附的样气在短时间快速加热即可脱附，同时载气吹扫，经过十通阀进入预分离柱。分离柱一般由两部分组成：预分离柱和分析柱。除了长度以外，这两根色谱柱一般为相同型号：一是为了避免因高沸点成分脱附所致的冗长分析；二是延长分析柱的使用寿命。常用的色谱柱及其特点见表5-10。

表 5-10   常用的色谱柱及其特点

色谱柱	适合分析的化合物	使用特点
J & W DB^{TM}-1	$C_2 \sim C_{12}$ 化合物	非极性柱，要实现 $C_2 \sim C_{12}$ 化合物全部分离须环境温度以下
Hewlett-Packard HP-1	$C_2 \sim C_{12}$ 化合物	
SGE BP-1	$C_2 \sim C_{12}$ 化合物	
Chrompack CP-Sil 5 CB	$C_2 \sim C_{12}$ 化合物	
Supelco SPB-1	$C_2 \sim C_{12}$ 化合物	
Restek RTX-1	$C_5 \sim C_{12}$ 化合物	推荐程序升温范围：$-25 \sim 220$℃
PLOT-Al$_2$O$_3$/KCl 或 Al$_3$O$_3$/Na$_2$SO$_4$	$C_2 \sim C_4$ 化合物	极性柱
J & W GS-Q	$C_2 \sim C_4$ 化合物	极性柱，不受水影响
Restek$^{®}$ RtX-502.2	$C_4 \sim C_{12}$ 化合物	中极性柱，推荐程序升温范围：$35 \sim 200$℃
L & W DB^{TM}-624	$C_4 \sim C_{12}$ 化合物	中极性柱，推荐程序升温范围：$35 \sim 200$℃

分析在恒温或者程序升温条件下进行，通过升温可以使得更多不同沸点的组分在较短周期内分离出来。一般情况下，炉箱温度高于基线温度。分析的时间主要由以下几个因素决定：a. 成分之间沸点差异；b. 流速和色谱柱特性；c. 基线温度。

样气在预浓缩管捕集后，进入预分离柱分离所需检测的成分，待全通过后开始反吹，从预分离柱出来的成分在分析柱上进一步分离并进入检测器，下一个样品采集同步进行。每一个循环末都利用载气冲洗分离系统几分钟，直至无信号检出为止，系统清洁有助于防止对色谱柱的破坏和由此带来的色谱峰退化。

④ 检测 本方法采用双氢火焰离子化检测器（FID），FID是气相色谱技术中最常见的检测器，其灵敏的适合$10^{-9} \sim 10^{-6}$的成分的监测，由于FID的特性，可

以用于非甲烷总烃和苯系物的监测。为了监测臭氧前体有机组分，以双 FID 模式的高低碳分析仪出发，能够实现臭氧前体有机组分的有效检测。以低碳谱图为例，代表性谱图如图 5-31 所示。

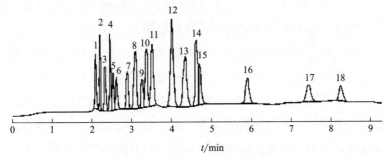

图 5-31　低碳型分析仪典型谱图

1—乙烷；2—乙烯；3—乙炔；4—丙烷；5—丙烯；6—丙炔；7—异丁烷；8—异丁烯；9—正丁烷；

10—反式-2-丁烯；11—顺式-2-丁烯；12—异戊烷；13—1-戊烯；14—正戊烷；

15—环戊烷；16—正己烷；17—甲基环戊烷；18—苯

（4）应用领域

① 城市环境空气在线监测；

② 化工园区排放口或厂界挥发性有机物在线监测；

③ 特定污染物在线监测。

（5）性能参数

以常州磐诺臭氧前体物在线气相色谱系统为例，仪器详细的性能指标和配置如表 5-11 所示。

表 5-11　磐诺臭氧前体物在线气相色谱系统性能指标

项　目	$C_2 \sim C_5$ 低碳型色谱仪	$C_6 \sim C_{12}$ 高碳型色谱仪
监测对象	$C_2 \sim C_5$ 低碳挥发性有机物	$C_6 \sim C_{12}$ 高碳挥发性有机物
时间分辨率	$15 \sim 30$min	$15 \sim 30$min
量程	$0 \sim 300 \times 10^{-9}$（低温冷阱）； $(0.1 \sim 100) \times 10^{-6}$（定量环）	$0 \sim 300 \times 10^{-9}$（吸附管）； $0.1 \sim 100 \times 10^{-6}$（定量环）
检测器	FID	FID
检出限	$\leqslant 0.05 \times 10^{-9}$（丙烷）	$\leqslant 0.03 \times 10^{-9}$（苯）
重复性	RSD$\leqslant 3\%$	RSD$\leqslant 3\%$
功率电源	<800W，220V（AC）/50Hz	<800W，220V（AC）/50Hz
工作环境	$-10 \sim 50$℃；$20\% \sim 90\%$RH	$-10 \sim 50$℃；$20\% \sim 90\%$RH
尺寸	19 寸标准机箱	19 寸标准机箱
输出	$4 \sim 20$mA，以太网	$4 \sim 20$mA，以太网

（6）运行过程中质量保证和质量控制（QA/QC）

① 校准标准曲线　对每种待测物质采用内标法建立校准曲线，通过校准曲线反查得到待测物质浓度。每个空气样品均会加入内标。每天进行一次外标气核查，外标气为 56 种 PAMS 标气，因含氧及卤代烃标气会影响 FID 色谱柱的使用寿命，每月进行一次全标气核查，每半年进行一次流量核查。

外标和内标能够较好地反映检测系统的工作状态和监测数据的准确性，标准曲线法是经典的色谱质谱常用方法，但考虑到标定过程较为烦琐，正常标定过程大约需耗时 1～2d。参照实验室分析方法的要求，待测物质核查值超出±30％即需重新标定，在实际工作中，由于待测物质太多，单一物质很容易超出该范围，因此需要反复标定该仪器，不利于仪器长时间连续运行。结合仪器本身状况及参考常规在线仪器，在进行了部分实验研究工作下，建议对仪器进行单点标定。该过程较为简单，1h 即可完成，操作比重建标准曲线简单很多，既能保证仪器的在线率，也能保证仪器的准确率。当待测物质标气核查超过±30％时，重新标定即可。当然单点标定也存在一些缺点，当待测物质线性较差时，容易造成测量的准确度相差较大，因此需对各项物质进行线性测试，当线性系数达到 0.995 以上即可采用单点标定。线性检查建议至少半年一次。

② 检查预处理系统　流量核查：采样总流量和各路流量每半年一次进行核查。新仪器验收相对误差建议应在 5％以内，后期核查要求在 10％以内。

③ 温度检查　仪器对温度的要求并不是非常精确，直接查看软件上的温度显示即可，并对照标准气体的谱图检查温度是否符合要求，若温度异常则无法冷冻捕集 VOCs。

④ 数据审核展示讨论　对庞大的数据进行准确的审核，数据审核软件应具有以下功能。

a. 物质分类功能：包含烷烃、烯烃、苯系物、卤代烃等类别物质，支持用户自建组别并加入相应物质。

b. 能够选取物质或组别，自动计算日均、月均、年均值，并能自由选取时段计算平均值、最大值、最小值等，并具备数据导出和图形展示功能。

c. 能够选取时段进行比较，例如比较昨天和今天的物质或组别，并展示相应的图形。

d. 数据审核具备删除、修正、添加等功能，并给出相应的标识，并能图形化展示审核的数据，帮助审核人员发现异常值。

e. 数据审核时能够将审核的数据链接至谱图中该物质对应的峰值，判断数据是否正常。

f. 连续察看内标值相应功能，查看外标值并对超出范围的外标值提出警示功能。

g. 每天至少一次登录远程至监测仪器电脑，查看温度、流量状态文件及外标气的谱图文件，确保仪器处于正常状态，出现问题及时维修，恢复仪器正常工作。

h. 每月需检查空调除尘滤网，并及时清洗。

i. 每次维护检查氢空一体机的纯净水、硅胶状况。纯净水及时添加，硅胶 2/3 变红即需要更换。

j. 每次更换 CO_2 去除管，需对仪器进行验漏测试，保证更换后不存在漏气现象。

k. 按时更换系统耗材。耗材包含采样滤膜、CO_2 去除管、CO_2 去除管滤膜、钢瓶氮气、钢瓶氦气。

ⅰ. 采样滤膜每两周更换一次，可根据当地实际颗粒物情况制定更换周期；ⅱ. CO_2 去除管每两周更换一次，主要用来除去空气中的 CO_2，CO_2 浓度随季节变化波动，冬季高、夏季低，根据情况更换；ⅲ. 钢瓶氮气大约每四周更换一次，钢瓶氮气主要用来反吹管路及 FID 的尾吹气和载气，FID 载气也可用氦气，考虑经济成本使用氮气为佳；ⅳ. 钢瓶氦气大约每八周更换一次，主要作为质谱仪的载气；ⅴ. 内标气每周更换，外标气每两周更换；ⅵ. 灯丝建议每半年更换一次，或者灯丝烧断后更换；ⅶ. 前极泵泵油每年更换一次。总之，运行时应根据外部环境和仪器实际运行情况，每周对仪器进行一次维护，保证仪器的正常运行和准确分析。

5.4.5.2 GC-FID+PID 在线监测技术

和上节的 GC-双 FID 类似，GC-FID＋PID 采用一个 FID 和一个 PID，实现环境空气中 $C_6 \sim C_{12}$ 高沸点烃和 $C_2 \sim C_5$ 低沸点烃实时在线监测，沸点的跨度可达 300K。按照监测因子沸点高低分为高碳型分析仪（$C_6 \sim C_{12}$）和低碳型分析仪（$C_2 \sim C_5$），通过高碳型和低碳型分析仪配合使用，实现 2-甲基戊烷、正己烷、苯、正庚烷、甲苯、正辛烷、乙苯、间二甲苯、对二甲苯、邻二甲苯、1,3,5-三甲苯、1,2,4-三甲苯、1,2,3-三甲苯、乙烷、乙烯、丙烷、丙烯、异丁烷、正丁烷、异戊烷、正戊烷、反式-2-丁烯、1-丁烯、顺式-2-丁烯、1,3-丁二烯、反式-2-戊烯、1-戊烯、异戊二烯、2,2,4-三甲基戊烷等化合物的监测。GC-FID＋PID 监测仪器系统构成如图 5-32 所示。

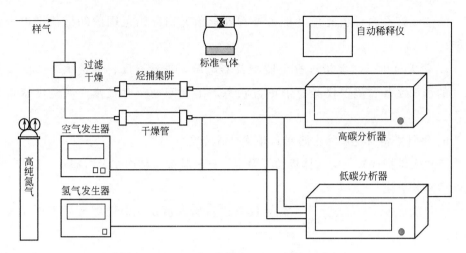

图 5-32　GC-FID＋PID 监测仪器系统构成图

以荷兰 SYNSPEC 公司的 GC955 SERIES 为代表仪器，介绍该方法的性能指标等。SYNSPEC 公司的 GC955 SERIES 仪器自 2003 年引入中国，已在北京、上海、江苏、浙江、广东、辽宁等地区建成了区域特殊污染因子监测系统，共约 140 多套。

（1）系统组成和所用试剂

高碳型分析仪：利用仪器自带的旁路泵抽取样气，采用常温捕集阱，高温快速热解吸技术，配备预柱和分析柱双色谱柱，采用 PID 检测技术进行检测，该分析仪器用于 $C_6 \sim C_{12}$ 组分的分离和分析。

低碳型分析仪：采用低温捕集阱-极速闪蒸技术，配备预柱和分析柱双色谱柱，采用 FID 和 PID 双检测技术进行检测，样品利用旁路泵抽取，由高精度质量流量控制器精确控制采样体积，样品中低碳挥发物在 $-20℃$ 低温下进行富集浓缩，高温下快速解吸脱附，进入带预柱反吹的气相色谱分离系统，C_6 以上的高沸点化合物被反吹出去，$C_2 \sim C_5$ 化合物经 FID 和 PID 双检测器检测，得到准确定量分析结果。该分析仪器用于 $C_2 \sim C_5$ 组分的分离和分析。

系统构成包括高碳分析仪和低碳分析仪，氢气和零级空气发生一体机，自动标气稀释仪，高纯 N_2（$\geqslant 99.999\%$）。标气包括 57 种烃标准气体（1×10^{-6}，美国 Spectra Gases Inc.）、68 种含氧挥发性有机物及卤代烃标准气体（1×10^{-6}，美国 Spectra Gases Inc.）、4 种内标化合物标准气体（1×10^{-6}，美国 Spectra Gases Inc.）。

（2）仪器性能

荷兰 SYNSPEC 公司的 GC955 SERIES 中 811 型为低碳挥发物监测仪，611 型为高碳挥发物监测仪，目前该公司被聚光科技收购，聚光科技运用该技术推出自有品牌的臭氧前体物在线气相色谱系统（表 5-12）。该系统在采样时，需在入口处运用 5μm 的特氟龙过滤器过滤微灰尘，之后连接 Perma 纯干燥器干燥管进行干燥，管路采用不锈钢或特氟龙等惰性管路，所有气路接头必须检查，采用 3.18mm 的 Swagelok 接头。

表 5-12　臭氧前体物在线气相色谱系统性能指标

项　　目	811 型	611 型
监测对象	$C_2 \sim C_5$ 低碳挥发性有机物	$C_6 \sim C_{12}$ 高碳挥发性有机物
时间分辨率	30min	30min
量程	$0 \sim 20 \times 10^{-6}$	$0 \sim 15 \times 10^{-6}$
检测器	PID＋FID	FID
检出限	$\leqslant 2 \times 10^{-10}$（丙烷）	$\leqslant 2 \times 10^{-10}$（苯）
重复性	$\leqslant 5\%$	$\leqslant 5\%$
功率电源	$<800W,220V(AC)/50Hz$	$<800W,220V(AC)/50Hz$
工作环境	$-10 \sim 50℃;20\% \sim 90\%$（相对湿度）	$-10 \sim 50℃;20\% \sim 90\%$（相对湿度）
尺寸	19 寸标准机箱	19 寸标准机箱
输出	4～20mA,以太网	4～20mA,以太网
载气	高纯氮;5mL/min	高纯氮;5mL/min

辅助气要求如下。

PID 检测器：高纯氮气，5mL/min；

FID 检测器：高纯氢气，20mL/min；

零级空气，250mL/min。

（3）仪器运行参数

目前气相色谱在线监测设备越来越简单、便捷，通常仪器屏幕均设置触摸屏幕，屏幕可以对循环时间、注射时间、脱附时间、反吹、泵开启、程序升温等进行设置。箱体可以设置恒温，也可以设置程序升温，程序升温能够保证在化合物沸点相差很大的条件下，既能够获得良好的峰形，又能够快速分析。臭氧前体物在线气相色谱系统运行参数见表 5-13。

表 5-13　臭氧前体物在线气相色谱系统运行参数

项　　目	811 型	611 型
监测对象	$C_2 \sim C_5$ 低碳挥发性有机物	$C_6 \sim C_{12}$ 高碳挥发性有机物
预分离柱	AT5；ID 0.53mm，膜厚 1.2μm，5m	AT1；ID 0.32mm，膜厚 4μm，2m
分析柱	Plot：Al_2O_3/Na_2SO_4，4m	AT1；ID 0.32mm，膜厚 4μm，28m
箱温	45～85℃	FID
吸附温度	5℃	60～100℃
脱附温度	270℃	室温
火焰温度	＞100℃	无
柱流速	1.3～2.5mL/min	1.5mL/min
载气压力	0.4MPa，日波动小于 0.01MPa	0.4MPa
采样体积	约 220mL	约 180mL
注射时长	1.5min	8.5min
分析周期	30min	30min

5.4.5.3　GC-FID/MS 在线监测技术

与 GC-双 FID 类似，GC-FID/MS 按照监测因子沸点高低分为高碳型分析仪（$C_6 \sim C_{12}$）和低碳型分析仪（$C_2 \sim C_5$），不同之处在于高碳型分析仪采用质谱检测器。通过高碳型和低碳型分析仪配合使用，实现对 PAMS 56 种化合物监测，质谱检测器能实现 TO-15 的 117 种化合物的检测。

GC-FID/MS 大气在线监测系统，第一步是通过装有 Teflon 膜的过滤器采样系统进行过滤，除去空气中的颗粒物和水分；第二步是通过采样系统进入浓缩系统，在超低温－150℃条件下，挥发性有机化合物在去活空石英毛细管柱中被冷冻捕集；第三步是快速加热实现解吸；第四步进入分析系统，经双色谱柱分离后 $C_2 \sim C_5$ 低碳化合物被 FID 检测，$C_6 \sim C_{12}$ 高碳化合物、含氧有机化合物和卤代烃被 MS 检测器检测。该技术可用于工业卫生、工作现场有毒有害气体全分析；用于城市空气质量监测，重点监测区和厂界 VOCs 定性定量分析；如果装入监测车内，可实现突发性环境污染事件应急监测。GC-FID/MS 在线监测系统示意图如图 5-33 所示。

（1）系统构成及实验试剂

仪器分为五个部分：气路系统、样品采集系统、冷冻捕集阱和热解吸系统、GC-MS-FID 分析系统和数据处理系统。

① 气路系统　气路系统是载气连续运行、管路密闭的系统。使用时检查气密

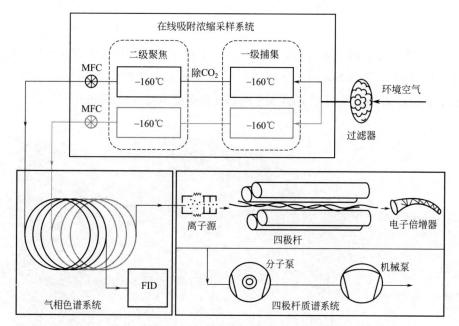

图 5-33　GC-FID/MS 在线监测系统示意图

性和载气流速的稳定性。高纯氦气作为 GC-MS 的载气；高纯氮气作为 GC-FID 的载气，同时作为超低温预浓缩系统加热反吹的气源。高纯氢气和零级空气分别作为 FID 检测器的燃气和助燃气，氢气可以选用钢瓶气，其他气体可由其他发生器制备而得。

② 样品采集系统　样品采集系统通过采样泵、质量流量控制器和六通阀等部件组成。本系统中采样泵可以实现双通道同时采样，采集的气体先经过干燥和过滤装置，除去水和颗粒物。采样流量由 MFC 控制，六通阀切换不同功能。

③ 冷冻捕集阱和热解吸系统　该系统由冷冻捕集阱、捕集柱、除水柱、质量流量控制器、六通阀、电磁阀、控制电路等组成。超低温冷冻依靠电子制冷，冷阱温度一般控制在 $-160℃$ 左右。

④ 分析系统　本分析系统由双进样口、双色谱柱、FID 和 MS 检测器构成，双通道可以同时进行，完成数据采集。

高碳型分析仪：采用低温富集高温热解吸技术和质谱检测技术进行检测。

低碳型分析仪：采用低温富集高温热解吸技术和高效分离氢火焰离子化检测技术进行检测，样品在泵和流量计作用下定量采样，在低温下进行富集浓缩，高温下快速解吸脱附，进入毛细色谱柱分离，经 FID 检测，得到准确定量分析结果。

系统构成包括高碳分析仪和低碳分析仪，氢气发生器，空气发生器，动态稀释仪，高纯 N_2（≥99.999%）和高纯 He（≥99.999%）等。标气包括 57 种烃标准气体（$1×10^{-6}$，美国 Spectra Gases Inc.）、68 种含氧挥发性有机物及卤代烃标准气体（$1×10^{-6}$，美国 Spectra Gases Inc.）、4 种内标化合物标准气体（$1μL/L$，美国 Spectra Gases Inc.）。GC-FID/MS 现场仪器情况如图 5-34 所示。

图 5-34　GC-FID/MS 现场仪器图

（2）仪器优势

超低温空管捕集对于痕量 VOCs 效率高，系统的检出限低、重复性好；采用气质联用，可以对已知化合物和未知化合物进行定性、定量分析，有效补充 FID 不能对未知化合物定性的弊端；对于低沸点易挥发的有机物有较好的分析能力。

GC-FID/MS 方法是目前 VOCs 监测最强有力的方法，因为它不但定性具有专属性，可以监测各类 VOCs，而且 GC-FID/MS 分析系统实现了对捕集解吸 VOCs 的全分析，一次采样可以监测近 100 种 VOCs，且各目标分析物检出限范围为 $(0.005～0.100)×10^{-9}$。

样品经过深冷预处理装置除水、富集浓缩后，通过直热式高温脱附，被快速送入至毛细管色谱柱进行分离，分离后的样品，低碳类 VOCs 样品可使用氢火焰离子化检测器（FID）进行检测；高碳类、含氧类、卤代烃类等 VOCs 样品使用质谱检测器（MSD）进行检测，得到单一组分准确的定性定量分析结果。

（3）采样方式和运行周期

大气挥发性有机物快速连续在线监测系统中有连续采样、单次进样、单次标定和仪器空白 4 种采样方式，可根据不同的分析需要进行选择。其中连续采样用于连续自动地采集大气中的样品，分析周期为 1h；单次进样用于单个样品的分析；单次标定用于仪器的标定；仪器空白用于测定仪器内部所含有的目标分析物。

GC-FID/MS 在线监测系统的采样时间设定案例如表 5-14 所示，各时间的设定可以根据使用环境的需要进行改变，其中样品捕集时间、内标捕集时间、GC-MS 分析时间和 GC 降温时间一共为 1h。

表 5-14 GC-FID/MS 在线监测系统时间参数

样品捕集时间：5min	内标捕集时间：2min
加热解吸时间：3min	分析时间：32min
加热反吹时间：5min	降温时间：21min

（4）采样流量和温度

大气挥发性有机物快速连续在线监测系统的过程中，需要对 FID 流路、MS 流路及加热反吹的流量进行设定，在本实验中 FID 流路、MS 流路的采样流量为 60mL/min，加热反吹的流量为 180mL/min。

GC-FID/MS 在线监测系统的除水温度、解吸温度、反吹温度以及除水反吹温度设定案例如表 5-15 所示，各温度的设定可以根据使用环境的需要进行改变。样品采用深冷除水，除水效率高，样品低温富集，提高样品富集效率，提升含氧、含氮和卤代烃类 VOCs 检测灵敏度。

表 5-15 GC-FID/MS 在线监测系统温度参数

除水温度（FID）：$-80℃$	除水温度（MS）：$-10℃$
解吸温度（FID）：$100℃$	解吸温度（MS）：$100℃$
反吹温度（FID）：$100℃$	反吹温度（MS）：$100℃$
除水反吹温度（FID）：$100℃$	除水反吹温度（MS）：$100℃$

（5）GC-MS 分析条件

色谱柱类型：DB-624（MS）$60m×0.25μm×1.0μm$，恒流 $1.3mL/min$；

PLOT 柱（FID）：$15m×0.32μm×4.0mm$，恒流 $1.3mL/min$；

程序升温：$35℃$（3min）$→6℃/min→180℃$（5min），$185℃$后运行 2min；

离子源温度：$230℃$；

四极杆温度：$150℃$；

扫描方式：选择离子扫描；

电子轰击源（EI）：$70eV$；

H_2 流量：30mL/min；

空气流量：400mL/min。

环境空气中 VOCs 的浓度一般比较低，通常为 10^{-9} 级，浓缩后才能被检测。空气中 VOCs 捕集的方法主要有两种：吸附剂吸附法和低温冷凝法。吸附剂吸附法是传统捕集空气中 VOCs 的方法，得到广泛应用。但吸附剂法空白较高，部分极性 VOCs 存在吸附/解吸效率下降以及性能下降，更换吸附管等问题。低温空管捕集 VOCs 的方法可以避免吸附剂吸附的弊端，是更为有效的 VOCs 捕集方法，且实现了对 VOCs 的（全）捕集，吸附/解吸效率高，聚焦效果好。

由于含氧 VOCs 具有极性强、水溶性高的特点，其监测对分析仪器有着特殊的要求，采样管路宜采用聚四氟乙烯管、阀体加热，最大限度降低了含氧 VOCs 的损失，提高了含氧 VOCs 监测的可靠性。GC-FID/MS 在线监测仪器参数如表 5-16 所示。

表 5-16　GC-FID/MS 在线监测仪器参数

项　　目	指　　标
量程	$(0.005 \sim 10) \times 10^{-9}$
检测能力	挥发性有机物 100 种以上，包括 PAMS(56 种)，TO-14(39 种)，TO-15(64 种)，以及大气中含氧类有机物、卤代烃等
检出限（$C_2 \sim C_5$）	丙烷$\leqslant 0.01 \times 10^{-9}$，其他$\leqslant 0.1 \times 10^{-9}$
检出限（$C_6 \sim C_{12}$）	苯$\leqslant 0.02 \times 10^{-9}$，正癸烷$\leqslant 0.01 \times 10^{-9}$，1,2-二氯丙烷$\leqslant 0.01 \times 10^{-9}$，丙酮$\leqslant 0.04 \times 10^{-9}$，其他 0.1×10^{-9}
线性相关性[①]	$\geqslant 0.999$
重复性[①]	RSD$\leqslant 3\%$（连续 7 次测定同一浓度目标化合物的标准气体）
保留时间漂移	$\leqslant \pm 5s$(24h)
分析周期	$\leqslant 60$min(可调)
除水	低温除水（$\leqslant -45℃$）
富集	低温富集（$\leqslant -45℃$）
谱库	提供 NIST 标准谱库以及环境样品自建谱库
质谱检测器（MSD）	EI 离子源，电子能量：$10 \sim 200$eV；镀金双曲面四极质量分析器；质量范围：$1.5 \sim 1100$amu；质量稳定性：± 0.1amu/48h；扫描速度：$\geqslant 15000$amu/s；最大采集频率：$\geqslant 100$Hz；动态范围：10^3；传感线最高温度：380℃
真空系统	无油前级泵（涡卷泵）+分子泵组合，真空系统无油设计；配置抽力>320L/s 高性能涡轮分子泵，保证仪器真空度
氢火焰离子化检测器	全自动点火，熄火自动保护

项　目	指　标
色谱模块	温度范围:室温 5～450℃;控温稳定性:≤±0.01℃;温度稳定性:≤±1%;升温速率:0.1～150℃/min 连续可调;毛细管柱;具有保留时间锁定功能;高精度电子压力和电子流量控制
热解吸	从－45℃上升到 200℃小于 1000s
校准	支持内标和外标校准,每小时自动对仪器进行内标校准功能;支持单点及多点自动校准
功率电源	＜800V·A,220V(AC)/50Hz
制冷方式	电制冷
工作环境	温度:5～35℃;相对湿度:20%～90%
气源要求	载气:高纯氦气(＞99.995%)
安装形式	19[①]标准机箱

① 代表因子:环戊烷、正戊烷、正丁烷、异戊烷、异丁烷、丙烷;烯炔烃:顺式-2-戊烯、乙烯、丙烯、1-戊烯、1-己烯、1,3-丁二烯、乙炔;芳烃:间二甲苯、邻二甲苯、苯乙烯、苯、甲苯、乙苯、1,3,5-三甲苯、1,2,4-三甲苯;卤代烃:氯乙烯、氯仿、1,2-二氯乙烷、苯、1,3-二氯苯、1,4-二氯苯;其他:丙烯腈。

武汉市天虹仪表有限责任公司研发的 TH-300B 系列产品和广州禾信有限责任公司研发的 AC-GCMS 1000,见图 5-35,采用该检测方法,系统为双气路采样,样品在采样泵动力下被抽入超低温预浓缩系统,在－150℃低温下被冷冻富集在捕集柱上;随后,系统进入热解吸状态,两个通道的捕集柱分别被加热到100℃,热解吸后被测气体在载气的吹扫下分别进入两路的分析柱和检测器,其中一路(C_2～C_5 烃,约 13 种)由 FID 检出,另外一路(C_5～C_{10}烃、卤代烃和含氧化合物)由 MS 检测器检出。目前可测定 99 种(可扩展)挥发性有机物。苯的方法检

图 5-35　GC-FID/MS 在线监测仪器 AC-GCMS 1000 示意图

出限为 0.005×10^{-9}。

该套设备目前已在北京、上海等地安装运行，设备费 160 万～180 万元，每年需要灯丝约 4 根，更换 CO_2 去除器，氦气 2 瓶左右、氮气 4～5 瓶，此外，设备用标气全部购买自美国 Scott Specialty Gases 公司，每年在 10 万元左右。

（6）应用领域

城市环境空气质量实时监测；化工园区污染源 VOCs 在线监测；空气中恶臭类化合物监测；气象机理研究，如 VOCs 在环境中的迁移转化、灰霾成因研究；行业（涂料、石化、香料、烟草等）特征污染物识别分析。

5.4.5.4　GC-MS 在线监测技术

气相色谱-质谱联用技术（GC-MS）检测灵敏度高，分离效果好，是检测有机物最常选用的方法。GC-MS 分析仪综合了色谱法的分离能力和质谱的定性长处，可在较短的时间内对多组分混合物进行定性分析。在线 GC-MS 分析系统，通过结合全在线双冷阱预浓缩仪，实现采样、预处理和分析在线的检测功能。

（1）系统组成和所用试剂

在线 GC-MS 系统包括气路系统、进样系统、冷冻捕集和热解吸系统、分离系统、温度控制系统以及检测和记录系统。其中质谱仪包括真空系统、进样系统、离子源、质量分析器、离子检测器和计算机自动控制及数据处理系统。

在线 GC-MS 联用仪包括预浓缩仪、气相色谱仪、接口、离子源、质量分析器、检测器、仪器控制和数据处理系统。

标气包括 57 种烃标准气体（1×10^{-6}，美国 Spectra Gases Inc.）、68 种含氧挥发性有机物及卤代烃标准气体（1×10^{-6}，美国 Spectra Gases Inc.）、4 种内标化合物标准气体（1×10^{-6}，美国 Spectra Gases Inc.）。

（2）系统条件和分析流程

空气预浓缩进样条件：样品捕集 5min，内标捕集 2min，分析 32min，解吸 3min；除水温度 -20℃，解吸温度 100℃，反吹温度 110℃，捕集冷阱温度 150～160℃。

气质联用条件：进样口温度 120℃；恒流流量 105mL/min；隔垫吹扫 3.0mL/min；分流进样，分流比为 10∶1；柱温箱初温 40℃，保持 4min，然后以 6℃/min 升至 180℃，保持 5min；离子阱温度 100℃，真空腔温度 40℃，气质接口温度 200℃；扫描方式为 SIM 扫描，扫描方式及范围：EI，全扫描，扫描范围为 35～250amu，扫描周期 0.846s。

（3）老化和调谐

每次开机后，仪器先自动运行老化程序，通以高纯氮气并加热清洗内部管路及内部常温冷阱（吸附管），以确保仪器没有残留 VOCs 本底，然后自动运行调谐程序，使仪器处于最佳状态，之后每隔 24h，仪器自动运行一次调谐。

（4）气质联用仪开机和关机

① 打开氮气和氦气钢瓶气总阀，调整减压阀至压力在 0.5～0.9MPa。

② 分别打开 GC、MS 电源，打开分析软件，启动真空。

③ 等待 30min 后进行泄漏检查。打开调谐界面，选择监视组 m/z 为 18、28、32，点亮灯丝。确认 m/z 28 峰强度在 m/z 18 的 2 倍以内时，视为真空正常，否则认为真空泄漏，必须检查。

④ 泄漏检查完毕后，经约 4h 等待温度、真空稳定后开始质谱调谐。

⑤ 关机时，关闭系统真空，等待 35min，系统提示关机完毕后，关闭 GC 电源和 MS 电源，关闭载气阀门。

（5）样品采集

将仪器采样管头接入大气监测点位的采样总管中采样，采样体积 300mL，采样频次 2h 一次，采集的样品富集在仪器内部吸附管中，随后加热解吸进入色谱柱进行分离，质谱检测器检测。GC-MS 在线监测系统示意图如图 5-36 所示。

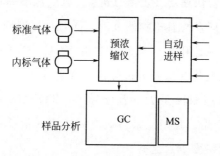

图 5-36　GC-MS 在线监测系统示意图

GC-MS 在复杂混合物分离上暴露出一些弱点，如分析结果受到色谱柱型号的限制，针对样品需要选用不同的色谱柱；频繁地进样测试会给样品带来一定误差，进样针和进样口的气密性都会影响样品的真实浓度；分析样品时间一般在 10～60min，并且测试前需要调试仪器的相关参数，使得测试比较耗时耗力，此外色谱柱流失、扩散泵油蒸气、样品基质、载气纯度、色谱进样口隔垫流失、衬管污染、样品残留、清洗仪器用溶剂残留、离子源和分析器污染等都有可能对分析数据造成影响，并最终反映在测试结果中。

(6) 应用领域

① 工业卫生，工作现场多种类型有毒有害气体同时分析。

② 用于环境空气中 VOCs 实时状况监测，以满足日常的环境监测要求。

③ 环境空气质量监测、路边站、重点监测区和厂界的 VOCs 定性定量分析。

④ 同时检测环境空气中多种类型化合物如烷烃类，含氮或含氧的醛，酮和酯类，卤代烃。

⑤ 反恐、化学战剂监测以及危险化学品常规监测和应急监测。

5.4.5.5 GC-TOFMS 在线监测技术

在 GC-MS 的基础上，目前市场上出现了一些全在线双冷阱大气预浓缩飞行时间质谱 VOCs 监测系统。和传统的四极杆质谱相比较，飞行时间质谱仪（TOF-MS）以其较高的分辨率，以及未知化合物定性分析等优势在 VOCs 分析中得到越来越多的应用。飞行时间质谱具有高灵敏度、高稳定性、扫描速率快、高质量准确度等性能，以及无质量歧视、可选择电离电压等功能，特别适用于连接快速色谱进行测试，可以在短时间内获得大量的物质信息。除此之外，目前为了更高的灵敏度，全二维 GC×GC-TOF MS-VOCs 监测系统是扩展 VOCs 监测种类和范围有效手段。

这些方法可同时进行快速定性定量分析 $C_2 \sim C_{32}$ 范围内挥发性和半挥发性化合物，不仅扩展了监测的挥发性有机物的范围，同时，对同分异构具有很好的分离检测效果，这种技术更多地适用于环境空气中的 VOCs 检测和未知物鉴定分析、环境空气中 VOCs 的昼夜变化和来源分析等相关科学研究。

VOCs 在线监测选用双冷阱大气预浓缩 GC-TOFMS-VOCs 监测系统，英国 Markes 公司有本原理产品。我国北京雪迪龙和广州禾信质谱、上海磐诺等公司也把 TOFMS 作为公司的研发重点之一。

（1）仪器原理

环境大气通过采样系统采集后，进入预浓缩系统，在低温条件下，环境中 VOCs 在冷阱中被冷冻富集，预浓缩系统配备两个相同的已填充吸附剂的冷阱，分析时样品依次通过这两个冷阱，两者利用电子（Peltier）技术独立冷却。采样时其中一个冷阱用来吸附 VOCs 同时另一个冷阱快速加热脱附，样品"闪蒸"进入分析系统，经气相色谱柱分离后被飞行时间质谱检测。

（2）监测条件

监测条件如表 5-17 所示。

表 5-17　GC-TOFMS 在线监测仪器参数

监测方法	GC 参数	TOF MS 参数
采样流速:10mL/min 采样时间:2min 预吹扫时间:2min 冷阱低温:10℃ 解吸温度:300℃ 时间:5min 分流流量:15mL/min 传输线温度:150℃	色谱柱:TC-624 30m×0.25mm×1.4μm 柱流速:1.0mL/min 程序升温:35℃(0.5min)→ 20℃/min→110℃→35℃/min→ 210℃(3.5min)	离子源温度:250℃ 传输线温度:250℃ 电子轰击源(EI):70eV 监测模式:scan 模式 扫描范围:29～300amu

（3）性能指标

以上海磐诺的全在线双冷阱大气预浓缩飞行时间质谱 VOCs 监测系统为例，其特点如下：采样体积 0.05～10L，采样时间和流速可调节；24h 连续采样无间隔，无监测盲点；（0.3～20）×10^{-9} 范围内线性 R^2 大于 0.98；系统检出限 0.0030～0.05μg/m^3，定量限 0.01～0.15μg/m^3；数据点时间分辨率 15min（TO-15 模式）；系统重复性：90%化合物的 RSD 小于 5%；以上指标的在线采样时间为 15min。

（4）全二维气相色谱-TOFMS

全二维气相色谱（GC×GC）是传统气相色谱技术的一大突破，其应用定位在复杂样品 VOCs 定性、定量的分析，更偏向于科学研究领域。其原理是将两根不同长度的气相色谱柱通过一个环形调制器串联起来，第一根色谱柱（一般为非极性柱，30m 长，如 DB-1）上分离后的样品在经过环形调制器时被迅速冷却聚焦，然后被脉冲式热气迅速汽化，进入第二根色谱柱（一般为极性柱，1m 长，如 BPX-50）快速分离，经由检测器进行全二维谱图的准确构建，并通过专业的软件实现复杂组分的分析。这些检测器包括除 TCD 外的几乎所有气相色谱检测器（如 FID、ECD、NPD、FPD 等）和快速的高分辨飞行时间质谱检测器。一维和全二维气相色谱-TOFMS 比较如图 5-37 所示。

（5）优点及应用范围

优点在于：高灵敏度，检出限低至 10^{-12} 量级，可检测痕量污染物；响应速度快，可在 50～100ms 内快速甄别污染物；高质量分辨率（FMWH>4000$m/\Delta m$；>6000$m/\Delta m$），准确识别化学组分；伴热进样系统及钝化处理，可分析 SVOCs；MS 无须载气，少耗材，维护成本低；坚固耐用，维护量小，可长时间稳定运行；采用独特设计，减少离子损失，所需样品量少，适合微环境监测。应用领域如下：

工业卫生，工作现场有毒有害气体全分析；

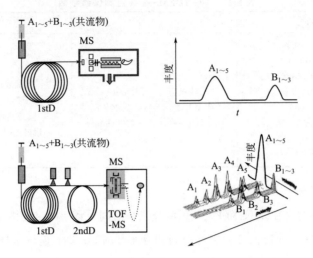

图 5-37　一维和全二维气相色谱-TOFMS 比较

工业污染源和环境空气中的 VOCs 检测和未知物鉴定分析;

城市环境空气质量、路边站、重点监测区和厂界 VOCs 同时定性定量监测;

环境空气中异味化合物监测如恶臭硫化物、醛酮类、酯类和醚类等;

反恐、化学战剂监测以及危险化学品常规监测和应急监测;

环境空气中 VOCs 的昼夜变化和来源分析。

5.4.5.6　PTR-TOFMS 在线监测技术

飞行时间质谱(time of flight mass spectrometry,TOFMS)是利用动能相同而质荷比不同的离子在恒定电场中运动,经过恒定距离所需时间不同的原理对物质成分或结构进行测定的一种分析方法。飞行时间质谱通过其质量分析是根据离子在通道中的飞行时间来识别的。一价离子在经过提取电压后获得相同的动能,由于不同离子的质量不同,导致飞行速度不同,从而在相同的通道内的飞行时间不同。

质子转移反应质谱(PTR-MS)是一种化学电离源质谱技术,专门用于痕量挥发性有机化合物(VOCs)实时在线检测。快速和质量范围宽的特点使得 TOFMS 在痕量 VOCs 在线监测方面的应用越来越广泛。高灵敏度在线挥发性有机物飞行时间质谱仪用于实时在线快速检测气体、液体中痕量的挥发性/半挥发性有机物(VOCs/SVOCs)。采样管直接进样,无须连接 GC 系统,大大节省分析时间,对 10^{-6} 级到百分比(%)浓度的样品 10s 内即可分析出结果,对 10^{-9} 级的样品通过膜浓缩也能在 1min 内完成,其快速性在未来灵敏度上竞争力很强,目前 TOFMS

根据匹配的离子源不同，可以实现不同的监测目的，通过将质子转移离子源和飞行时间质谱结合在一起，能对痕量挥发性有机物（VOCs/SVOCs）实现在线检测；PTR-TOFMS 原理如图 5-38 所示。

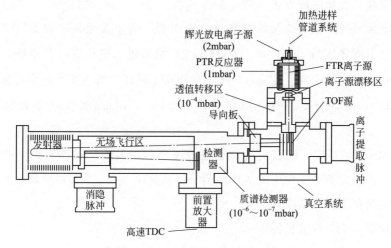

图 5-38　PTR-TOFMS 原理示意图（1mbar＝0.01MPa）

雪迪龙、凯尔科技、奥地利 IONICON 公司均生产了商品化的 PTR-TOFMS，特别是北京雪迪龙公司收购了研发了世界上第一台 PTR-TOFMS 的英国 Kore 公司后，推出了自主 PTR-TOFMS 质子转移反应飞行时间质谱仪，该仪器特点为检测限低（10×10^{-12}），可实现痕量检测；响应更快（响应时间 50～100ms）；分辨率高；线性范围广，$10^{-12} \sim 10^{-6}$ 级别；软电离技术，碎片比例比 EI 低（GC-MS 常用），图谱清晰，定性分析的性能提高；支持多路进样（16 路、32 路），一台设备可同时监测化工厂区 16 个监测点（8 个方位、生产车间等）。PTR-TOFMS 在线监测系统示意如图 5-39 所示。

图 5-39　雪迪龙 PTR-TOFMS 在线监测系统示意图

（1）仪器组成

PTR-TOFMS质子转移反应飞行时间质谱仪由进样系统、样品电离系统、TOFMS检测系统和数据采集处理系统构成。

采样系统：直接进样方式（高温伴热-选配、管线、针阀进样）。

样品电离系统：本系统包括辉光放电离子源、离子源漂移区和PTR反应器，水蒸气经过电离源区域，经放电产生H_3O^+，然后进入漂移管，在漂移管内与待测物在漂移扩散过程中发生碰撞，H_3O^+（即质子供体）将质子转移给待测物（即质子接受体），并使其离子化。漂移管是H_3O^+与VOCs发生质子转移反应的场所。

TOFMS检测系统：该系统由离子自由飞行区、离子反射器和离子检测器组成，质量分析器将离子源中生成的样品离子按质荷比（m/z）加以分离，其主要技术参数为质量范围和分辨率。

（2）仪器的主要性能指标

质子转移反应飞行时间质谱仪性能指标如表5-18所示。

表5-18　质子转移反应飞行时间质谱仪性能指标

类别	范围	类别	范围
质量范围	$1\sim8000m/z$	进样口温度	室温约200℃
质量分辨率	$\geqslant6000m/\Delta m$（FWHM）	反应室温度	可达130℃
初级离子束	H_3O^+，Ar^+，NO^+，O_2^+，Xe^+，Kr^+中的一种	尺寸	610mm×1650mm×800mm（宽×高×深）
灵敏度	$>100cps/\times10^{-9}$（苯）	响应时间	$50\sim100ms$
检测下限	平均$8\times10^{-12}/min$（苯）	质量	250kg
线性范围	$5\times10^{-12}\sim50\times10^{-6}$	进样流量	可调

（3）样品的采集和分析

① 样品的采集　采样口应高于采样平台$1\sim2m$以上，采样口垂直向下，利用一台隔膜泵以5L/min的速度抽取样气，流量可以由隔膜泵前面的针阀控制，大部分气体被采样隔膜泵抽走后，一小部分样气（约150mL/min）经伴热采样并经过滤装置后进入PTR-TOFMS。

② 分析测定　待分析物的消耗量取决于进样管线的特点。样品通过1/16″管线和针阀进入PTR。打开针阀时，反应室的压力为0.01MPa。气体消耗量一般为3mL/s（大气压下3mL），如果稍微关闭针阀可以减少气体消耗量。

实际上，质子转移反应室的压力是变化的，为 0.06～0.015MPa。质子转移反应的效率受反应室内的气流和碰撞数量的影响。一般反应室内压力越小，待分析物的浓度就会越低，所以如果反应室的压力太低会导致 PTR-TOFMS 灵敏度下降。另外，为了获得一个较好的 E/n 值使得反应室内产生较少的碎片，需要适当调节碰撞能量。

如果待分析气体多于针阀取样的量，"Analyte out"出口打开时，多余的气体会通过"Analyte out"出口排除；关闭时，只有一定量的气体能够进入仪器。

分析物的针阀不是手动的，它由软件根据设定的反应室的压力自动调节，直到达到设定的压力值。

（4）代表性谱图

美国 EPA TO-15 规定的 64 种复杂组分可利用 PTR-TOPMS 同时完成分析，代表性谱图如图 5-40 所示。TOF-MS 具有高灵敏度、宽质量检测范围、低检测限、广线性范围、样品无须前处理等特点，是气体、液体检测的有效手段。

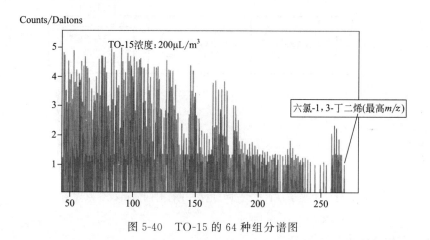

图 5-40　TO-15 的 64 种组分谱图

（5）应用领域

环境空气质量的连续实时监测（VOCs/SVOCs）；在线监测发动机的 VOCs/SVOCs 排放（如机动车的尾气排放）；工业生产流程（如化工厂、半导体产业等）中 VOCs/SVOCs 的实时监控；工厂区 VOCs/SVOCs 的固定或流动监测；室内或车内空间甲醛、VOCs 的检测；气味源监测，恶臭化合物的侦查识别；实验室分析，烟雾箱中 VOCs/SVOCs 及二次产物光化学过程观测。

5.4.5.7　SPI-MS 在线监测技术

我国空气质量标准中测定室内空气中甲苯、二甲苯的检测方法为气相色谱法，美国国家环保局的标准方法与我国标准方法类似，在吸附材料选择上，除活性炭外，也会使用硅藻土或苏玛罐、采样袋和采样管等。气相色谱法样品需求量大，且整个检测过程烦琐、耗时，尤其是长时间情况下，甲苯、二甲苯浓度可能会发生变化，导致检测结果失真。相比较而言，单光子（真空紫外）电离-飞行时间质谱可以精确测定目标物分子离子的荷质比及其强度，进而实现物质的准确定性与定量分析，响应时间可低至秒级。

（1）SPI-MS 的原理

SPI-MS 的原理：样品气体经过 PDMS 膜导入反应室，经真空紫外灯（10.6eV）软电离，产生不同特征的分子离子，各分子离子在相同路径的真空飞行时间质量分析器中飞行，质荷比小的先到达终点，质荷比大的后到达终点，从而根据到达终点飞行时间的先后实现对不同物质进行定性定量分析的目的。单光子（真空紫外）电离-飞行时间质谱仪器原理图如图 5-41 所示。

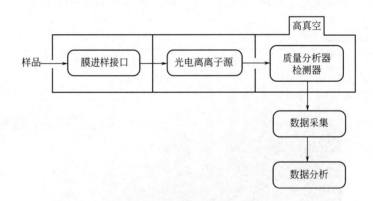

图 5-41 单光子（真空紫外）电离-飞行时间质谱仪器原理图

（2）SPI-MS 的构成

SPI-MS 主要包括温控采样臂、高灵敏度膜进样系统、真空紫外灯电离源、飞行时间质量分析器、数据采集系统及供电系统。核心部件是膜进样系统、真空紫外单光子电离源、飞行时间质量分析器。膜进样系统可以实现气体样品的实时在线浓缩；真空紫外单光子电离源可实现 VOCs 类物质软电离，获得目标物的分子离子；飞行时间质量分析器可以精确测定目标物分子离子的荷质比及其强度。单光子（真空紫外）电离-飞行时间质谱仪器示意如图 5-42 所示。

（3）性能参数

以广州禾信公司 SPI-MS 1000 为例（图 5-43），其性能参数如下。

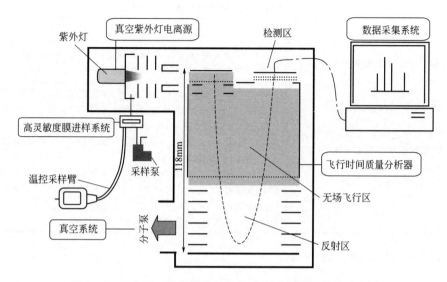

图 5-42 单光子（真空紫外）电离-飞行时间质谱仪器示意图

图 5-43 单光子（真空紫外）电离-飞行时间质谱样机图

单光子（真空紫外）电离-飞行时间质谱仪器的样品种类可以是气体、液体；检测范围为 1～500amu；

质量分辨率优于 500 FWHM（full width at half maximum）；

质量精度优于±0.05amu；

检出限 5μL/m³；

动态范围优于 3 个数量级，相关系数 $R^2 > 0.995$；

电离能 10.6eV；

仪器检测速度：5 谱/s。

（4）检测组分表和代表性谱图

可以快速监测苯系物等多种 VOCs 组分，适用性如表 5-19 所示。

表 5-19 SPI-MS 检测项目与监测组分表

监测项目	监测因子
有恶臭气体的有机硫化物气体	甲硫醇,甲硫醚,乙硫醇,乙硫醚,丙硫醇,丁硫醇,己硫醇,二甲基硫,二甲基二硫,二硫化碳,氧硫化碳,……
挥发性有机化合物(VOCs)气体,氯代烃烃类衍生物等气体(备注:美国 EPA 标准中 PAMS,TO-14,TO-15 中所列气体成分基本均可检测)	烃:丁烷,1-丁烯,1,3-丁二烯,戊烷,环戊烷,戊烯,甲基环戊烷,正己烷,环己烷,己烯,正庚烷,正辛烷,壬烷,癸烷,正十一烷,正十二烷,苯,甲苯,二甲苯,乙苯,丙苯,二乙苯,三甲苯,苯乙烯,……
	卤代烃:氯苯,二氯苯,一氯甲烷,二氯甲烷,三氯甲烷,四氯甲烷,二氯乙烯,溴仿,苄基氯,……
	含氧烃:甲醛,乙醛,丙酮,丁酮,苯酚,甲醇,乙醇,丙醇,乙酸乙酯,乙酸丁酯,乙酸乙烯酯,乙酸,2-己酮,环氧乙烷,1,4-二氧杂环己烷,四氢呋喃,MTBE,……
	含氮烃:甲胺,二甲胺,苯胺,……

代表性谱图如图 5-44 所示。

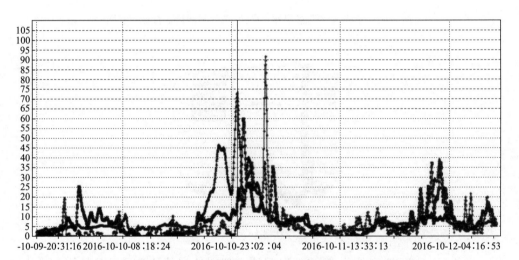

图 5-44 单光子(真空紫外)电离-飞行时间质谱代表性谱图

5.4.5.8 FTIR 开放光程监测技术

自 Herget 等创立傅里叶变换红外光谱检测方法以来,FTIR 光谱法已成为一种重要的环境气体分析手段,该技术能够检测 VOCs 的种类较多,可同时分析苯系物等多个组分,其能检测的 VOCs 的种类数量,由标准红外谱图来决定。基础的原理是光的干涉原理,将气体的干涉图经过傅里叶变换,这样能得到红外光谱图,在光谱图中提取气体成分的信息,与参照标准光谱进行对比,得到气体的浓度信息。

在大气污染物分析中,傅里叶变换红外光谱技术可以分为两大类,即主动测量技术和被动测量技术。其中主动测量一般采用长光程开放光路测量方式，被动测量技术是采用抽取采样进行测量的方式。由于开放光路测量方式具有高分辨率、高信噪比和较宽的波段覆盖范围等优点，所以它和长光程（100～1000m）技术相结合可用于对测量区域内大气污染，实现非接触和在线测量。20 世纪 70 年代，Hanst 第一次利用开放光路 FTIR 光谱技术对大气中的气体浓度进行了定量研究。长光程傅里叶变换红外光谱气体分析仪是一个实时空气监测系统。

（1）开放光路 FTIR 结构和特点

开放光路 FTIR 测量系统采用双站式架构设计，其结构图如图 5-45 所示。具体包括四部分：第一部分为红外发射光源及发射望远镜系统，其功能主要为产生稳定的高强度红外信号并通过望远镜准直输出；第二部分为接收望远镜单元，用于接收传输路径中目标气体吸收后的红外辐射；第三部分为 FTIR 光谱仪，接收并检测包含气体吸收信息的干涉图；第四部分为软件处理系统，用于光谱处理、多组分定量分析、设备的自动连续控制。

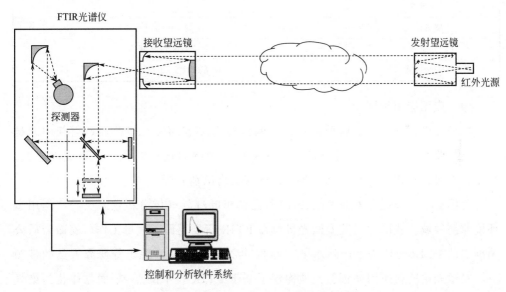

图 5-45　开放光路 FTIR 测量系统的结构

（2）开放光路 FTIR 特点

① 开放光路非接触式测量，可检测范围广、检测光程长、实现低浓度检测；

② 可网络化布点，也可针对面排放源进行空中立体扫描式监测；

③ 可同时监测的组分多，包括醛类、酮类、烷烃、烯烃、芳香烃、氯代烃、无机物和恶臭气体等；

④ 内置气体标定池，可在线完成标定。

（3）性能指标

以安徽蓝盾开放光路面源排放 VOCs 气体分析仪为例，其性能参数如表 5-20 所示。

表 5-20 开放光路面源排放 VOCs 气体分析仪性能参数

性 能	参 数
测量组分	VOCs、有毒有害气体、氮化物、硫化物等
测量范围	10^{-9} 量级至百分比量级
检出限	10^{-9} 量级
示值误差	不超出实测值的 $\pm 10\%$
重复性	$< 5\%$
测量光程	$50 \sim 500 \text{m}$
测量方式	连续自动运行,结果自动显示和存储
时间分辨率	$1 \sim 10 \text{min}$ 可选
分辨率	1cm^{-1}
波段范围	$700 \sim 5000 \text{cm}^{-1}$
探测器制冷方式	液氮制冷或斯特林制冷
安装方式	双站对射式/单站式

（4）应用应用领域

城市环境空气质量实时监测；化工园区污染源 VOCs 在线监测；空气中恶臭类化合物监测；气象机理研究，如 VOCs 在环境中的迁移转化、灰霾成因研究；行业（涂料、石化、香料、烟草等）特征污染物识别分析。

美国 Cerex 公司开发的 Airsentry 开路傅里叶红外气体分析仪，已经广泛用于环境监测领域。我国中科院安徽光机所在 FTIR 研发上做了大量工作，安徽蓝盾公司推出的 FTIR 也代表了国际水平。近 20 年来，在刘文清院士等研究人员的带领下，安徽光机所科研团队创新性地构建了基于 FTIR 技术的点-线-面立体化污染气体高效监测体系，该体系在大气重污染成因与治理攻关中发挥了重要作用，SA 系列傅里叶红外光谱设备还承担了福建泉惠石化、山东京博石化、苏州吴中园区、溧阳新材料园区等多个智慧园区和风险预警平台建设。

5.4.5.9 抽取式 FTIR 监测技术

在大气污染物分析中，傅里叶变换红外光谱技术可以分为两大类：即主动测量技术和被动测量技术。其中主动测量一般采用长光程开放光路测量方式，被动测量技术是采用抽取采样进行测量的方式。抽取式 FTIR 监测系统属于被动式测量技术。傅里叶变换红外光谱技术也可用于固定污染源烟气中 VOCs 的测定，抽取式 FTIR 应用于固定源废气的示意图如图 5-46 所示。北京雪迪龙公司在国家重大仪器设备开发专项支持下，自主研发了便携式傅里叶红外 VOCs 分析仪 Model 3080 FT-VOCs，下面以此仪器为例介绍抽取式 FTIR 监测系统。

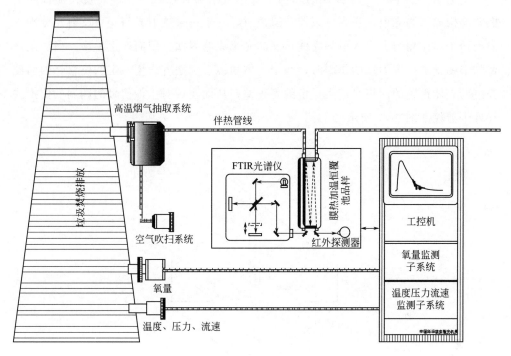

图 5-46　抽取式 FTIR 应用于固定源废气的示意图

（1）抽取式 FTIR 监测系统原理

当波长连续变化的红外线照射在被测目标化合物分子时，与分子固有振动频率相同的特定波长的红外线被吸收，将照射分子的红外线用分光器件分光，将其波长依序排列，并测定不同波数被吸收的强度，得到红外吸收光谱。采用傅里叶变换红外光谱技术（FTIR）并配置抽取式多次反射气体吸收池，通过对大气痕量气体成分的红外"指纹"特征吸收光谱测量与分析，可以实现多组分气体的定性和定量自动监测。

（2）抽取式 FTIR 监测系统构成

一般由红外光源（infrared source）、分束镜（beam splitter）、补偿板（compensator）、定反射镜（fixed plane mirror）、动反射镜（moving plane mirror）、准

直镜（collimating mirror）与聚光镜（collecting lens）、探测器（detector）等基本器件组成。红外光源经过准直镜准直之后成为一束近似平行光入射到迈克尔逊干涉仪中，入射的平行光经过分束面后产生两路光线，一路经过分束面的反射之后到达定反射镜，再经过定反射镜的反射之后到达分束面，最后经分束面产生的一束反射光线返回光源，而经分束面透射后的光束，经过聚光镜后到达检测器。

① 小型化干涉仪　干涉仪的结构主要由分束器补偿镜、立体角镜、枢轴固定摆臂等构成，当光束入射到分束器补偿镜时，产生一束透射光与一束反射光分别入射到两个立体角镜上，入射到立体角镜的光束原路返回，因而产生干涉。当固定摆臂的末端受到一定力矩的作用时，两个立体角镜会随摆臂产生一定的位移，因而使经过两立体角镜的两束光产生一定的光程差，从而实现对干涉信号的调制。便携式红外干涉仪如图 5-47 所示。

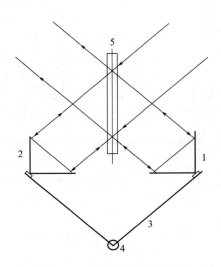

图 5-47　便携式红外干涉仪

1—立体角镜；2—立体角镜；3—枢轴固定摆臂；4—柔性簧片枢轴；5—分束器补偿镜

② 高温多次反射气室　根据朗伯-比尔定律，物质的吸光度大小浓度和光程长成正比，低浓度物质含量的测量需要长光程气室来配合。由于便携式设备对于体积和重量的限制，小型的多次反射气室是实现低浓度检测的关键部件，本仪器采用基于 White 原理的小型化长光程红外气室，外形紧凑、结构稳定、体积小，有利于实现对多次反射池的快速冲洗，进行样品光谱和背景光谱的交替测量。

③ 定量分析软件　得到光谱图，只是完成了测量的第一步，如何准确地将一条光谱解析为物质对应的浓度，是专业测量设备与通用型设备的关键区别，根据预存的标准图谱，通过非线性最小二乘拟合，可以直接得出未知光谱中的特征污染物

浓度，具有自动调零、自动校准、实时测量、显示、通信等功能。Model 3080 FT-VOCs 傅里叶红外 VOCs 分析仪如图 5-48 所示。

图 5-48　Model 3080 FT-VOCs 傅里叶红外 VOCs 分析仪

（3）抽取式 FTIR 监测系统性能特点

该系统根据傅里叶变换红外光谱技术的原理，可同时测量烃、苯系物、含氧有机物等 15 种 VOCs 以及水、二氧化碳、氧气，能监测浓度高于 $1\mu L/L$ 的绝大多数气体；实现实时、连续、自动长期运行；可用于车载移动监测；多种光程吸收池配置选择，满足各种应用的场合。其检出物种和检出限如表 5-21 所示。

表 5-21　抽取式 FTIR 检出物种和检出限

组分	量程/10^{-6}	检出限[①]	组分	量程/10^{-6}	检出限[①]
氯甲烷	0~100	1.73	甲醛	0~100	0.20
正乙烷	0~100	0.10	乙醛	0~100	0.51
环己烷	0~100	0.51	丙烯醛	0~100	0.66
正辛烷	0~100	0.38	环氧乙烷	0~100	0.21
苯	0~100	0.46	异丙醇	0~100	0.44
甲苯	0~100	0.44	2-丁酮	0~100	0.33
乙苯	0~100	0.20	乙酸乙酯	0~100	0.04
二甲苯	0~100	0.45	水	0~4.5%	0.01
三甲苯	0~100	0.27	二氧化碳	0~20%	0.005%
苯乙烯	0~100	0.41			

① 检出限是通过噪声的 3 倍标准差计算求得的。

（4）抽取式 FTIR 监测系统参数指标

抽取式 FTIR 监测系统主要分为光谱仪和气体池两大部分，参数设置也主要围绕这两大块完成。其参数指标如表 5-22 所示。

表 5-22 抽取式 FTIR 参数指标

光谱仪		气体池	
波长范围	$832 \sim 4000 cm^{-1}$	结构	多次反射,光程长可调(最大 7.2m)
分辨率	$4cm^{-1}$	反射镜	镀金反射镜
检测器	半导体制冷 MCT 探测器	体积	1L
分束器	ZnSe	温度	50℃
窗口材料片	ZnSe	进气量	2L/min

测量参数设定如下。

量程:$0 \sim 100 \mu L/L$;

线性误差(F.S.):<2%;

零点漂移(F.S.):<2%/12h;

量程漂移(F.S.):<2%/12h;

重复性:<2%;

交叉干扰(F.S.):<4%;

检出限:优于 $1\mu L/L$(对于绝大多数气体);

操作温度:10~40℃;

供电方式:AC(220V±10%),(50±1)Hz;

体积:510mm×425mm×180mm;

质量:15kg。

5.4.5.10 SOF-FTIR 监测技术

车载掩日法通量遥测技术(SOF-FTIR, solar occultation-FTIR)是基于太阳直射光的太阳掩星的傅里叶红外光谱技术,其优点在于可测量较大区域内污染气体的排放及分布状况,具有较强的机动性能,做到实时快速监测。工业生产过程中,多点源、面源和无组织源排放是 VOCs 的重要排放源。对于多点源、无组织排放源,其所包含的各种污染排放情况复杂且存在较多未知因素,一直缺乏便捷和快速的监测手段。利用车载掩日法通量遥测技术(SOF-FTIR),以太阳直射光的红外辐射作为接收光源,快速扫描工厂污染区域并进行实时的气体泄漏监测,具有结构轻便,便于移动测量,可进行多组分、低浓度、远距离遥测等优点。安徽蓝盾开发的傅里叶红外排放通量遥测系统就是采用了此原理。

（1）SOF-FTIR 监测系统的原理和组成

SOF-FTIR 系统主要包括太阳跟踪器、光谱仪和前置光路部分以及 GPS 信号接收定位系统。整个系统安装于移动监测平台上，由太阳跟踪器及前置光路将污染气体选择吸收后的太阳光引入光谱仪，从标准数据库中提取污染物分子的标准吸收截面，结合仪器参数（如分辨率）和气象参数，计算出污染物的柱浓度。车载过程中，对太阳光谱的分析处理基于 Levenberg-Marquardt 非线性最小二乘光谱拟合算法实现对污染气体柱浓度的实时反演。SOF-FTIR 监测系统工作示意图如图 5-49 所示。

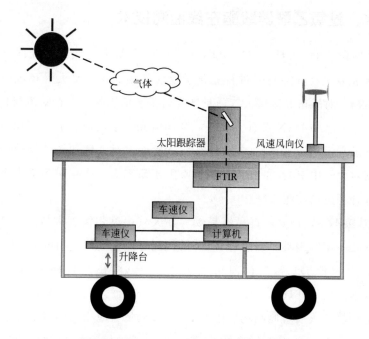

图 5-49　SOF-FTIR 监测系统工作示意图

（2）SOF-FTIR 监测系统的特点

以太阳红外辐射作为光源，进行遥感监测；

可车载动态大范围遥感监测；

可获取污染物的时空分布；

多组分污染物同时监测；

GPS 精确定位，污染物来源解析。

（3）技术指标

测量成分：VOCs、CO、CO_2、NH_3、CH_4 等；

多组分测量，可同时测量多种污染气体的排放通量；

最低检测限：$(5 \sim 20) \times 10^{-6}$。

在天气条件允许的条件下，利用移动 SOF-FTIR 监测系统可对化工区域进行快速连续的扫描，可在不进入厂区的情况下远距离对其上空排放的 VOCs 及其他有毒有害气体进行遥测，并给出其上空 VOCs 等污染气体的时空分布。该方法可快速大范围地对化工厂区的 VOCs 排放进行监测并给出其时空分布情况，可为试验地区相关的环保决策提供有效的数据支持，在化工厂区污染源快速排查和定位方面有广泛的应用前景。

5.4.6　过氧乙酰硝酸酯在线监测技术

过氧乙酰硝酸酯［$CH_3C(O)OONO_2$，PAN］是由大气中部分挥发性有机物（VOCs）和氮氧化物（NO_x）进行光化学反应而生成的，是大气环境中一种重要的二次污染物，对城市和区域大气质量产生着重要的影响，并在对流层化学中扮演着重要的角色。已知 PAN 没有天然源，全部由光化学反应生成，相比臭氧，是更好的光化学烟雾污染指示剂；PAN 具有强氧化性，对人体和动植物健康均有负面影响，开展对大气中 PAN 的长期监测，有助于研究大气光化学污染水平和进一步提高大气综合污染物监测水平。

PAN 是热不稳定物质，且易燃易爆，在大气中摩尔浓度大致处于 10^{-6} 量级，对其监测存在一定的困难。当前对 PAN 的检测方法主要为气相色谱（GC）结合电子捕获检测器（ECD）法。目前市场上大气 PAN 在线自动分析仪广泛采用 GC-ECD 技术，色谱柱选用 DB-1 毛细管色谱柱，广泛用于环境监测站、气象局、科研院所等环境空气质量监测场所中 PAN 在线测量，应用到环境空气中痕量 PAN 在线监测、大气光化学烟雾污染预警系统和大气环境复合型污染研究中。大气 PAN 在线分析仪原理如图 5-50 所示。

大气 PAN 在线自动分析仪主要由 PAN 分析仪、PAN 校准仪两部分构成。其中，PAN 分析仪由自动进样模块、低温分离模块、检测模块和气路控制模块等组成，可以独立完成空气样品中 PAN 的采集、分离和检测；PAN 校准仪由流量控制模块、合成反应模块、稀释混合模块等组成，主要完成 PAN 标准气体的合成，为系统校准提供所需标准气体。PAN 标准气体的合成原理是挥发的丙酮气在标定装置内经过渗透管与合成空气、NO 混合并进入到反应腔内，在紫外线的照射下，丙酮与合成空气中的 O_2 反应生成 CH_3COO_2（过氧乙酰，PA）自由基，同时 NO 也被氧化为 NO_2，PA 自由基与 NO_2 随即进行化合反应生成 PAN。大气 PAN 在线

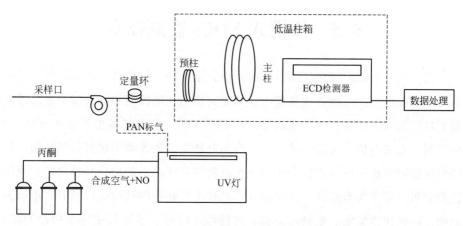

图 5-50 大气 PAN 在线分析仪原理图

自动分析仪示意如图 5-51 所示。

PAN分析仪是基于半导体制冷技术与高灵敏电子捕获检测技术的低温 GC 仪,由低于室温的毛细管柱进行气相色谱分离后,由电子捕获器检测。将电磁十通阀与定量环、采样泵、色谱柱等相接,通过程序控制,实现样品自动采集与进样、低温分离模块采用预柱和主柱结合的双柱分离模式,通过预柱反吹将高沸点难分离物质排出,减少系统污染。双柱均采用长 5m、内径 0.53mm、膜厚 1μm 的熔融石英毛细柱,紧密缠绕在带圆形凹槽的柱箱中;柱箱与半导体制冷片的冷端紧密贴合,通过比例积分微分算法控制,柱箱温控范围为 −10~80℃,

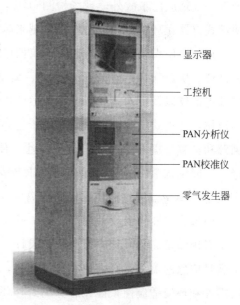

图 5-51 大气 PAN 在线自动分析仪示意图

控温精度为 0.1℃。此模块可使 PAN 在低于室温下分离,不同于常规 GC 的高温分离,可大大降低 PAN 在分离过程中分解。检测模块采用对 PAN 具有高灵敏响应的 ECD,并具备自动吹扫功能,防止样品与放射源直接接触,降低检测器污染,延长维护周期。载气和尾吹气分别采用电子压力控制器和电子流量控制器控制,保证流量的稳定性。配备高度智能化软件系统,可以实现仪器状态自动监控、仪器自动运行、数据自动处理等功能,保证仪器可以长期稳定运行,无须人为操作。

5.5 便携式 VOCs 监测技术

现场快速分析和便携式仪器具有体积小、重量轻、价格低、使用简单、维护方便等突出的优点,在环境的现场监测特别是突发性环境污染和公共安全事故等应用中越来越受到人们的重视。除此之外,便携式 VOCs 监测仪器也开始在安全监管、疾病控制、石油石化、交通运输、公安刑侦及防化反恐等多个领域得到应用。发展现场快速检测分析和便携式仪器成为现代分析仪器所追求的重要目标之一。现场应急监测分析技术主要有定性、半定量和定量技术,技术的选用应以及时、准确为首要原则。应能快速鉴定、鉴别污染物,并能给出定性、半定量或定量的检测结果,仪器能直接读数,使用方便,易于携带,干扰小,试剂用量少,对样品前处理要求低等。处理应急事故外,现场检测和污染溯源上也需要便携式仪器的应用,因此,便携式仪器在环境执法中的作用将越来越重要。

目前,便携式和现场快速分析仪器已经取得了较大的进步,其中,便携式气相色谱仪、快速气相色谱仪(HSGC)、离子迁移谱(IMS)、压电类传感器、傅里叶红外光谱仪以及便携式或者微型质谱仪器都已逐步在环境的检测中占据了十分重要的地位,便携式气相色谱质谱仪由于超高的检测灵敏度和检测样品的多样性在污染溯源和臭氧分析方面得到了广泛关注。便携式 VOCs 监测仪器优点在于具有重量轻、空间结构紧凑、易于移动位置重新安装的特点。但便携式 VOCs 监测仪器与实验室 VOCs 监测仪器相比,其分离度和灵敏度等可能有所下降。

便携式仪器作为一种现场仪器,除了优异的便携性之外,必须具有以下特点:一是必须满足高集成化和模块化的设计,同时要快速地稳定达到测试条件;二是为了满足应急的需求,必须快速监测分析,快速出具监测结果;三是必须具备优异的抗震性和环境适应性,能在恶劣的野外环境中使用;四是电池的使用寿命,能保证长时间的连续监测。

5.5.1 便携式电化学传感器有毒气体检测仪

(1)概述

电化学传感器通过与被测有毒有害气体发生反应并产生与气体浓度成正比的电信号来工作。典型的电化学传感器由传感电极(或工作电极)和反电极组成,并由一个薄电解层隔开。气体首先通过微小的毛管型开孔与传感器发生反应,然后是疏水屏障层,最终到达电极表面。采用这种方法可以允许适量气体与传感电极发生反应，以形成充分的电信号，同时防止电解质漏出传感器。穿过屏障扩散的气体与传感电极发生反应，传感电极可以采用氧化机理或还原机理。这些反应由针对被测气体而设计的电极材料进行催化。通过电极间连接的电阻器，与被测气浓度成正比的电流会在正极与负极间流动，测量该电流即可确定气体浓度。传感器是气体的采集部分，也是整个气体监测仪的关键部件。

代表性的监测仪器为 PortaSens Ⅱ 检测器，其为即插即用的监测仪，通过更换相应的传感器模块可以实现监测不同类型的气体，能够监测超过 40 种不同的气体和蒸气，无须再次校准，目前可用的传感器包括环氧乙烷、甲醛、乙醇、乙炔、硅烷、乙硼烷等传感器。

（2）质量控制和质量保证

电化学传感器的使用过程，直接影响仪器的最佳性能的发挥。①有效校准，用相对比较的方法进行测定，先用一个零气体和一个标准浓度的气体对仪器进行标定，得到标准曲线储存于仪器中，测定时将待测气体浓度产生的电信号和标准浓度气体的电信号进行比对，计算得到准确的气体浓度值；②注意不同气体对传感器的干扰，一般情况下，每种传感器都对应一个特定的检测气体，在使用前，要了解其他气体对该传感器的干扰情况，保证准确测量；③注意传感器寿命，随着传感器的监测，尽可能在传感器有效期内使用，失效要及时更换；④注意浓度的测量范围，务必在检测限能检测，如果长时间超出检测范围，可能对传感器造成永久的损伤；⑤保证良好运维，存放清洁、干燥的环境下，正确保管和使用仪器。

5.5.2　便携式光离子化检测仪

便携式光离子化检测仪可以作为快速监测设备使用，采用真空紫外灯作为光源，通过高能紫外线，在电离室内对气体分子进行轰击，使空气中有机物和部分无机物电离，在极化极板的电场作用下，离子和电子向极板撞击，从而形成可被检测到的离子电流，通过检测电流强度来反映该物质的含量。空气中的基本成分 N_2、O_2、CO_2、H_2O、CO、CH_4 等不被电离。便携式的 PID 一般由采样、检测、数据采集和处理等子系统组成，包括紫外灯、电离室，I-V 转换电路、AD 采样及单片机控制电路、紫外灯及电离室极化电源、ARM 信号处理机控制系统几个部分，其工作原理如图 5-52 所示。

美国华瑞公司是生产便携式仪器的代表性厂商，其生产的 PGM 系列检测仪是采用了 PID 的原理，其特点在于体积小、质量轻、响应时间短、无须任何化学试剂和载气就可以直接检测，通常测大气中总的挥发性有机物，即考虑总量的粗略估

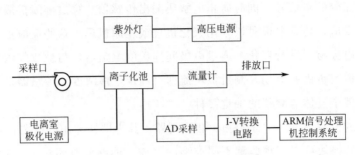

图 5-52　光离子化检测仪原理图

计，不考虑组分。主要应用于石油石化、机械工程、纺织厂、皮具厂、消防应急、泄漏检测、槽车 VOCs 监控等行业，也用于复杂环境的综合快速评价，突发性环境污染事故的评估，污染源的跟踪和调查，工作场所和室内空气质量检测及个人防护等。便携式 PID 价格便宜、携带方便，得到了广泛的关注。

便携式光离子化检测仪应存放于清洁、干燥环境，并安装外置灰尘和水阱过滤器，当出现显示不能归零、PID 对潮气有反应、PID 显示数据不稳定等情况，需清洗 PID 紫外灯和传感器，使用无水乙醇或专用清洁剂并保持干燥。便携式 PID 示意如图 5-53 所示。

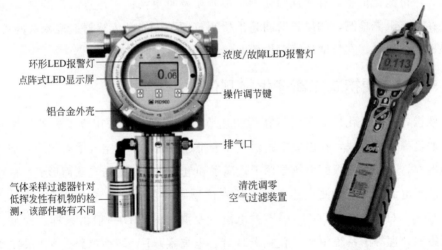

图 5-53　便携式 PID 示意图

5.5.3　便携式火焰离子化检测仪

便携式火焰离子化检测仪本质是 FID，通常应用于石化行业泄漏检测与维修（LDAR），美国环境保护局方法 21 规定推广 LDAR，预计石化企业减少 63% 设备泄漏，也可以用于现场修复检测，垃圾填埋环境监测，以及常规的区域环境调查。

瑞士 INFICON 公司生产的 DataFID 便携式火焰离子化检测仪，可以检测 $(0.1\sim50000)\times10^{-6}$ 的浓度范围，响应时间小于 3s，具有体积小、响应时间快、电池寿命长的特点。采用低压固态吸附储氢棒作为氢燃料源，充满氢气条件下，可连续使用 10h。金属氢化物钢瓶有 UN3468 标识号，从而可由商业航班客运装满氢气的钢瓶。采用镍氢电池，全负荷时可连续工作 13h。同时便携式 FID 具有完整的蓝牙无线技术用于可选的数据传送至手持设备（计算机，手机），同时与 Guideware 和 LeakDAS 软件兼容，为 VOCs 综合分析提供了高的保障。便携式 FID 分析仪示意图如图 5-54 所示。

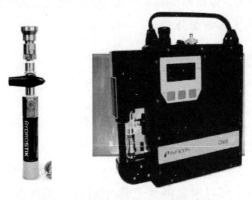

图 5-54　便携式 FID 分析仪示意图

便携式甲烷/总烃/非甲烷总烃测试仪也是采用 FID 检测原理，通常采用 FID 双检测器，一路测得总烃值，另一路配合高温催化装置测得甲烷值，两者的差值即是非甲烷总烃数值。

瑞士 INFICON 公司在 DataFID 便携式火焰离子化检测仪基础上，集成增加一个 FID，内置高温催化装置测得甲烷，推出外观一样的 NMHC100 型便携式甲烷/总烃/非甲烷总烃测试仪。

意大利 Pollution 公司生产的 PF-300 便携式甲烷/总烃和非甲烷总烃测试仪，采用符合 EN 13526、EN 12619、EPA Method 25A、HJ 38—2017 标准的氢火焰离子化检测器（FID）检测技术，测量气体中的总烃/非甲烷总烃，可广泛用于固定污染源烟气排放、热反应器和燃烧装置排放、汽车尾气排放、天然气、环境空气甚至包括医疗行业麻醉气体的监测等。PF-300 测量非甲烷总烃除需要采用全程加热 FID 技术的主机外，还配置高温催化装置。主机测得总烃值，配合高温催化装置测得甲烷值，两者的差值即是非甲烷总烃数值。

代表性仪器包括瑞士 INFICON 公司的 DataFID；意大利 Pollution 公司的 PF-300；GCRAE 便携式气相色谱仪 PGA-1020；便携式甲烷/总烃/非甲烷总烃分析仪示意如图 5-55 所示。

图 5-55　便携式甲烷/总烃/非甲烷总烃分析仪示意图

除了上述仪器外，TVA-1000B 有毒挥发气体分析仪将 FID 和 PID 检测器结合在一起，其中 FID 检测器可监测 $0\sim50000\times10^{-6}$ 的大范围有机气体，可以监测 PID 不能监测的组分，由于其通过火焰燃烧打破烃链进行监测，所以不受分子电离电位的限制；PID 无燃气和载气的要求，在无氧气环境中可以使用。该仪器综合设计能够检测到目前大多数浓度范围的挥发组分和低于 10^{-6} 级别的大多数组分。

5.5.4　便携式气相色谱仪

（1）概述

便携式气相色谱仪和实验室的气相色谱仪有相似的结构，具有重量轻、空间结构紧凑、易于移动位置重新安装等优点。包括进样系统、载气系统、分析系统等，一次进样能分析 CH_4、C_2H_6、C_2H_4、C_2H_2、C_3H_8 等几十种气体，具有定性、定量的分析能力，可以测定混合气体中所含各类组分含量，有机物的质量分数。

便携式 GC 自带电池和气体源，配有远距离或近距离交流选件和交流转换器以延长野外使用时间。便携式 GC 将采样系统整合在主机上或配合手持式的采样探头，为了满足现场使用的需求，通常配有自动进样装置或空气冷阱浓缩取样器作为附件，由内置的抽气泵完成气体样品的现场自动采集，通过阀件和定量管实现样品的定量和自动进样，也配有普通的进样口，可以接受手动的注射器进样，可快速地更换色谱模块，以便适应新的应用。

便携式 GC 根据检测器的不同配有不同的载气，运用迷你气瓶或发生器实现。常用载气有"零空气"（用于 PID，其中的烃必须低于 10^{-7} 级）、氮气（用于 AID）、氩气和氦气等。检测器为 FID 时，要配备氢气和零空气，用于燃烧气和助燃气。便携式气相色谱仪应用方面的灵活性还体现在可以满足用户对监测要求的改变，有些型号的便携式气相色谱仪为数通道的微型气相色谱仪，各通道均由带有进样口、预柱、分析柱、检测器的独立模块组成，每个通道根据色谱柱的不同用于分析特定的组分，能很容易地将仪器配置成总烃分析仪（用 FID 检测器），浓

度范围在 $10^{-9} \sim 10^{-6}$ 级之间。通过选择不同检测器，便携式气相色谱仪可测定总卤素（用 XSD）、总硫（用 FPD）或同时测定总芳香族和总卤素化合物（用 PID/XSD）。

与台式色谱仪相比较，多采用非分流方式，柱温、进样口和检测器的温度要控制在200℃以下。其优势在于分析时间短、轻便，可以实现现场电测的功能；其不足之处在于分离度较低、随着色谱柱老化灵敏度会随之降低，对于便携式气相色谱仪而言，操作和维护非常重要，必须定期进行校正，防止色谱保留时间偏移，影响定性和定量。

目前，应用到现场检测的便携式 GC 有很多国内外厂家，主流的市场仪器包括安捷伦的 490 Micro GC、美国 Photocac 公司生产的 Voyager 便携式气相色谱仪、INFICON 公司生产的 Micro GC Fusion。Voyager 便携式气相色谱仪采用预柱反冲洗技术，从而获得快速的分析速度，为了能够分析更宽范围的不同化合物，Voyager 在其 GC 内部安装了三种分离分析管柱，日常工作中可以不必更换色谱柱，可根据需求自动选择色谱柱。分析时，仪器能够控制气体流量和时间的选择，并且将分析的结果同以前已知组分的标准样品分析结果相比较，最后以化合物的名称和浓度报告作为分析结果，在内部存储。Voyager 便携式气相色谱仪主要配置包括：①PID 和 ECD 双检测器；②内置三组毛细分析柱；③保护预柱与进样口自动反吹装置；④两个加热的进样口，一个自动一个手动注射进样口；⑤内置充电电池；⑥内置载气瓶；⑦专用伸缩取样探头，防尘防水膜。

常见型号便携式气相色谱仪的性能比较见表 5-23。

表 5-23 常见型号的便携式气相色谱仪性能比较

项目	Voyager 便携式气相色谱仪	FM-2000	INFICON CMS-200
工作条件	10~40℃,相对湿度 0~100%	0~38℃,相对湿度 0~95%	10~40℃,相对湿度 0~100%
尺寸	39cm×27cm×15cm	30cm×30cm×125cm	15cm×52cm×51cm
质量	6.8kg	8kg	21.7kg
电池寿命	6~9h	连续监测	9h
检测器	PID,ECD	FD,XSD,FPD,PD,PFPD	AD,MAD,ECD,PID,TCD
进样方式	阀件和手动进样	阀件或固态吸附阱	阀件或手动进样
检测限	<10⁻⁹级	10⁻¹²~10⁻⁶级	10⁻¹²级至百分数水平
色谱柱	三根,可自动转换	毛细柱	毛细柱或填充柱
温度范围	5℃/min,室温约 200℃	室温约 200℃	5℃/min,室温约 180℃

（2）质量保证与质量控制

以美国 Photocac 公司生产的 Voyager 便携式气相色谱仪为例，便携式气相色谱仪柱箱温度稳定性、程序升温重复性、基线漂移、灵敏度或检测限的测定应当符合要求。①根据使用频率，每周至少充电一次；②用进样针进样，每 2～5 针更换针进样口过滤片；③紫外灯窗口一周清洗一次，一年更换一个；④仪器使用半年后需对柱子进行老化一次；⑤内置载气压力不得大于 1800psi（1psi＝6894.75Pa）；⑥流量计测量不确定度小于 1%，并在其检测有效期内使用。

5.5.5　便携式气相色谱-质谱联用仪

（1）概述

便携式气相色谱-质谱联用仪（GC-MS）相当于可携带的小型实验室，可用于便携式和车载式。使用内置的电池和载气源，将低热容气相色谱技术与质谱技术有机结合。便携式 GC-MS 充分发挥了快速气相色谱法的分析速度快、分离效率高和质谱法定性能力强、检测灵敏度高的优势，能够及时快速地对事故现场的有机污染物进行准确定性和定量检测，主要应用于环境空气、水体、土壤和固体废物中挥发性和部分半挥发性有机物的现场分析，与传统气相色谱质谱仪不同，便携式设备要求体积小、功耗低，为了达到小型化的目的，往往在仪器性能上也会做出一些牺牲。

便携式 GC-MS 包括采样系统、色谱系统、色谱-质谱联用系统、质谱系统，进样系统中通常采用微型采样泵和手持式采样探头，直接对气体样品进行采样。样品首先在前处理装置中富集，再经色谱分离，通过气-质接口进入质谱中进行质量分析，最后经数据处理得到定性和定量分析结果。便携式仪器将采样泵、吸附热解吸、色谱柱分离、电子压力控制、多通道流路切换、离子源、真空系统和检测器集成在体积小的箱体内，配备便携式吹扫捕集仪和静态顶空装置等可选附件。对于便携式 GC-MS，MS 是系统的核心，四极杆质谱和离子阱质谱由于体积小适合用于便携式仪器，质谱一般采用 NIST 谱库，涵盖 10 万多张标准谱图。

目前，国外便携式气相色谱质谱联用仪的技术相对成熟，成功进行商业化的产品较多，如 Inficon 公司的 HAPSITE 便携式 GC-MS、Torion 公司的 TRIDION 手提箱式 GC-MS 平台以及 CT-1128 便携式气相色谱质谱联用仪、珀金埃尔默 Torion T-9、美国淘润 TRIDION-9、英福康 HAPSITE ER 等。其中 CT-1128 是车载 GC-MS 移动平台，其体积、重量相对前两个都略有增大。除了进口厂家以外，国产厂家包括聚光科技、雪迪龙等企业也开始自主研发便携式 GC-MS。代表性仪器包括聚光科技的 Mars-400 Plus；；宁波华仪宁创智能科技有限公司 AMS-100；代表性仪器对比如表 5-24 所示。

表 5-24　常见型号的便携式 GC-MS 仪器性能比较

项目	HAPSITE	Mars-400 Plus	TRIDION-9
品牌	美国 INFICON	聚光科技	Torion
仪器质量	21kg	17kg	13kg
尺寸	46cm×43cm×18cm	44cm×36cm×18cm	47cm×36cm×18cm
质量分析器	四极杆	双曲面离子阱	环形离子阱
质量范围	45～300amu	15～550amu	45～500amu
质量分辨率	小于 1amu	小于 0.5amu	(50～230amu)小于 1amu
检测限	小于 1μg/L	小于 1μg/L	小于 1μg/L
载气	内置/外置氮气		高纯氦气
动态范围	7 个量级	5 个量级	6 个量级

HAPSITE 便携式气相色谱-质谱联用仪特点主要有以下几个方面：

① 使用氮气作载气，而非氦气或氢气；

② 有独特的膜片隔离阀，气体穿过装在膜片隔离阀上的膜片表面进入质谱系统，当膜片隔离阀开启时，只要质谱保持在真空状态下，允许一定量的有机化合物流入质谱仪，同时阻止非有机气体；

③ 质谱仪真空系统，要求真空度为 $6×10^{-3}$Pa 以下，初始真空通过涡轮分子泵和膜片泵等仪器获得，仪器运行的后续真空由仪器的非蒸发吸气剂（NEG）泵和小型溅射离子泵保持，NEG 泵对抽除活性气体很有效，但不能抽除惰性气体；

④ 仪器配有气体罐和微阱浓缩器，还可以选配顶空和吹扫-捕集系统。

TRIDION-9 便携式气相色谱-质谱联用仪采用高分辨率的低热质毛细管柱，还通过通用性极强的固态微萃取采样手柄进行采样，也可以配置动态针捕集、吹扫捕集及二级热解吸等配套工具，实际上，对于便携式仪器，采样工具和主机的配合性是一个重要的因素，本仪器采样工具可以和主机独立分开工作，从而大幅度提高采样和分析的工作效率。

（2）质量保证与质量控制

以 HAPSITE 便携式气相色谱-质谱联用仪为例，应每年校准一次仪器，保证仪器环境卫生、防尘、防水；保证温度范围 0～40℃，相对湿度 20%～80%；每次样品前，应进行空白实验，TIC 小于 500000；将仪器置于延续性待用模式，使得 NEG 保持工作于 400℃和离子泵电源开启，维护良好的真空条件，延续性待用模式并确保电池充电和随时准备运行。

5.5.6 便携式质谱仪

便携式质谱仪是一个快速、可靠的在线分析工具，具有超凡的灵敏度、长期稳定、操作使用简便等特点，可用于识别未知样品，特别适用于 VOCs 检测，目前商业化的便携式质谱仪包括离子阱质谱、飞行时间质谱、四极杆质谱等。便携式质谱分析仪如图 5-56 所示。

图 5-56　便携式质谱分析仪示意图

离子阱质谱仪的小型化主要集中在对离子阱质谱仪各组成部分（离子源、质量分析器、离子检测、真空系统）的小型化上。代表性仪器有广州禾信公司的 DT-100、北京清谱科技有限公司的 Mini β 小型质谱分析系统、雪迪龙的 M-200、英国 Aspec 公司的 ProMS 等。DT-100 是利用离子阱作为分析器的质谱仪，离子阱质谱计是目前较成熟、应用较广泛的小型质谱计之一。雪迪龙的 M-200 是 EI 离子源的飞行时间质谱仪，体积小，集成度高，无须外接任何气体钢瓶，对 10^{-6} 级到百分比（%）浓度的样品 10s 内即可分析出结果，对 10^{-9} 级的样品通过膜浓缩也能在 1min 内完成；英国 Aspec 公司的 ProMS 可选择毛细管进样（常规气体检测，响应时间 100ms 以内）、膜进样（含水分或液体的样品及低浓度 VOCs 检测，响应时间 1s）及直接针阀进样（快速检测），0～300amu 全谱扫描时间小于 1s；北京清谱科技有限公司的 Mini β 小型质谱分析系统采用 2004 年普渡大学 Cooks 实验室发明的原位电离技术（ambient ionization），配合线性离子阱质谱，该技术更关注非挥发性的复杂样。常见型号的便携式 MS 仪器性能比较见表 5-25。

表 5-25　常见型号的便携式 MS 仪器性能比较

项目	ProMS	M-200	DT-100
品牌	英国 Aspec	雪迪龙（KORE）	广州禾信
仪器质量	21kg	21kg	15kg
尺寸	482mm×265mm×363mm	531mm×328mm×213mm	455mm×451mm×221mm
电离源	EI	EI	PI
质量分析器	四极杆	飞行时间	线性离子阱
质量范围	0～300amu	0～1000amu	19～652amu
质量分辨率	小于 0.5U	小于 0.5amu	（19～200amu）小于 0.5amu （200～652amu）小于 1amu
检测限	小于 1μg/L	小于 1μg/L	小于 0.03μg/L（二甲苯）
载气	内置/外置氮气	—	高纯氦气
动态范围	90 倍	6 个量级	3 个量级
分析周期	<1s（加热薄膜进样方式）	冷启动<5min；全扫描<1s	冷启动<5min；全扫描<1s

质谱仪的发展趋势，一是更大、更精、更准，尤其是关注非挥发性有机物的复杂性，拓宽监测种类；另外一个很大的趋势是质谱仪小型化。因此，未来便携式质谱仪将占有越来越多的市场。

5.5.7　便携式傅里叶红外光谱分析仪

（1）概述

在 20 世纪末，红外光谱技术发展到实时实地测量及无损测量，当被测环境恶劣时，使用传统的台式机测试样品已经变得很不方便甚至不可能，因此传统的台式仪器已经不能完全满足样品的测试需求。与台式机比较，便携式红外光谱仪有占地少、质量相对轻、能抗震或耐恶劣环境等特点。傅里叶红外光谱由电源、干涉仪、样品室、检测器和计算机组成，由光源发出的光经过干涉仪转变成干涉光，干涉光包含了光源发出的所有波长光的信息，当上述干涉光通过样品时某一些波长的光被样品吸收，成为含有样品信息的干涉光，由计算机采集得到样品干涉图，从而得到吸光度或透光率随频率或波长变化的红外光谱图。

红外光谱仪的便携化可以通过简化仪器的电路或者最小化干涉仪的途径来实现。市场上比较常见的是通过减小电路尺寸实现小型化，干涉仪的小型化需要在尺寸和精度之前实现平衡，因为干涉仪是傅立叶红外光谱仪主要的部件，最常用的迈克尔逊干涉仪，基本组成是分束器、动镜及固定镜。减小干涉仪的尺寸可以同时达到减少共振和缩小仪器尺寸的目的，但是干涉仪的尺寸如果过小，仪器光学部分的精确度就相对差些。

芬兰GASMET公司推出的Dx 4020傅里叶变换红外光谱仪采用高温分析单元和信号处理电路，结构牢固，抗样品腐蚀，抗震性强，适于野外工作，是现场排放分析和过程研究的工具。该仪器可同时分析红外有吸收的气体，可选择不同量程范围，定性气体环境中300多种和定量39种挥发性有机物，见表5-26。该仪器主要特点是直接连续采样，实时连续分析，可同时显示5种气体的浓度时间变化曲线，分析时间最短1s，无须预浓缩等前处理设备，能快速定性、定量分析，还可以通过自动谱库进行查找，自动搜寻位置气体组分，适用于现场环境的各种气体分析，随机提供将近300种气体的参考光谱库，能够显示浓度数值、浓度趋势图和光谱图。

表5-26　便携式红外光谱分析仪39种VOCs的定量检出限

序号	化合物	检出限/$\times 10^{-6}$	序号	化合物	检出限/$\times 10^{-6}$
1	甲烷	0.307	21	1,1-二氯乙烷	0.68
2	乙烷	0.438	22	1,2-二氯乙烷	0.758
3	乙烯	0.34	23	三氯乙烯	0.19
4	丙烷	0.199	24	四氯乙烯	0.072
5	正己烷	0.119	25	光气	0.076
6	环己烷	0.057	26	乙酸甲酯	0.081
7	苯	0.57	27	乙酸乙酯	0.721
8	甲苯	0.524	28	甲基丙烯酸酯	0.1
9	苯乙烯	0.501	29	三甲胺	0.186
10	间二甲苯	0.461	30	硝基苯	0.088
11	对二甲苯	0.3	31	氯苯	0.358
12	邻二甲苯	0.397	32	乙苯	0.3
13	乙酸	0.1	33	丙烯腈	0.893
14	甲醛	0.415	34	二硫化碳	0.034
15	丙酮	0.239	35	苯胺	0.186
16	甲醇	0.323	36	氯乙烯	0.467
17	乙醇	0.446	37	丙烯醛	0.177
18	苯酚	0.189	38	乙醛	0.265
19	二氯甲烷	0.587	39	乙酸酐	0.042
20	氯仿	0.272			

仪器特点为校准采用简单的单组分标定，一般在出厂进行一次初始标定后，无须再次标定。升级组分方法非常简便，用户只需用新的组分标气进行一次标定即可。日常维护费用和工作量很低，每1~2年进行一次样品池清洁维护和水分标定，

使用时只需要纯氮气进行零点校准，没有其他的耗材。

（2）质量保证和质量控制

以 GASMET 的 Dx4020 傅里叶变换红外光谱仪为例，为实现良好的运维，主要关注以下几点：①关闭电源前，用氮气或干燥的清洁气体对样品池进行充分清洗，然后卸下导气管，盖好进气口；②测量前，必须加装粉尘过滤芯，如果样气中含有较多的粉尘等颗粒物，进入样品池前必须过滤，以免影响光路正常工作；③长时间不用或在潮湿环境下使用仪器，首先用干燥的氮气吹扫，保证仪器内部干燥；④保持样品气体的压力和温度稳定；⑤分析样品时，保证仪器平稳无震动；⑥经常检查仪器前置过滤芯，如积灰较大时更换滤芯。

5.5.8　VOCs 环境应急监测技术保障体系

随着经济的不断发展，国内突发性环境污染事故的发生率呈上升趋势，突发性环境污染事故具有突发性、危害性和复杂性的特点，因此现今的环境监测预警应急体系建设非常重要，便携式仪器起了不可替代的重要作用。

VOCs 突发性环境污染事故发生时，便携式仪器贯穿事故的初期、中期和后期三个过程。初期阶段，需快速定性和定量（半定量）污染物种及浓度情况，迅速提供污染物的理化性质和污染范围，为提供适当的应急处理处置服务，将事故的有害性降到最低；中期阶段，需连续、实时监测污染物种及浓度的变化和污染变化范围，修正事故处理处置措施；后期阶段，需跟踪监测突发性污染事故的污染范围的污染物浓度，为后续环境、生态恢复提供有效数据。

对于未知挥发性有机物且成分较单一的污染事故，如槽罐车或企业管道泄漏，可以通过傅里叶红外快速监测方法进行快速定性定量；对于未知挥发性有机物且成分复杂的污染事故，如化工厂爆炸，需通过便携式色谱、便携式质谱或便携式气质联用检测仪进行快速定性定量。实际应急过程中，污染物往往复杂难辨，单一的方法往往难以实现有力的技术支撑，需要对不同层次的方法进行整合，包括现场快速半定量、定性半定量、现场快速定性定量、实验室的快速定量进行有机地整合，根据污染事故特点统筹有序实施，做到粗略和精细监测相结合。便携式监测仪器和实验室监测仪器相结合使用，能够达到事半功倍的效果。分层次的 VOCs 环境应急监测技术保障体系见图 5-57。

应急监测设备是保障应急监测快速、高效实施的基础，目前市场上便携式监测仪器的设备和型号众多，在监测单位选型过程中不是越贵越好，应急监测设备的配置应满足不同层次的监测需求，表 5-27 为 VOCs 应急监测设备配置建议。按照基

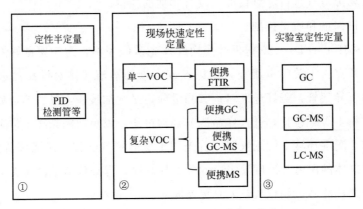

图 5-57　分层次的 VOCs 环境应急监测技术保障体系图

本配置方式配置基本的检测设备，可基本实现常规的挥发性有机物定性和半定量的分析，初步确定污染物污染范围，是一般监测站应有的配置；省会、重点城市或重点化工园区监测站需升级配置，可实现未知环境污染事故的污染定性和定量分析，应用于事故目标不明且成分复杂的事故。

表 5-27　VOCs 应急监测设备配置建议

类型	名称	监测设备
基本配置	防护装备	防毒面具、防护眼镜、防护服、手套、救生衣、空气呼吸器
	通信设备	无线对讲机、无线传输设备
	监测设备	气体检测管、便携式风速风向仪、手持式应急监测仪器（PID等）、便携式气相色谱仪
升级配置	监测设备	便携式傅里叶红外仪、便携式质谱仪、便携式气相色谱-质谱联用仪、车载式气相色谱-质谱联用仪、车载式前处理设备

　　傅里叶红外光谱仪和车载式气相色谱-质谱联用仪结合使用，一方面，可利用傅里叶红外光谱仪快速定性来确定未知污染物，以便给车载式气相色谱-质谱联用仪快速提供选择方法的依据；另一方面，车载式气相色谱-质谱联用仪利用标准谱库强化未知污染物的定性准确性，同时利用其定量准确的特点，可以真实检测出未知污染物在环境中的浓度。

第6章 VOCs监测未来发展趋势

我国 VOCs 监管虽然尚处于起步阶段，但是 VOCs 政策法规、标准和技术规范的密集出台，为我国 VOCs 相关行业提供了发展契机。VOCs 监测是 VOCs 管控的重要支撑，摸清 VOCs 排放量及其行业和区域分布数据，掌握 VOCs 重点排放源及其排放特征，研究 VOCs 扩散传输和化学转化过程等，都有赖于可靠的污染源和环境空气 VOCs 监测数据。目前，在利好的政策影响下，中国 VOCs 监测政策需求和市场需求巨大，必将推动 VOCs 监测的快速发展。未来 VOCs 监测发展趋势主要是由发展需求和技术发展两个主线决定的，发展需求和技术发展相辅相成，作为两大主线有着密不可分的关系。发展需求引导技术发展的走向和未来，技术发展又改变发展需求的方式和内容。本节从 VOCs 监测的发展需求和技术发展两个主线出发，对未来 VOCs 监测重点的发展方向，环境空气 VOCs 监测网络构建、园区 VOCs 监测和第三方运维等方面进行阐述。

6.1 VOCs 监测发展需求及路线

VOCs 治理已成为"十三五"大气污染防治的工作重点之一，《"十三五"挥发性有机物污染防治工作方案》的印发标志着我国已全面加强挥发性有机物（VOCs）污染防治工作。VOCs 治理需可靠的监测，目前从需求角度，VOCs 监测主要包括环境空气监测、污染源监测和园区综合监测三个大方面，其主要服务于环境管理、环境执法或科学研究等，不同的监测目的选用的监测技术不同。我国 VOCs 离线监测技术基本成熟，有完整的国家标准监测方法予以指导；未来一段时间重点的发展需求体现在 VOCs 在线监测技术上，在线监测会成为发展的重点，也将成为与离线监测技术平行的监测技术。VOCs 在线监测技术主要应用范围见表 6-1。

表 6-1　VOCs 在线监测技术主要应用范围

序号	需求范围	需求对象	监测目的
1	甲烷/非甲烷总烃在线监测	背景点环境空气	环境管理、环境执法
2	甲烷/非甲烷总烃在线监测	城市环境空气	环境管理、环境执法
3	甲烷/非甲烷总烃在线监测	污染源	环境管理、环境执法
4	单组分或多组分的 VOCs 在线监测	污染源	环境管理、环境执法
5	苯系物在线监测	环境空气	环境管理、环境执法
6	1,3-丁二烯,$C_4 \sim C_5$ 和苯在线监测	环境空气	环境管理、科学研究
7	低碳烃臭氧前体物在线监测($C_2 \sim C_5$)	环境空气	环境管理、科学研究
8	高碳烃臭氧前体物在线监测($C_6 \sim C_{12}$)	环境空气	环境管理、科学研究
9	低沸点有毒有害挥发性有机物在线监测	环境空气	环境管理、科学研究
10	高沸点有毒有害挥发性有机物在线监测	环境空气	环境管理、科学研究
11	有机硫化物在线监测	环境空气	环境管理、环境执法
12	VOCs 监管综合解决方案	园区	环境管理、环境执法

（1）环境空气 VOCs 监测发展需求及路线

环境空气 VOCs 监测需求主要体现在，我国亟须形成光化学评估监测网络体系。只有摸清形成臭氧的重点 VOCs 种类，掌握 VOCs 的污染浓度特征及变化规律，有效收集环境空气 VOCs 长期基础数据，才能利用这些数据对光化学模式性能进行改善和评估，继而制定科学的臭氧控制和 VOCs 减排相关策略。2016 年年底国家环境空气质量自动监测权上收至国家，这种监测体系的改革和统一管理，为实现 VOCs 作为常规监测物种在国控站点实施提供了良好的硬性条件。2017 年年底发布的《2018 年重点地区环境空气挥发性有机物监测方案》，要求全国 78 个重点城市 2018 年 4 月起全面开展环境空气 VOCs 离线监测，直辖市、省会城市和计划单列市还要求开展在线监测，未来全国 113 个国家级监测点位甚至更多的点位将实现离线和在线监测的同时运行。

环境空气 VOCs 监测发展路线：①从重点地区、重点城市着手，在国控监测点增设 VOCs 在线监测设备，将 VOCs 作为常规监测物种在国控站点实施；②有计划有重点地鼓励有条件的地区开展 VOCs 日常在线监测；③基于现有的环境空气质量监测网络，逐渐增加区域监测站点的 VOCs 在线监测设备，逐渐建成区域环境空气 VOCs 监测网络。

（2）污染源 VOCs 监测发展需求及路线

目前我国污染源 VOCs 监测主要针对重点行业污染源。监测目的包括了解 VOCs 种类和浓度，建立不同行业的 VOCs 源成分谱库，快速预警 VOCs 环境突发事件，支撑污染源 VOCs 环保税收定量、VOCs 优化减排方案制定、环境空气质量达标规划和重污染天气应急预案等。污染源 VOCs 监测的第一步是建立不同重点行业、重点企业的 VOCs 源成分谱库，根据特征污染物的毒性和光化学臭氧生成潜势来确定重点监管对象。各类 VOCs 的毒性和光化学臭氧生成潜势见表 6-2。

表 6-2　各类 VOCs 的毒性和光化学臭氧生成潜势

有机物类型	来源	毒性	臭氧生成潜势
烷烃	燃烧，溶剂挥发等	低	低
含氧烃	溶剂，大气反应等	中等	中等
不饱和烃	燃烧，溶剂挥发等	中等	高
芳香烃	燃烧，溶剂挥发等	高	高
其他烃	人为源，自然源	中等	低

污染源 VOCs 监测发展路线：①以"一厂一策"的发展理念出发，摸清不同行业、不同企业的 VOCs 源成分谱库；②筛选企业重点监测的有害物质种类和浓度；③符合条件和需重点监控的固定源安装连续自动 VOCs 监测设备；④建立、健全涉 VOCs 行业排放控制标准体系。

（3）园区 VOCs 监测发展需求及路线

在园区综合监测方面，监测需求主要在于合理的综合解决方案，包括园区 VOCs 重点源排放监测、重点企业厂界监测、区域大气质量监测、环境移动监测车、区域大气遥测等综合监测，同时为突发污染事件进行 VOCs 排放特征谱库指纹比对和 VOCs 污染物的追溯。园区通常包含数十家同类或不同的企业，园区综合监测不同于污染源单点位监测，更应重视整体性监测，因此园区对于监测的需求更全面，涉及更多的监测技术。

园区 VOCs 监测发展路线：①通过普查手段摸清楚各企业生产的基本信息以及各类污染源信息，掌握园区企业污染源数量、结构和分布状况，建立健全污染源基础信息数据库；②根据普查情况对企业进行泄漏检测与修复（LDAR）工作；③建设完善的点、线、面三位一体智能大气污染监控预警系统，利用不同的 VOCs 在线监测技术，实现泄漏预警（点）、重点排放源追踪（线）、区域浓度监测（面）、减排效果及总量评估等功能；④根据监测情况，开展园区重点 VOCs 排放口的专业化综合治理。

6.2 VOCs 监测技术发展趋势

目前，国内外 VOCs 监测分析技术主要有：传感器法、氢火焰离子化检测器（FID）、光离子化检测器（PID）、非分散红外分析（NDIR）、气相色谱（GC-FID/PID/ECD 等）、傅里叶变换红外光谱（FTIR）、差分光学吸收光谱（DOAS）、离子迁移谱（IMS）、质子转移反应质谱（PTR-MS）、离子阱质谱（IT-MS）、飞行时间质谱（TOFMS）、单光子电离质谱（SPI-MS）、高效液相色谱法（HPLC）等。VOCs 监测分析技术都是在传感器技术、色谱分析技术、光谱分析技术、质谱分析技术等的基础上发展和壮大的，除了 HPLC 以外，其他技术均已实现连续在线测量，研发出商品化的 VOCs 在线监测技术。

由于 VOCs 在线标准监测方法不完善，在线系统用于现场检测，不同现场的挥发性有机物种类差异较大且情况复杂，故监测需求不同，因此需要根据自身的需求和各种检测仪器的特点选择合适的监测技术。对于环境空气监测的技术发展，要体现在监测项目丰富、检测范围宽、灵敏度高、小型化和多平台通用等特点上；对于污染源监测的技术发展，要体现在仪器体积较小、价格较低、采样方法准确、检测范围宽、适应各种工业场合应用等特点上。总之，随着 VOCs 监测体系不断完善，未来 VOCs 监测技术随着需求迎来新的发展契机，新的 VOCs 监测技术在不断被研发和应用，现有的 VOCs 监测技术也在不断地改良和创新。具体的 VOCs 监测技术发展趋势如下。

（1）监测项目日益丰富

为了研究 VOCs 的污染特征及二次污染物生成规律，更多的物种需要被监测，这就要求 VOCs 监测技术灵敏度高、分辨率强，能很好地区分同分异构体，或检测出之前技术不能检测的物种。一方面，利用灵敏度高的监测技术，如全二维气相色谱-质谱联用技术、PTR-TOFMS 技术；另一方面，采用多技术联用，如 GC-MS 与 PTR-MS 串并联及 GC 与 PTR-MS 连接使用等技术。

（2）监测仪器性能不断提高

VOCs 监测技术水平不断提高，仪器性能不断改良。例如研发更有效的捕集和脱附 VOCs 的技术，保证 VOCs 分析技术的准确性，准确监测污染物种，精准评估污染情况；分析技术在原有技术原理的基础上，改进参数，使得灵敏度更高、检

挥发性有机物监测技术

测限更低、分析速度更快。

（3）监测仪器检测范围更宽

在原有监测仪器的原理基础上，提高检测器的灵敏度和适用性，保证仪器检测范围更宽，不需采用烦琐的稀释或浓缩系统，简化仪器，提高仪器在不同工业场合的适用性。

（4）监测仪器趋于小型化

为了提高 VOCs 突发事件的应急监测，环境监测和执法部门将逐步配备便携式 VOCs 监测仪器，便携式快速分析技术成为新的技术发展趋势。监测仪器趋于小型化、简单化，其优点是成本大大降低、易于操作和维护且稳定性有了很大的提高。目前便携式质谱、气质联用仪器、红外光谱仪等均已市场化，更准确、能快速检测的小型化仪器是未来的发展重点。

（5）满足多平台通用的要求

技术的研发不仅局限在地面固定观测站点的使用，未来的监测技术可与走航监测相结合，要求 VOCs 监测技术能在一定风速条件下，在极短的时间内，完成采样、预处理和分析全过程。如利用飞机、船舶、汽车上加载的 VOCs 监测仪器，追踪污染物气团，研究各种 VOCs 的生成、消耗及其大气化学反应等。

6.3　环境空气 VOCs 监测网络

目前我国已经基本形成了目标明确、层次分明、功能齐全的国家和地方环境空气监测网络体系，并制定了相应的标准、技术规范和指导文件。但是一方面我国还没有将 VOCs 作为环境空气监测站的常规监测污染物；另一方面我国环境空气质量监测仍以城市大气监测为主，区域和背景大气监测体系还不完善，因此环境空气 VOCs 监测网络亟须发展。依托我国现有环境空气质量监测网络，建立或增设环境空气中 VOCs 监测的契机，建成环境空气 VOCs 监测网络是环境空气 VOCs 监测未来的发展趋势。

（1）建设目标

建设环境空气 VOCs 监测网络的总体目的是了解和掌握区域层面的 VOCs 污染物浓度水平、变化趋势和二次污染物生成规律，大量监测数据为制定臭氧控制和 VOCs 减排的相关策略提供支撑。其目标在于：

① 含各类工业排放 VOCs 定量数据的环境空气监测数据库，用于评价污染控

制策略的成效和投入-产出比，研究相关污染物的传输机制；

② 提供用于光化学模型研究的监测数据；

③ 监测环境空气中各类排放源的特征性光化学污染物，为识别不同排放源对空气质量的影响提供代表性、有识别度的监测数据，为修订源清单与促进区域空气质量达标提供数据支撑；

④ 提供不同污染物昼间变化数据以改进源排放和环境空气质量模型；

⑤ 测量 VOCs 中的二次有机气溶胶前体物，为制定二次有机气溶胶控制策略提供数据支持；同时关注 VOCs 中的有毒物种。

（2）监测项目

VOCs 化学组成复杂，制定优先监测名单是开展监测的先决条件，由于环境空气中 VOCs 的组成与本地排放源类型关系密切，中国优先监测 VOCs 名单的编制工作在参考 PAMS 目标化合物的同时，应充分考虑到中国排放源的复杂性与特殊性，综合考虑各地区 VOCs 的浓度、二次有机气溶胶前体物活性、健康效应等确定适用于中国大气污染现状的优先监测 VOCs 名单，并指导重点地区建立 VOCs 监测名单。

（3）建设要求

① 增加设备的准入门槛　可用于环境空气 VOCs 监测网络的设备种类很多，包括离线检测技术和在线监测技术，不同设备样品前处理方法与参数，或色谱分离方法与参数以及连接管路材质等各不相同，就会造成数据的不可比性，因此环境空气 VOCs 监测网络时要增加设备的准入门槛，保证各站点数据的可比性。

② 建成 VOCs 监测全环节的质控体系　针对 VOCs 监测方法，应尽快出台相关标准规范，明确监测设备的性能要求、运行维护要求和质控要求。对采样设备进行周期性的回收率、空白测试、流量测试和平行测试等质控工作，保证采样环节的准确性。对前处理和分析设备也应进行周期性的多点校准、单点测试、平行测试、保留时间检查、空白检查、采样流量检查、校准系统流量检查等质控工作，保证VOCs 监测数据质量和可控。

③ 建立 VOCs 监测数据共享平台　在数据质量保证和可控的基础上，建立统一的 VOCs 污染数据共享平台，实现多部门共享数据，监测站点通过系统及时上传监测结果与相关质控信息。通过分析质控数据，该系统能够及时剔除质控数据不合格时段的监测数据，保障光化学监测数据质量，为环境管理和环境科学研究提供高质量的监测数据。

6.4 园区 VOCs 监测综合解决方案

6.4.1 综合解决方案概述

随着近年来治理工作的不断推进，小、散、乱、污企业被关停并转，污染企业的集中度不断提高，各地开始全面推动污染企业的入园工作，不合格园区的关停撤并工作也提上了日程，在《"十三五"挥发性有机物污染防治工作方案》中，也明确要求新建涉 VOCs 排放的工业企业要入园区，VOCs 中的有毒有害气体是环境风险事故的主要污染物，因此园区 VOCs 管控尤为重要。目前，全国各类工业园区约 20000 多个，其中国家级产业园区 435 个、省级产业园区 1222 个，园区不仅集中度高，而且体量巨大，对于未来 VOCs 监测和治理，工业园区将是 VOCs 管控的重要对象。园区管理的优势在于可实现整体规划、统一运营，能够实现园区系统化、科学化、精细化和信息化的管理，很多园区试图构建监测预警和污染防治共享协同的园区管治体系，这种综合解决方案不仅能大大提高环保的防治效率，也大幅度降低污染治理和运营成本，因此，园区综合防治解决方案已成为各大园区亟须解决的热点问题。

园区 VOCs 监测预警综合解决方案，实际上是园区 VOCs 防治综合解决方案的一个分支，该方案力求打破各自为政的传统管理状态，将"测、管、治"有机结合，为园区 VOCs 治理和管控提供最有效的服务，同时 VOCs 监测预警综合解决方案的建立将会大大降低有毒有害气体类风险事故发生的概率，保障园区周边人民群众的生命安全。VOCs 监测预警综合解决方案，是在园区有计划地配置 VOCs 连续自动采样体系、符合园区排放特征的 VOCs 监测监控仪器，建成包括园区环境空气质量监测超级站、园区周界特征因子在线监测、企业厂界 VOCs 及其特征因子在线监测、重点排放源 VOCs 在线监测、移动监测系统和监控中心软件平台系统等，形成完善的点、线、面三位一体智能环境监控预警应急体系，通过智能化防控平台为环保局和园区管理部门的管控提供有效支撑。园区 VOCs 监测预警系统构架图如图 6-1 所示。

6.4.2 综合解决方案案例

目前北京雪迪龙、河北先河环保和聚光科技等监测仪器公司纷纷推出 VOCs 监测预警综合解决方案的业务范围。除此之外，也有一些大型企业开始进入园区环

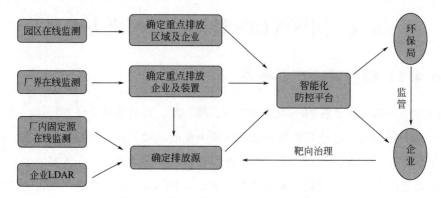

图 6-1　园区 VOCs 监测预警系统构架图

保综合解决方案领域，这些公司不研发仪器和技术，专门根据不同园区企业特征，筛选 VOCs 监测和治理相关仪器和技术，最终提供综合解决方案。

北京首都创业集团有限公司下辖的"首创博桑"公司致力于提供城市、工业园区大气污染的投资—监测/检测—治理—运营的综合防治解决方案和"环保管家"服务。以"首创博桑"的镇江经济技术开发区新材料产业园 VOCs 监测预警综合解决方案为案例，介绍综合解决方案的思路、技术路线和建设内容等。

（1）建设思路

其建设思路如图 6-2 所示。该项目的实施能够实现对园区内常规空气六参数、企业 VOCs 特征因子和非甲烷总烃进行全面智能化实时在线监控预防预警，有效掌握企业污染排放情况，并依托工程技术咨询服务中心及质量保障实验室开展企业环境隐患排查工作。采用"一厂一策"的方式，进行靶向治理，兼顾园区的整体式设计、模块化建设、一体化运营，形成规模效应，从而降低企业治理成本，并对有价值的污染物回收利用。园区 VOCs 监测预警综合解决方案建设按照"一次规划，

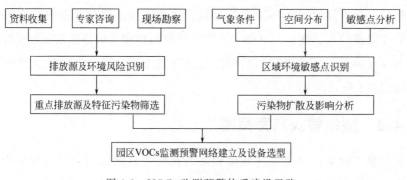

图 6-2　VOCs 监测预警体系建设思路

分步实施"的策略开展，通过分期建设来建成动态监控、层次分明的数字化 VOCs 监测预警体系，具体工作分为五个阶段：

第一阶段，彻底摸清园区的各企业生产的基本信息以及各类污染源基本信息，包括企业污染源数量、特征和分布状况等，建立健全污染源基础信息数据库。筛选出重大危险源企业和主要特征污染物，在重点企业建立在线监控系统，并将数据录入系统，利用在线监控平台进行数据整合。

第二阶段，构建点、线、面多层次立体式的在线监控网络，对园区边界和周边敏感保护目标进行全面监控。完成泄漏检测与修复（LDAR）工作。在园区建立空气自动站，对常规因子和特征污染物进行在线监测监控，并开发基于可视化的监测数据显示和分析平台。

第三阶段，完善立体式、网格化的在线监控网络，增加重点固定源、厂界及敏感点布点，增加移动监测设备，在综合分析平台上实现区域浓度监测、重点排放源追踪、泄漏预警、减排效果及总量评估等功能。

第四阶段，在 VOCs 监测预警体系基础上，开展园区 VOCs 专业化的综合治理。

第五阶段，筛选出合适的预测模型对突发环境应急事件进行模拟，预测事故发生时的污染物扩散趋势，弄清最不利条件下风险物质扩散的时空分布特点，为应急响应提供依据。

（2）建设内容

在园区有计划地配置 VOCs 连续自动采样体系、符合园区排放特征的 VOCs 监测设备，建成包括园区环境空气质量监测超级站、园区周界 VOCs 及特征因子在线监测、企业厂界 VOCs 及其特征因子在线监测、重点排放源 VOCs 在线监测、移动监测系统和监控中心软件平台系统等，形成完善的点、线、面三位一体智能环境监控预警应急体系和环保大数据分析平台及实现三大智能监管终端，通过智能化防控平台为环保局和园区管理部门的管控提供有效支撑。

主要监测因子：SO_2、NO_2、O_3、HCl、NH_3、HF、Cl_2、H_2S、颗粒物（$PM_{2.5}$）、VOCs、非甲烷总烃、有机硫化物等。

主要点位选择：

① 园区污染源 VOCs 监测，选取重点排放源排气筒，特征有机废气排放企业排放口，作为监控点；

② 园区区界 VOCs 监测，选取园区东南西北四个方向的区域边界，以及敏感点，作为线预警；

③ 园区厂界 VOCs 监测，选取重点监控企业周界，安装在线监测设备，为园区企业污染监控、突发事件及溯源服务；

④ 园区空气背景点或有代表性的敏感点，作为园区空气质量的评价与分析的决策对比和依据。

（3）实施方案

① 园区区界监测系统　监测对象：园区边界或企业周界，敏感点；监测因子：烟气 VOCs 成分，如非甲烷总烃、甲苯、二甲苯等；无机气体成分，如 HCl、NH_3、HF 等；安装位置：发射端和反射镜分别在对角位置的楼顶。

园区内企业密集，污染排放强度大，企业多以精细化工为主，企业污染排放因子有明显的差异性，为了更好地评估园区对周边环境的污染排放情况，确定主要的污染排放因子，选用两台开放式傅里叶红外光程监测仪，对园区周界污染物特征因子进行实时监测。可以有效了解到园区内主要有哪些特征因子，且这些特征因子的大致来源与排放时间段等，为污染溯源工作打下基础。

② 园区厂界监测系统　监测评价：厂界环境空气监测和评价；监测因子：常规空气六参数（SO_2、NO_x、CO、O_3、PM_{10}、$PM_{2.5}$）；空气 VOCs 成分，如非甲烷总烃、甲苯、二甲苯、有机硫化物等；安装位置：重点排放企业厂界围墙外。

园区内重点企业污染排放强度大，必须对厂界进行监测，一方面，监测重点排放源对环境的影响；另一方面，为了更好地评估厂区及周边企业环境的污染排放情况，选用 GC-FID/ECD 烟气 VOCs 在线监测系统，也可采用差分光谱分析法（DOAS 法）对厂界环境空气中 VOCs 进行在线监测。

③ 污染源有组织排放点源监测　监测对象：园区污染源排气筒，特征有机废气排放企业排口；监测因子：烟气 VOCs 成分，如非甲烷总烃、甲苯、二甲苯等；无机气体成分，如 HCl、NH_3、HF 等；泄漏与检测修复等。

重点行业根据国家要求的排放标准和自身的排放特征选择仪器类型，非甲烷总烃的监测可选择非甲烷总烃监测仪如 GC-FID、PID、NDIR 等，实时传输数据到监管平台，保证企业不偷排漏排，并保证了运行事故带来的紧急情况被及时发现。

④ 移动监测车　监测对象：园区周边或厂区内道路附近环境空气，特征有机废气排放企业排口；监测因子：TVOCs 以及具体挥发性有机物等。

移动监测车可用于环境空气中 VOCs 实时状况监测；突发性环境污染事故发生时的应急监测；结合车载 GIS 系统确定污染范围以及污染扩散趋势，提供决策依据；可用于工业园区的厂界和城市空气中 VOCs 全在线监测；用于环境空气中 VOCs 信息调查和溯源信息收集。车载仪器可根据需求选配，可选仪器包括全在线双冷阱大气预浓缩飞行时间质谱、便携式气相色谱和便携式气相色谱-质谱联用仪、便携式傅里叶红外光谱仪等仪器。

⑤ 园区数字化在线监控中心　围绕监测技术、方法、相关标准等开展工作，解决体系建设中的监测集成和信息传递等内容，构建园区的数字化平台。建立和完善集污染源监控、工况监控、环境质量监控和图像、视频监控于一体的园区数字化在线监控中心。建成能涵盖园区内所有污染源的状况并随园区内企业的变化情况及时更新的园区在线监控系统。

预警分析：对历史和实时、静态和动态数据进行统计学分析与预测，实现污染趋势预测，对污染事件的发生进行提前预警。例如对历史监测数据进行小时数据特征化，结合网络气象资源，预测未来几小时的发展趋势，对潜在风险点进行预警防控，分析和评估潜在事故的概率。

污染溯源：根据环境质量超标因子，关联企业污染排放源清单，快速锁定特征污染因子排放潜在企业范围。结合排口实时监测数据和移动在线监测车监测数据，溯源主要污染企业。同时，对累积型污染通过模型反演、三位立体监测网数据分析，实现污染企业的初步诊断溯源。

6.5 "环保管家"第三方运维解决方案

VOCs 监测质量是 VOCs 监测工作的生命线，监测数据是否具有代表性、准确性、可比性和完整性，不仅直接影响 VOCs 监测为环境管理服务的质量，而且影响环境执法的公正性和严肃性、环境决策的科学性，意义十分重大。由于目前国家对 VOCs 监管的重视，未来 VOCs 在线监测站点越来越多，对监测人员、现有的管理制度及监测的运行机制等提出了新的需求。一是 VOCs 组分复杂，不同现场的挥发性有机物种类差异较大且情况复杂，故监测的重点不同，监测过程中要求运维人员有一定的专业水平和识别能力；二是大多数 VOCs 在线监测系统复杂、专业性强，空气自动监测站人力不足，生产企业也难以自行解决 VOCs 监测运行和维护工作，迫切需要解决这些新的问题；三是自动监测站站点多、分布广、监测技术力量不足，一旦发现异常情况，需要实现快速响应；四是在线监测数据量大，要求能够通过判断数据变化趋势从而分析仪器正常运行，保证数据的质量。"环保管家"第三方运维解决方案是满足 VOCs 在线监测正常运行的有效手段，将是未来

VOCs 监测管理发展的必然趋势。实质上，2017 年环境保护部发布了《国家环境空气质量监测网城市站运行管理实施细则（试行）》后，国家环境空气质量自动监测事权就探索了和开展了委托第三方机构负责国家城市站的运行维护工作，目前也为 VOCs 在线监测积累了一些第三方运维的经验，虽然在实际运行中还存在一些问题有待完善，但总的来看，第三方运维管理模式是一种操作性强、科学且实现经济和社会效益最大化的管理方法。

（1）目的和思路

第三方运维"环保管家"本质是指环保部门或企业委托从事环保技术服务的专业公司对在线监控系统进行统一的维护和运营管理。第三方运维可以充分发挥 VOCs 监测仪器的作用，降低运维成本，还可以让环保执法和管理部门的人力从琐碎、繁杂的运营工作中转移到数据的深度挖掘和污染溯源等工作中。

第三方运营公司一般是独立于被监测企业和环保部门的第三方实体。有很多是环境监测设备的研发单位，例如河北先河环保科技股份有限公司、安徽蓝盾光电子股份有限公司、北京雪迪龙公司、武汉宇虹环保产业发展有限公司等，环境监测设备的研发单位因为对仪器运行中出现的大问题能更快地进行解决，都开始涉足"环保管家"的业务。

（2）运维内容及需求

以环境空气质量监测站为例，各方运维情况如图 6-3 所示。

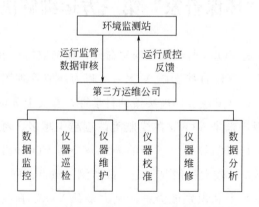

图 6-3　环境空气质量监测站运维内容

① 第三方运维内容　负责省监测站房的日常运行维护（包括仪器设备的运维保养、质量控制、量值溯源、故障维修，监测系统采购建设和验收，系统全天候监控和异常情况报告，数据审核分析报送，计算机网络管理维护，记录档案文件管理，系统资产管理，人员培训学习和体系文件完善等工作职责）及数据初步审核，

保证监测仪器的稳定正常运行，达到相应的技术标准；负责监测仪器主机、采样系统配件、网络监控设备、质控设备、站点环境设施、零配件、消耗品、标准气体、工具等九大类别台账记录；建立质量保证实验室和系统支持实验室，并按制度要求开展质控工作。

② 监测站运维内容　负责监测数据审核工作，对第三方运维公司的日常监管及技术指导，制定考核措施和细则，负责对运维公司进行考核等工作。

（3）第三方运维优势

① 维护技术力量有保障　第三方运维管理模式在机构设置、人员配置以及制度建设三个方面都必须有明确要求；除了运维站点，配备离线监测设备，同时要设立质控实验室和系统支持实验室，并建立备品备件库；配备数量充足的专业运行维护人员和车辆，每 2 个站不少于 1 人，每 4 个站配备 1 辆车，运维人员应持证上岗；根据相关规定，建立运行管理制度和操作规程。

② 仪器设备维护有保障　第三方运维承担仪器设备日常运行维护，同时要求开展日常的仪器校准、易损件更换、耗材更换、故障维修、管路清洗等工作。此外，每日上、下午至少四次远程实时监控数据，每周至少开展一次现场巡检，并做好各项记录备查。因此，这种管理模式不仅保障了仪器维护频次和质量，也降低了仪器的维护费用。

③ 数据质量有保障　运维公司设置专人通过空气平台定时查看空气站监测数据，根据数据变化趋势判断仪器是否运行正常，并填写记录，一旦发现数据异常，则马上派人前去检查处理，并于每天固定时间将前一日运维情况和数据初审情况书面发送至所辖监测部门，由监测站技术人员进行数据终审，最大程度保证空气自动监测数据审核的规范性和有效性。

④ 应急响应有保障　运维公司配备充足的机动车辆，一般平均每 4 个空气站配置不少于 1 辆车。日常通过专用平台对空气站数据进行实时监控，一旦有异常情况，运维公司第一时间进行现场仪器核查工作，确认仪器状况并判定数据是否真实有效，并排除其他情况，确保空气自动监测数据的准确性。

（4）第三方运维空气监测点案例

南京市环保部门将 26 个固定点＋3 个流动点交给第三方专业公司负责，上海市也将工业园区 VOCs 在线监测站房的运维交给第三方运营。要求专业机构对实时发布系统等拥有详细的运维方案，还要配备至少两名经过培训或有运维经验人员及车辆对各空气自动监测子站数采、通信等进行监控与巡检，并安排一名系统开发维护专职工程师开展长期驻点维护服务。同时，一般性故障问题在 1h 内响应并解决；如需要到现场解决，在 3h 内到达并解决。空气站运行费用也将比现有模式降低 10%～15%。

VOCs 在线监测仪器，特别是环境空气质量中 VOCs 在线监测仪器，往往要求专业、规范、系统的维护和运行，才能提高监测分析仪器的运行效率和保证监测数据质量。"环保管家"第三方运维模式作为一种专业化的环境监测质量管理新模式，未来将是监测站或厂界站房运行管理的主流发展方向，这种运行与监督分开的管理模式，有利于提高自动监测工作的质量，降低监测成本，可充分发挥站点的实时监控和预警监视作用，实现经济和社会效益最大化。虽然第三方运维管理模式有很多的优势，但是对于 VOCs 监测运维来说，还存在运维能力有待加强、质量保证不够严格、信息反馈不够及时等问题，只有形成专业、规范和严明的"环保管家"，才能使 VOCs 在线监测在 VOCs 监测工作中更高效地发挥作用。

附录 1　57 种挥发性有机物（原 PAMS 物质）

序号	化合物中文名字	化合物英文名字	CAS 号	种别
1	乙烯	ethylene	74-85-1	烯烃
2	乙炔	acetylene	74-86-2	炔烃
3	乙烷	ethane	74-84-0	烷烃
4	丙烯	propylene	115-07-1	烯烃
5	丙烷	propane	74-98-6	烷烃
6	异丁烷	isobutane	75-28-5	烷烃
7	正丁烯	butylene	106-98-9	烯烃
8	正丁烷	*n*-butene	106-97-8	烷烃
9	顺-2-丁烯	*cis*-2-butene	590-18-1	烯烃
10	反-2-丁烯	*trans*-2-butene	624-64-6	烯烃
11	异戊烷	isopentane	78-78-4	烷烃
12	1-戊烯	1-pentene	109-67-1	烯烃
13	正戊烷	*n*-pentane	109-66-0	烷烃
14	反-2-戊烯	*trans*-2-pentene	646-04-8	烯烃
15	2-甲基-1,3-丁二烯	isoprene	78-79-5	烯烃
16	顺-2-戊烯	*cis*-2-pentene	627-20-3	烯烃
17	2,2-二甲基丁烷	2,2-dimethylbutae	75-83-2	烷烃
18	环戊烷	cyclopentane	287-92-3	烷烃
19	2,3-二甲基丁烷	2,3-dimethylbutae	79-29-8	烷烃

序号	化合物中文名字	化合物英文名字	CAS 号	种别
20	2-甲基戊烷	2-methylpentane	107-83-5	烷烃
21	3-甲基戊烷	3-methylpentane	96-14-0	烷烃
22	1-己烯	1-hexene	592-41-6	烯烃
23	正己烷	n-hexene	110-54-3	烷烃
24	2,4-二甲基戊烷	2,4-dimethylpentane	108-08-7	烷烃
25	甲基环戊烷	methylcyclopentane	96-37-7	烷烃
26	苯	benzene	71-43-2	芳香烃
27	环己烷	cyclohexane	110-82-7	烷烃
28	2-甲基己烷	2-methylhexane	591-76-4	烷烃
29	2,3-二甲基戊烷	2,3-dimethylpentane	565-59-3	烷烃
30	3-甲基己烷	3-methylhexane	589-34-4	烷烃
31	2,2,4-三甲基戊烷	2,2,4-trimethylpentane	540-84-1	烷烃
32	正庚烷	n-heptane	142-82-5	烷烃
33	甲基环己烷	methylcyclohexane	108-87-2	烷烃
34	2,3,4-三甲基戊烷	2,3,4,-trimethylpentane	565-75-3	烷烃
35	2-甲基庚烷	2-methylheptane	592-27-8	烷烃
36	甲苯	toluene	108-88-3	芳香烃
37	3-甲基庚烷	3-methylheptane	589-81-1	烷烃
38	正辛烷	n-octane	111-65-9	烷烃
39	对二甲苯	p-xylene	106-42-3	芳香烃
40	乙苯	ethylbenzene	100-41-4	芳香烃
41	间二甲苯	m-xylene	108-38-3	芳香烃
42	正壬烷	n-nonane	111-84-2	烷烃
43	苯乙烯	styrene	100-42-5	芳香烃
44	邻二甲苯	o-xylene	95-47-6	芳香烃
45	异丙苯	isopropyl benzene	98-82-8	芳香烃
46	正丙苯	n-propylbenzene	103-65-1	芳香烃
47	1-乙基-2-甲基苯	o-ethyltoluene	611-14-3	芳香烃
48	1-乙基-3-甲基苯	m-ethyltoluene	620-14-4	芳香烃
49	1,3,5-三甲苯	1,3,5-trimethylbenzene	108-67-8	芳香烃
50	对乙基甲苯	p-ethyltoluene	622-96-8	芳香烃
51	癸烷	n-decane	124-18-5	烷烃
52	1,2,4-三甲苯	1,2,4-trimethylbenzene	95-63-6	芳香烃

序号	化合物中文名字	化合物英文名字	CAS 号	种别
53	1,2,3-三甲苯	1,2,3-trimethylbenzene	526-73-8	芳香烃
54	1,3-二乙基苯	*m*-diethyl benzene	141-93-5	芳香烃
55	对二乙苯	*p*-diethyl benzene	105-05-5	芳香烃
56	十一烷	*n*-undecane	1120-21-4	烷烃
57	十二烷	*n*-dodecane	112-40-3	烷烃

附录 2   13 种醛、酮类物质（OVOCs）

序号	化合物中文名字	化合物英文名字	CAS 号	种别
1	甲醛	formaldehyde	50-00-0	OVOCs
2	乙醛	acetaldehyde	75-07-0	OVOCs
3	丙烯醛	acrolein	107-02-8	OVOCs
4	丙酮	acetone	67-64-1	OVOCs
5	丙醛	propaldehyde	123-38-6	OVOCs
6	丁烯醛	crotonaldehyde	123-73-9	OVOCs
7	甲基丙烯醛	methacrylaldehyde	78-85-3	OVOCs
8	2-丁酮	2-butanone	78-93-3	OVOCs
9	正丁醛	butyraldehyde	123-72-8	OVOCs
10	苯甲醛	benzaldehyde	100-52-7	OVOCs
11	戊醛	pentanal	110-62-3	OVOCs
12	间甲基苯甲醛	*m*-toluadehyde	620-23-5	OVOCs
13	己醛	hexaldehyde	66-25-1	OVOCs

附录 3   其他挥发性有机物（部分 TO-15）

序号	化合物中文名字	化合物英文名字	CAS 号	种别
1	二氟二氯甲烷	dichlorodifluoromethane	75-71-8	卤代烃
2	一氯甲烷	chloromethane	74-87-3	卤代烃
3	1,2-二氯四氟乙烷	1,2-dichlorotetrafluoroethane	76-14-2	卤代烃
4	氯乙烯	vinyl chloride	75-01-4	卤代烃
5	丁二烯	1,3-butadiene	106-99-0	烯烃

序号	化合物中文名字	化合物英文名字	CAS 号	种别
6	一溴甲烷	bromomethane	74-83-9	卤代烃
7	氯乙烷	chloroethane	75-00-3	卤代烃
8	一氟三氯甲烷	trichlorofluoromethane	75-69-4	卤代烃
9	1,1-二氯乙烯	1,1-dichloroethylene	75-35-4	卤代烃
10	1,2,2-三氯-1,1,2-三氟乙烷	1,2,2-trichloro-1,1,2-trifluoroethane	76-13-1	卤代烃
11	二硫化碳	carbon disulfide	75-15-0	有机硫
12	二氯甲烷	methylene chloride	75-09-2	卤代烃
13	异丙醇	2-propanol	67-63-0	OVOCs
14	顺-1,2-二氯乙烯	ethylene-1,2-dichloro,(Z)-	156-59-2	卤代烃
15	甲基叔丁基醚	2-methoxy-2-methylpropane	1634-04-4	OVOCs
16	1,1-二氯乙烷	1,1-dichloroethane	75-34-3	卤代烃
17	乙酸乙烯酯	vinyl acetate	108-05-4	OVOCs
18	反-1,2-二氯乙烯	trans-1,2-dichloroethene	156-60-5	卤代烃
19	乙酸乙酯	ethyl acetate	141-78-6	OVOCs
20	三氯甲烷	trichloromethane	67-66-3	卤代烃
21	四氢呋喃	tetrahydrofuran	109-99-9	OVOCs
22	1,1,1-三氯乙烷	1,1,1-trichloroethane	71-55-6	卤代烃
23	1,2-二氯丙烷	1,2-dichloroethane	107-06-2	卤代烃
24	四氯化碳	carbon tetrachloride	56-23-5	卤代烃
25	三氯乙烯	trichloroethylene	79-01-6	卤代烃
26	1,2-二氯丙烷	1,2-dichloroethane	78-87-5	卤代烃
27	甲基丙烯酸甲酯	methyl methacrylate	80-62-6	OVOCs
28	1,4-二氧六环	1,4-dioxane	123-91-1	OVOCs
29	一溴二氯甲烷	brominated dichloromethane	75-27-4	卤代烃
30	顺-1,3-二氯-1-丙烯	cis-1,3-dichloropropene	10061-01-5	卤代烃
31	4-甲基-2-戊酮	4-methyl-2-amyl ketone	108-10-1	OVOCs
32	反-1,3-二氯-1-丙烯	trans-1,3-dichloropropene	10061-02-6	卤代烃
33	1,1,2-三氯乙烷	1,1,2-trichloroethane	79-00-5	卤代烃
34	2-己酮	2-hexanone	591-78-6	OVOCs
35	二溴一氯甲烷	dibromochloromethane	124-48-1	卤代烃
36	四氯乙烯	tetrachloroethene	127-18-4	卤代烃
37	1,2-二溴乙烷	ethylene dibromide	106-93-4	卤代烃

序号	化合物中文名字	化合物英文名字	CAS 号	种别
38	氯苯	chlorobenzene	108-90-7	卤代烃
39	三溴甲烷	bromoform	75-25-2	卤代烃
40	四氯乙烷	1,1,2,2-tetrachloroethane	79-34-5	卤代烃
41	1,3-二氯苯	1,3-dichlorobenzene	541-73-1	卤代烃
42	氯代甲苯	benzyl chloride	100-44-7	卤代烃
43	对二氯苯	1,4-dichlorobenzene	106-46-7	卤代烃
44	邻二氯苯	1,2-dichlorobenzene	95-50-1	卤代烃
45	1,2,4-三氯苯	1,2,4-trichlorobenzene	120-82-1	卤代烃
46	萘	naphthalene	91-20-3	芳香烃
47	1,1,2,3,4,4-六氯-1,3-丁二烯	hexachloro-1,3-butadiene	87-68-3	卤代烃

参 考 文 献

[1] Union E. Directive 2004/42/CE of the European Parliame [S]. Official Journal of the European Union，2004，L143：87-97.

[2] 栾志强. VOCs 治理相关政策解读及治理形势分析 [J]. 印刷技术，2015（20）：9-11.

[3] 童志权，陈焕钦. 工业废气污染控制与利用 [M]. 北京：化学工业出版社，1989.

[4] 王海林，聂磊，李靖，等. 重点行业挥发性有机物排放特征与评估分析 [J]. 科学通报，2012，57（19）：1739-1746.

[5] 杨一鸣，崔积山，童莉，等. 美国 VOCs 定义演变历程对我国 VOCs 环境管控的启示 [J]. 环境科学研究，2017，30（03）：368-379.

[6] 郝郑平. 挥发性有机污染物排放控制过程、材料与技术 [M]. 北京：科学出版社，2016.

[7] Wang H L，Nie L，Li J，et al. Characterization and assessment of volatile organic compounds（VOCs）emissions from typical industries [J]. Science Bulletin，2013，58（7）：724-730.

[8] 席劲瑛. 工业源挥发性有机物（VOCs）排放特征与控制技术 [M]. 北京：中国环境科学出版社，2014.

[9] 师耀龙，柴文轩，李成，等. 美国光化学污染监测的经验与启示 [J]. 中国环境监测，2017，33（05）：49-56.

[10] 栾志强，王喜芹，郑雅楠，等. 台湾地区 VOCs 污染控制法规、政策和标准 [J]. 环境科学，2011，32（12）：3491-3500.

[11] Duan J，Tan J，Yang L，et al. Concentration，sources and ozone formation potential of volatile organic compounds（VOCs）during ozone episode in Beijing [J]. Atmospheric Research，2008，88（1）：25-35.

[12] 江梅，邹兰，李晓倩，等. 我国挥发性有机物定义和控制指标的探讨 [J]. 环境科学，2015，36（09）：3522-3532.

[13] 张新民，薛志钢，孙新章，等. 中国大气挥发性有机物控制现状及对策研究 [J]. 环境科学与管理，2014，39（01）：16-19.

[14] Srivastava A K. Detection of volatile organic compounds（VOCs）using SnO_2，gas-sensor array and artificial neural network [J]. Sensors & Actuators B Chemical，2003，96（1）：24-37.

[15] 陈庆. 1400 亿：国内 VOCs 监测及治理市场分析 [N]. 中国建材报，2016-06-03（003）.

[16] 高松，崔虎雄，伏晴艳，等. 某化工区典型高污染过程 VOCs 污染特征及来源解析 [J]. 环境科学，2016，37（11）：4094-4102.

[17] 张国宁，郝郑平，江梅，等. 国外固定源 VOCs 排放控制法规与标准研究 [J]. 环境科学，2011，32（12）：3501-3508.

[18] Bunge M，Araghipour N，Mikoviny T，et al. On-line monitoring of microbial volatile metabolites by proton transfer reaction-mass spectrometry [J]. Applied & Environmental Microbiology，2008，74（7）：2179-2186.

[19] 栾志强，郝郑平，王喜芹. 工业固定源 VOCs 治理技术分析评估 [J]. 环境科学，2011，32（12）：3476-3486.

[20] Hewitt C N，Hayward S，Tani A. The application of proton transfer reaction-mass spectrometry (PTR-MS) to the monitoring and analysis of volatile organic compounds in the atmosphere. [J]. Journal of Environmental Monitoring Jem，2003，5（1）：1-7.

[21] 邢志贤，王淑娟，郭斌 . 制药行业 VOCs 监测技术 [M]. 北京：化学工业出版社，2014.

[22] 朱海豹，苏成君，唐红芳，等 . 便携式气相色谱-质谱法快速测定环境空气中的痕量挥发性有机物 [J]. 卫生研究，2017，46（06）：981-985.

[23] 刘生丽，薛德山，郭建江，等 . 热解吸毛细管气相色谱法检测室内空气中苯和总挥发性有机物影响因素分析 [J]. 环境污染与防治，2016，38（06）：111.

[24] 冯丽丽，胡晓芳，于晓娟，张文英 . 热脱附-气相色谱-三重四极杆串联质谱法测定环境空气中的挥发性有机物 [J]. 色谱，2016，34（02）：209-214.

[25] 邓桂凤，张学彬，余翀天，等 . 热脱附-气质联用法测定环境空气中的挥发性有机物 [J]. 环境化学，2015，34（03）：596-598.

[26] 林武，廖德兵，杨洋，等 . 罐采样-GC/MS 法测定环境空气中挥发性有机物 [J]. 四川环境，2014，33（05）：93-99.

[27] 赵丽娟 . 被动采样/热脱附/GC-MS 法测定环境空气中挥发性有机物暴露量 [J]. 环境保护科学，2014，40（01）：74-76＋94.

[28] ISO. Paints and varnishes- Terms and definitions. International Standard [S]，2006，4618：1-65.

[29] 武杰，庞增义 . 气相色谱仪器系统 [M]. 北京：化学工业出版社，2007.

[30] 徐锋，钱晓曙，孙志刚 . 便携式 GC/MS 热脱附法直接测定环境空气中挥发性有机物 [J]. 环境监测管理与技术，2010，22（02）：48-50＋54.

[31] 李莉娜，尤洋，潘本锋，等 . 我国大气中挥发性有机物监测与控制现状分析 [J]. 环境保护，2017，45（13）：26-29.

[32] 李悦，邵敏，陆思华 . 城市大气中挥发性有机化合物监测技术进展 [J]. 中国环境监测，2015，31（04）：1-7.

[33] 王强，周刚，钟琪，等 . 固定源废气 VOCs 排放在线监测技术现状与需求研究 [J]. 环境科学，2013，34（12）：4764-4770.

[34] 李丹，戴玄吏，董黎静，等 . 罐采样与气相色谱/质谱结合在 VOCs 监测中的应用 [J]. 环境工程，2013，31（04）：133-136.

[35] 崔虎雄 . VOCs 自动监测技术评价指标构建的研究 [J]. 环境科学与技术，2017，40（11）：156-159.

[36] 程梦婷，李凌波，韩丛碧，等 . 红外掩日通量遥感监测技术在石化 VOCs 排放监测中的应用 [J]. 当代化工，2017，46（08）：1719-1722＋1729.

[37] 陈彦锐，谭国斌，麦泽彬，等 . 利用单光子电离飞行时间质谱仪对塑料企业中 VOCs 的监测 [J]. 大气与环境光学学报，2017，12（01）：66-73.

[38] 朱卫东，顾潮春，谢兆明，等 . 工业固定污染源连续排放在线监测技术 [J]. 石油化工自动化，2016，52（05）：1-6＋21.

[39] 李斌 . 台湾空气 VOCs 在线监测方案应用及案例分析 [A]. 中国仪器仪表学会、《现代科学仪器》编辑部 . 2014 大气颗粒污染物监测与防治技术研讨会论文集 [C]. 中国仪器仪表学会、《现代科学仪器》编

辑部：2014：7.

[40] 金岭，徐亮，高闽光，等．利用 SOF-FTIR 技术监测化工厂区 VOCs 排放［J］.大气与环境光学学报，2013，8（06）：416-421.

[41] 郭亚伟，李海燕，马玉琴，等．全二维气相色谱/飞行时间质谱联用监测环境空气中 VOCs［J］.环境监测管理与技术，2013，25（02）：43-46＋53.

[42] 李建权．VOCs 在线监测质子转移反应质谱研制与性能研究［A］.中国化学会有机分析专业委员会、国家自然科学基金委．中国化学会第十四届有机分析及生物分析学术研讨会会议论文摘要集［C］.中国化学会有机分析专业委员会、国家自然科学基金委：2007：2.

[43] 黄振，梁胜文，胡柯，等．空气中挥发性有机物在线监测系统运维及质控问题探讨［J］.环境科学与技术，2017，40（S1）：282-285.

[44] 霍蕾，高伟，苏海波，等．高灵敏 VOCs 在线真空紫外单光子电离飞行时间质谱仪的研制［J］.质谱学报，2018，39（02）：171-179.

[45] 宋国良，张念华，沈向红，等．室内空气中总挥发性有机物测定的热脱附气相色谱法［J］.中国卫生检验杂志，2010，20（06）：1371-1373.

[46] 李守信，苏建华，马德刚．挥发性有机物污染控制工程［M］.北京：化学工业出版社，2017.